普通高等教育"十一五"系列教材（高职高专教育）

REGONG JIANCE JISHU

热工检测技术

主　编　曾　蓉
副主编　张　波　谢碧蓉
主　审　郭巧菊

Electric Power Technology

内 容 提 要

本书重点介绍了电厂热工生产过程参数的测量技术，内容包括：误差理论简介、仪表质量指标；发电厂热工过程的各种参数，如温度、压力、流量、水位及炉烟成分的测量原理、测量方法、测量系统及仪表故障的处理方法；热工测量新技术、智能变送器、计算机监视系统以及P&ID图等在热工测量中的应用。

本书可作为高职高专电力技术类相关专业“热工测量和仪表”课程的教材，亦可供相关工程技术人才参考。

图书在版编目（CIP）数据

热工检测技术/曾蓉主编．—北京：中国电力出版社，2009.1（2023.8 重印）

普通高等教育“十一五”规划教材．高职高专教育

ISBN 978－7－5083－8034－6

Ⅰ．热…　Ⅱ．曾…　Ⅲ．热工测量－高等学校：技术学校－教材　Ⅳ．TK3

中国版本图书馆 CIP 数据核字（2008）第 159930 号

中国电力出版社出版、发行

（北京市东城区北京站西街 19 号　100005　http：//www.cepp.sgcc.com.cn）

廊坊市文峰档案印务有限公司印刷

各地新华书店经售

*

2009 年 1 月第一版　　2023 年 8 月北京第十次印刷

787 毫米×1092 毫米　16 开本　11.5 印张　274 千字

定价 **35.00** 元

前　言

为贯彻落实教育部《关于进一步加强高等学校本科教学工作的若干意见》和《教育部关于以就业为导向深化高等职业教育改革的若干意见》的精神，加强教材建设，确保教材质量，中国电力教育协会组织制订了普通高等教育“十一五”系列规划。该规划强调适应不同层次、不同类型院校，满足学科发展和人才培养的需求，坚持专业基础课教材与教学急需的专业教材并重、新编与修订相结合。本书为新编教材。

随着国民经济的不断增长，能源的需求量不断增加，电力工业逐渐向大电网、大机组、高参数、高度自动化方向发展。由于高参数、大容量机组发展迅速，装机数量日益增多，机组自动化的要求也日益提高，另外，由于脱硫等工艺的广泛采用，计算机网络化控制技术水平的提高，对电厂热工检测技术的准确性、可靠性等要求也越来越高。

本书重点介绍了目前电厂中最先进、最成熟的各种热工参数的检测原理和方法，加入了仪表故障的处理方法，融入了新知识、新技术，并在附录中简介了P&ID图及热控KKS编码标识系统，力求与电厂生产实际紧密结合，注重实际能力的培养。

本书由重庆电力高等专科学校曾蓉主编，并编写了第一章、第四章及第七章，第二章第一～三节和第五节、第五章、第六章由张波编写，第二章第四节、第三章由谢碧蓉编写。全书由曾蓉统稿。

书稿经郑州电力高等专科学校郭巧菊副教授审阅，并提出了宝贵的建议和意见，在此表示深深的谢意。

由于编者水平所限，加之编写时间仓促，书中难免有疏漏及不足之处，恳请读者批评指正。

编　者

2008年10月

目　录

第一章 热工测量的基本知识

第一节 热工测量的意义

在热力发电厂中，为了及时反映热力设备的运行工况，为运行人员提供操作依据，为热工自动化装置准确及时地提供信号，为运行的经济性计算提供数据，必须进行热工参数的测量。因此，热工测量是保证热力设备安全、经济运行及实现自动化的必要条件，也是经济管理、环境保护、研究新型热力生产系统和设备的重要手段。

热工检测就是检查和测量反映生产过程运行情况的各种物理量、化学量以及生产设备的工作状态，以监视生产过程的进行情况和趋势。

随着科技水平和环保要求的不断提高，电力工业逐渐向大电网、大机组、高参数、高度自动化方向发展。由于高参数、大容量机组发展迅速，装机数量日益增多，对热工测量的准确性、可靠性和机组自动化水平的要求也日益提高。以“4C（计算机、控制、通信、CRT）技术”为基础的现代火电机组热工自动化技术也相应得到了迅速发展。大机组的特点之一是监视点多（600MW 机组 I/O 点多达 3000～5000 个），随着发电机—变压器组和厂用电源等电气部分监视纳入 DCS（分散控制系统）之后，I/O 点已超过 7000 个；特点之二是参数变化速度快和控制对象数量大（600MW 机组超过 1300 个），而各个控制对象又相互关联，所以，操作稍有失误，引起的后果十分严重。如果将大机组的监视与控制操作任务仅交给运行人员去完成，不仅体力和脑力劳动强度大，而且很难做到及时调整和避免人为的操作失误，因此，必须由高度计算机化的机组集控取而代之，大型火电机组离开了高度的自动化，将不可能实现安全经济运行。因此，实时、准确地掌握机组的参数，就显得尤其重要。

锅炉汽轮机装有大量的热工检测仪表，包括测量仪表、变送器、显示仪和记录仪等，它们随时显示、记录机组运行的各种参数，如温度、压力、流量、水位、转速等，以便进行必要的操作和控制，保障机组安全、经济地运行。

图 1-1 显示了热工测量在热力生产过程控制系统中的地位，对生产过程实时、准确地监测，是实现热力生产过程自动控制的前提。图 1-2 是某火力发电厂机组的一幅运行监控画面。从该画面可以看出，上面有汽包水位、压力的显示，有给水的温度、压力、流量，有除氧器的温度、压力、水位等各热力设备运行参数的显示。由此可以看出，热工检测的内容广泛，且以计算机为基础的数据采集系统（DAS）是目前电厂监控的最主要的方式，它不仅能进行一般的监测及报警，而且能提供参数变化率、机组运行效率等数据，能定期打印制表，并在事故情况下追忆事故前后被控设备各部分的参数，以供

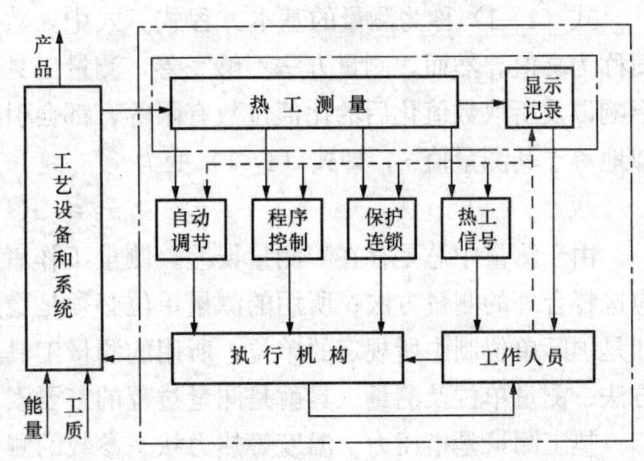

图 1-1 热力生产过程控制系统的组成框图

运行分析及资料累积。由此可看出，热工检测在热力生产过程中的重要地位。

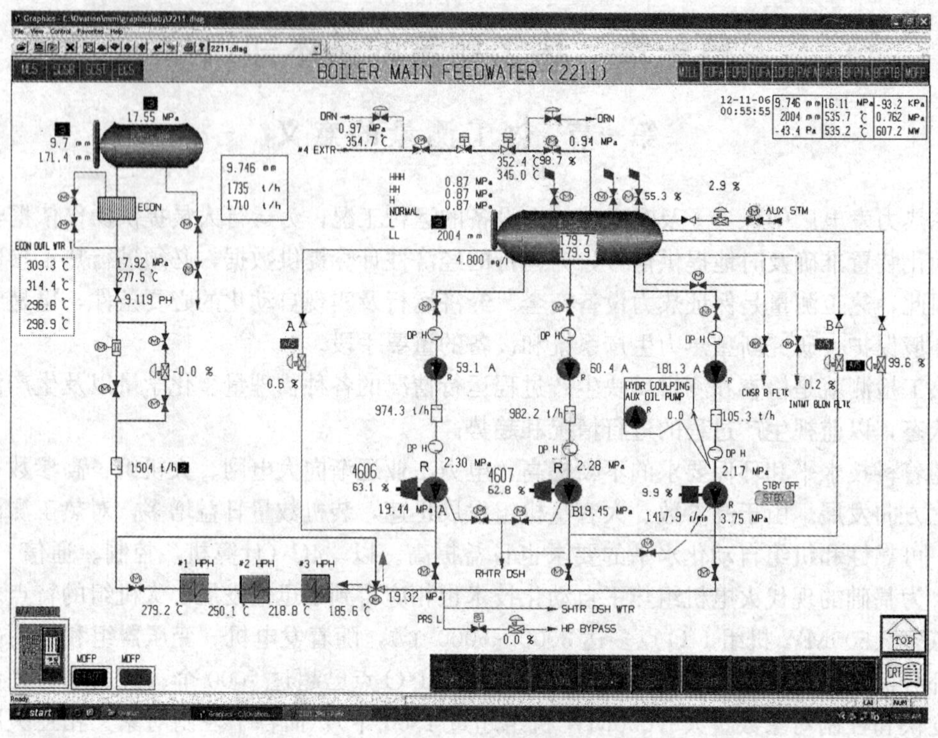

图 1-2　火力发电厂生产过程监控画面举例

第二节　测量的基本概念

一、测量

测量是人们借助专门工具，通过试验和对试验数据的分析计算，将被测量 x_0 以测量单位 U 的倍数显示出来的过程，即

$$x_0 = \mu U \tag{1-1}$$

式（1-1）称为测量的基本方程式。式中，数值化后的比值 μ 称为被测量的真实数值，简称为真值。然而，测量方法不够完善，测量工具不够精确，观测者的主观性和周围环境的影响以及所取数值化后的比值位数有限等，都会引起测量误差。所以被测量的真值 μ 只能近似地等于其测量值 x，即式（1-1）变为

$$x_0 \approx xU \tag{1-2}$$

由于测量中总是存在着测量误差，测量工作者的任务之一就是要尽量使之减小。因此，应选择合理的测量方法；所用的测量单位必须是稳定的，并且是国家法定或国际公认的，例如是国际单位制中所规定的单位；所用的测量工具必须足够准确，并事先经过检定等。测量方法、测量单位及测量工具就是测量过程的三要素。

热工测量是指压力、温度等热力状态参数的测量，通常还包括一些与热力生产过程密切相关的参数测量，如测量流量、液位、振动、位移、转速和烟气成分等。

二、测量方法

测量方法就是实现被测量与测量单位的比较，并给出比值的方法。测量方法的分类有四种。

1. 按测量结果的获取方式分

按测量结果的获取方式来分，可分为直接测量法和间接测量法，这种分类方法对测量误差的分析很有意义。

（1）直接测量法：使被测量直接与测量单位进行比较，或者用预先标定好的测量仪器进行测量，从而得到被测量数值的测量方法，称直接测量法。例如，用直尺测量长度，用压力表测量容器内介质压力，用玻璃温度计测量介质温度等。

（2）间接测量法：通过直接测量与被测量有某种确定函数关系的其他各变量，再按函数关系进行计算，从而求得被测量数值的方法，称为间接测量法。例如，直接测量过热蒸汽的温度、压力和标准节流装置输出的差压信号，通过计算得到过热蒸汽的质量流量。

2. 按被测量与测量单位的比较方式分

按被测量与测量单位的比较方式来分，测量可分为偏差测量法、微差测量法和零差测量法。

（1）偏差测量法：测量器具受被测量的作用，其工作参数产生与初始状态的偏离，由偏离量得到被测量值，称为偏差测量法。例如：单管压力计在压力作用下，管中水银柱偏离初始零刻度点，偏离量就显示了被测压力值；热电偶测量温度，弹簧管压力表测量压力等，都是采用了偏差测量法。

（2）微差测量法：用准确已知的、与被测量同类的恒定量去平衡掉被测量的大部分，然后用偏差法测量余下的差值，测量结果是已知量值和偏差法测得值的代数和。例如，用微差法检定热电偶时，将同类型的标准热电偶与被校热电偶反向串接，两者的热端同置于检定炉中，冷端置于冰点瓶中，它们的负热电极并接在一起，冷端的正极则和电位差计的两输入端子相连接，用电位差计测量标准热电偶与被校热电偶热电势的差值。由于标准热电偶热电势的准确度很高，被校热电偶的热电势大部分为其所平衡，两者差值很小，再通过电位差计测量此差值，就可得到较高的测量准确度。

（3）零差测量法：用作比较的量是准确已知并连续可调的，测量过程中使它随时等于被测量，也就是说，使已知量和被测量的差值为零，这时偏差测量仪起检零作用，因此，被测量就是已知的比较量。例如：用电位差计测量热电偶产生的热电势。零差测量法比微差测量法具有更高的测量准确度，但操作时间较长，更适合于稳定参数的测量。

3. 按被测量在测量过程中的状态分

按被测量在测量过程中的状态来分，测量又可分为静态测量方法和动态测量方法。被测量在测量过程中不随时间变化，或其变化速率相对于测量速率十分缓慢，这类量的测量称为静态测量，例如，恒温水槽中水的温度测量。若测量过程中，被测量随时间有明显变化，则称动态测量，例如，汽轮机在启动过程中的蒸汽温度、压力、汽轮机的转速等的测量。严格来说，绝对不随时间变化的量是不存在的。但是，在实际测量过程中总是可以把那些变化速度相对十分缓慢的量的测量按静态测量来处理。

4. 按测量仪表是否与被测对象接触分

按测量仪表是否与被测对象相接触，测量可分为接触测量和非接触测量。在测量中，仪表的一部分与被测对象相接触，受到被测对象的直接作用才能得出测量结果的方法为接触测量法。在测量中，仪表的任何部分都不必与被测对象直接接触就能得到测量结果的测量方法为非接触测量法。

三、测量误差

任何一个被测量，在任一时刻它都具有一个客观存在的量值，这一量值称之为真值，用 μ 表示；通过测量仪表测量得到的结果称为测量值，用 x 表示。

测量的任务就是要测出被测量的真值。但是，由于测量仪表、测量方法、测量环境、人的观察能力以及测量程序等都不能做到完美无缺，所以真值是无法测得的。

测量误差是被测量参数的测量值 x 与其真值 μ 之差。但由于被测参数的真值是不可知的，那么我们如何计算误差呢？在计算中获取真值常用的方法有：①用标准物质（标准器）所提供的标准值，例如水的三相点；②用高一级的标准仪表测量得到的值来近似作为真值；③对被测量进行 N 次等准确度测量，各次测量值的算术平均值近似为真值，N 越大，越接近真值。

常见的测量误差表达方式如下所述。

1. 绝对误差

仪表测量值与被测量的真实值之间的差值，称为绝对误差。但是被测量的真实值是不知道的，所以在实际测量中是用标准仪表的读数来代替真实值的，称为标准值。如果测量仪表的指示值即测量值为 x，标准仪表的指示值为 x_0，则该点批示值的绝对误差为

$$\delta = x - x_0 \tag{1-3}$$

式中 δ——绝对误差；

x——测量值；

x_0——真实值（真值）。

2. 相对误差

除了绝对误差表示形式这外，测量误差还可以用相对误差及折合误差形式表示。相对误差为绝对误差与实际值之比，常用百分数表示，即

$$\gamma = \frac{\delta}{x_0} \times 100\% = \frac{x - x_0}{x_0} \times 100\% \tag{1-4}$$

式中 γ——相对误差。

对于大小数值不同的测量值，用相对误差更能比较出测量的准确程度，即相对误差越小，准确程度越高。

3. 标称相对误差

示值的绝对误差与该仪表示值的比值，称为示值的标称相对误差，以百分数表示，即

$$\gamma_x = \frac{\delta}{x} \times 100\% = \frac{x - x_0}{x} \times 100\% \tag{1-5}$$

对于大小数值不同的测量值，以相对误差更能比较出测量的准确程度，即相对误差越小，准确程度越高。

4. 折合误差

折合误差为绝对误差与所用测量仪表的量程之比，也以百分数表示，即

$$\gamma_x = \frac{\delta}{A_{max} - A_{min}} \times 100\% \tag{1-6}$$

式中　　γ_x——折合误差；

A_{max}、A_{min}——测量仪表上限及下限刻度。

A_{max}、A_{min}称为测量仪表的量程，折合误差一般用于比较测量仪表的优劣。

四、测量系统

为了测得某一被测物理量的值，必然要使用若干测量设备（包括测量仪表、测量装置、测量元件及辅助设备），并要把它们按一定的方式组合起来。例如，为了测量物质流量，常用标准孔板获得与流量有关的差压信号Δp，如图1-3所示，然后将差压信号输入差压计或差压流量变送器，经过转换、运算，变成电信号，用连接导线将电信号传送到显示仪表，显示出的流量值q_2近似于被测流量值q_1（因为存在误差），或采集进计算机监控系统进行显示记录。

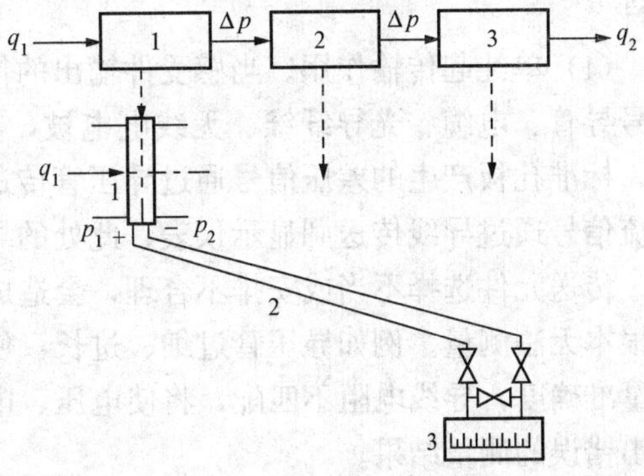

图1-3　流量测量系统示意

1—节流装置；2—传压管路；3—差压计或差压流量变送器

q_1—被测流量；Δp—差压信号；

q_2—流量显示值，$q_1 \approx q_2$

为了实现一定的测量目的，将测量设备按一定方式进行组合的系统称为测量系统，也称检测系统。由于测量原理不同，测量准确度的要求不同，测量系统的构成会有很大的差别。它可能是仅有一只测量仪表的简单测量系统，如水银温度计；也可能是一套价格昂贵、高度自动化的复杂测量系统，如用计算机进行数据采集和数据处理的自动测量系统。

热工测量系统是对热工过程中的热工参数进行测量的系统，其中用来测量热工参数的仪表叫热工仪表。

（一）测量系统的组成

一般测量系统由三个基本环节组成：传感元件、传送变换元件和显示元件。图1-4表示的是一般测量系统的框图。

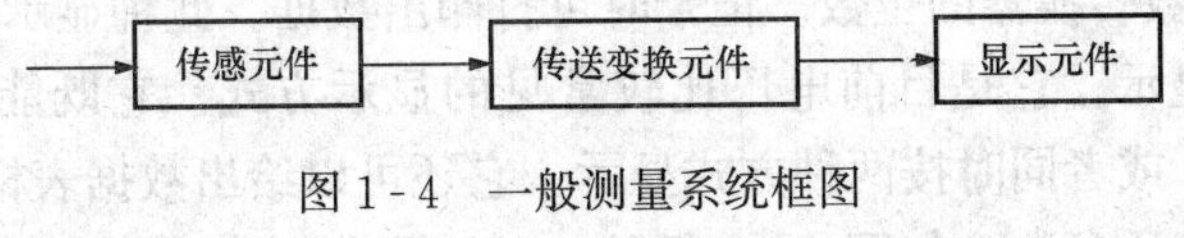

图1-4　一般测量系统框图

1. 传感元件

传感元件（传感器）也叫敏感元件。传感元件是测量系统中直接与被测对象相接触的部分，它接受来自被测介质的信号（能量），产生一个以某种形式与被测量有关的输出信号。例如，热电偶测温系统中的热电偶，它把被测介质的温度信号转换成为热电动势信号输出，也即将热能转换为了电能。对传感元件的要求如下所述。

（1）输出信号必须随被测参数的变化而变化，即要求传感元件的输出信号与输入的被测信号之间有稳定的单值函数关系，最好是线性关系，而且可复现。

（2）非被测量对传感元件输出的影响应小得可以忽略。若不能忽略，将造成测量误差。在这种情况下，一般要附加补偿装置进行补偿或修正。

（3）传感元件需尽量少地消耗被测对象的能量，并且不干扰被测对象的状态或者干扰极小。

2. 传送变换元件

传送变换元件的作用是将感受元件输出的信号，根据显示元件的要求，传输给显示元件。

(1) 单纯起传输作用。当感受件输出的信号只送给显示件时，传送件只起传输作用。如信号导管、电缆、光导纤维、无线电电被，都可以起传送信息的作用，又如流量测量系统中，标准孔板产生的差压信号通过导压管传送到差压流量变送器，而差压流量变送器输出的电流信号通过导线传送到显示仪表，此处的导压管和导线都是该测量系统的传送元件。

传送元件选择不当或安排不合理，会造成信息能量损失，引入干扰，使信号失真，严重时根本无法测量。例如导压管过细、过长，使传输信号受阻，产生传输迟延，影响动态压力测量准确度，导线电阻不匹配，将使电压、电流信号失真，甚至信号不能送进仪表或使仪表给出错误的测量结果。

(2) 将感受件输出的信号放大，以满足远距离传输以及驱动显示、记录装置的需要。

(3) 为了使各种感受件的输出信号便于与显示仪表和调节装置配接，要通过变换件把信号转换成标准化的统一信号，各种感受件的输出信号都被转换成统一数值范围的气、电信号，这时的传送件常称为变送器。这样，同一种类型的显示仪表常可用来显示不同类型的被测量。

3. 显示元件

显示元件的作用是向观测者显示被测参数的量值。显示元件是人和仪表联系的主要环节，因此，要求它的结构能使观测者便于读出数据，并能防止读者的主观误差。

显示元件的显示方式有模拟式、数字式和屏幕式三种。

(1) 模拟式显示。最常见的显示方式是仪表指针在标尺上定位，可连续指示被测参数的数值。读数的最低位由读数者估计。模拟显示设备结构简单，价格低廉，是一种常见的显示形式。模拟式显示有时伴有记录，即以曲线形式给出测量数据。

(2) 数字式显示。直接以数字给出被测量值，所示不会有视差，但有量化误差。量化误差的大小取决于模/数转换器的位数。记录时可打印出数据。此种显示的直观形象性较差。

(3) 屏幕画面显示。它是目前电厂比较常见的显示方式。它既能按模拟式显示给出曲线，也能给出数值，或者同时按两种方式显示。它还可以给出数据表格、曲线和工艺流程图及工艺流程各处的工质参数，如图 1-2 所示。对于屏幕画面显示方式，生产操作人员观察十分方便，他们可以根据机组运行状态的需要任意选择监视内容，从而提高监控水平。这类显示器可配合打印或内存、外存作记录，还可以增加在事故发生时跟踪事故过程的记录（称为事故追忆）。屏幕画面显示具有形象性和易于读数的优点。本书将在第七章进行详述。

(二) 仪表的分类

根据仪表的用途、原理及结构等不同，热工仪表可分为多种类型。

(1) 按被测参数不同，可分为温度、压力、流量、物位、成分分析及机械量（位移、转速、振动等）测量仪表。

(2) 按仪表的用途不同，可分为标准用、实验室用及工程用仪表。

(3) 按显示特点和功能不同，可分为指示式、记录式、积算式、数字式及屏幕式仪表。

(4) 按工作原理不同，可分为机械式、电气式、电子式、化学式、气动式和液动式仪表。

（5）按安装地点不同，可分为就地安装式及盘用仪表。

（6）按使用方式不同，可分为固定式和便携式仪表。

在热工生产现场，大多采用结构牢固，能适应较为恶劣环境的工程用仪表，标准仪表则常作为实验室校验工程用仪表以及作为标准传递之用。

第三节　测量误差的分析与处理

由于测量过程中所用仪表准确度的限制，环境条件的变化，测量方法的不够完善，以及测量人员生理、心理上的原因，测量结果不可避免地与被测真值之间存在差异，这称为测量误差。因此，只有在得到测量结果的同时，指出测量误差的范围，所得的测量结果才是有意义的。测量误差分析的目的是：根据测量误差的规律性，找出消除或减少误差的方法，科学地表达测量结果，合理地设计测量系统。

根据测量误差性质的不同，一般将测量误差分为系统误差、随机误差和疏忽误差三类，以便对测量误差采取不同的误差处理方法。

一、系统误差

（一）系统误差的概念

在同一条件下（同一观测者，同一台测量器具，相同的环境条件等），多次测量同一被测量，绝对值和符号保持不变或按某种确定规律变化的误差称为系统误差。前者称为恒值系统误差，后者称为变值系统误差。测量系统和测量条件不变时，增加重复测量次数并不能减少系统误差，系统误差通常是由于测量仪表本身的原因，或仪表使用不当，以及测量环境条件发生较大改变等原因引起的。例如，仪表零位未调整好会引起恒值系统误差。系统误差可通过校验仪表，求得与该误差数值相等、符号相反的校正值，加到测量值上来消除。又例如，仪表使用时的环境温度与校验时不同，并且是变化的，这就会引起变值系统误差。变值系统误差可以通过实验方法找出产生误差的原因及变化规律，改善测量条件来加以消除，也可通过计算或在仪表上附加补偿装置加以校正。

还有一些未定系统误差尚未被充分认识，因此只能估计它的误差范围，在测量结果上标明。

（二）系统误差的分类

1. 定值系统误差

定值系统误差是指误差的大小和符号都不变的误差，如仪表的零点偏高使全部测量值偏大，形成一定数值的系统误差。一般通过校验来确定定值系统误差及其修正值。

2. 变值系统误差

变值系统误差按一定规律变化，根据变化规律的不同，它可分为累积系统误差和周期性系统误差。

随时间的增长逐渐增大或逐渐减小的误差为累积系统误差。例如，检测元件老化，沿线电阻的磨损等均可引起累积误差。对累积误差只能在某瞬时引入校正，不能只作一次性校正。

测量误差的大小和符号均按一定周期变化的系统误差为周期性误差。例如，秒表的指针回转中心和刻度盘中心有偏差时，会产生周期性系统误差。

用重复测量并不能减小系统误差对测量结果的影响，也难于发现系统误差，并且有时误差数值可能很大。例如，测高温烟气温度时，测温元件对冷壁的辐射散热可能引起上百摄氏度的误差，因此，测量中特别要重视这项误差。主要是通过对测量对象与测量方法的具体分析，用改变测量条件或用不同的测量方法进行对比分析，对测量系统进行检定等来发现系统误差，并找出引起误差的原因和误差的规律，这在测量中是非常重要的。为了减小测量系统的误差，我们建立的复杂系统，例如，在采用节流元件对主蒸汽流量的测量时，除了要测量节流元件前后的压差，同时还要测量主蒸汽温度和压力，以便构成较完善的测量系统，以减小测量的系统误差。

（三）消除系统误差的一般方法

1. 消除系统误差的来源

在测量工作投入之前，仔细检查测量系统中各环节的安装及连接线路，使其达到规定要求，尽量消除误差的来源。

2. 在测量结果中加修正值

对不能消除的系统误差，在测量之前，对检测系统中的各仪表进行检定，确定出修正值。对各种影响量如温度、气压、湿度等要力求确定出修正公式、修正曲线或修正表格以便对测量结果进行修正。

3. 采用补偿措施

在检测系统中加装补偿装置（或自动补偿环节），以便在测量中自动消除系统误差。如在热电偶测温回路中加装参比端温度补偿器，自动消除由于热电偶参比端温度变化产生的系统误差。又如，采用平衡容器对汽包水位的测量，要进行汽包压力的补偿，也是由于减小汽包压力变化对其水位产生的系统误差。

4. 改善测量方法

测量方法不完善将导致测量结果不正确。在实际测量中，应尽可能采用较完善的测量方法，消除或减少系统误差对测量结果的影响。常用两种方法。

（1）交换法。交换法是消除定值系统误差的常用方法，也叫对置法。此种方法的实质是交换某些测量条件，使得引起定值系统误差的原因以相反方向影响测量结果，从而消除其影响。

（2）对称法。对称法是消除线性系统误差的有效方法。

图 1-5 所示为按线性规律变化的温度测定值和时间的关系，温度测定值的系统误差也是与时间 t 成比例变化的，可以通过对称法来消除此系统误差。具体地说，就是将测量工作以某一时刻为中心对称地安排，取各对称点两次测定值的算术平均值作为测量结果，即

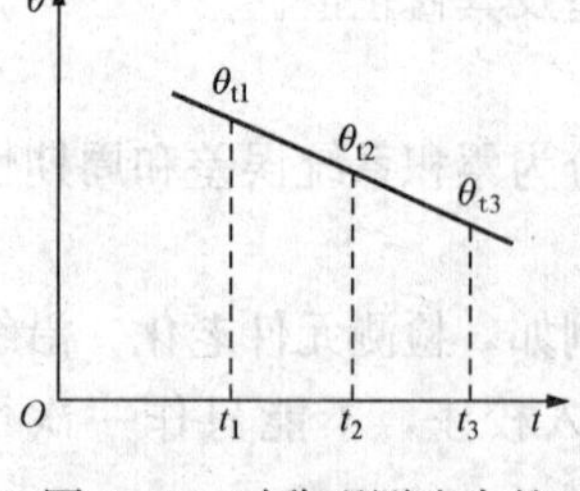

图 1-5　对称观测法中的温度与时间的关系

$$\theta_{t2}=\frac{\theta_{t1}+\theta_{t3}}{2}$$

上述是指时间上对称的。如果系统误差与温度成比例变化，则横坐标量是温度。热电偶检定时对各支热电偶热电势的循环读数，即“标准→被检 1→被检 2→…→被检 2→被检 1→标准”的读数方式，取各对称点两次测定值的算术平均值作为测量结

果，就是采用了对称法。

二、随机误差

在相同条件下多次测量同一被测量时，绝对值和符号不可预知地变化着的误差称为随机误差。这类误差对于单个测量值来说，误差的大小和正负都是不确定的，但对于一系列重复测量值来说，误差的分布服从统计规律。因此随机误差只有在不改变测量条件的情况下，对同一被测量进行多次测量才能计算出来。

随机误差大多是由测量过程中大量彼此独立的微小因素对测量影响的综合结果造成的。这些因素通常是测量者所不知道的，或者因其变化过分微小而无法加以严格控制。如气温和电源电压的微小波动，气流的微小改变等。

值得指出，随机误差与系统误差之间既有区别又有联系，二者并无绝对的界限，在一定条件下它们可以相互转化。随着测量条件的改善、认识水平的提高，一些过去视为随机误差的测量误差可能分离出来作为系统误差处理。

对于单个测量值，其随机误差的大小和方向都是不确定的，但多次重复测量结果的随机误差却有规律性。

实践与理论证明，只要重复测量次数足够多，测定值的随机误差的概率密度服从于正态分布。

随机误差概率密度的正态分布曲线如图 1-6 所示。曲线的横坐标为误差 $\delta=x-x_0$，纵坐标为随机误差概率密度 $f(\delta)$，误差的概率密度 $f(\delta)$ 与误差 δ 之间的关系为

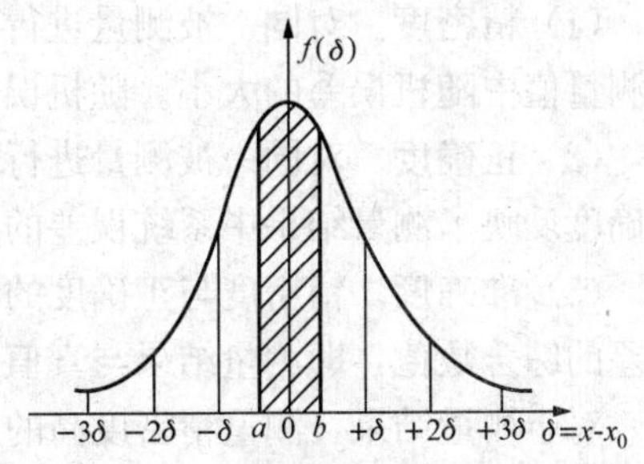

图 1-6 概率密度分布曲线

$$\left.\begin{aligned} f(\delta) &= \frac{1}{\sigma\sqrt{2\pi}}e^{\frac{-\delta^2}{2\sigma^2}} \\ \delta &= x-x_0 \end{aligned}\right\} \tag{1-7}$$

式中 δ——测定值的误差；

x——测定值；

x_0——真值；

σ——标准误差（均方根误差）。

$$\sigma=\sqrt{\frac{\sum_{i=1}^{N}(x_i-x_0)^2}{N}} \tag{1-8}$$

式中 N——总的测量次数。

从图 1-6 可看出，按正态分布的随机误差有以下特性。

(1) 对称性。随机误差出现的概率，即绝对值相等的正误差和负误差出现的次数相等，以零误差为中心呈对称分布。重复的测量次数越多，则误差分布图形的对称性越好。

(2) 单峰性。绝对值小的随机误差比绝对值大的随机误差出现的概率大。从概率分布曲线看，零误差对应误差概率的峰值。

(3) 有界性。在一定条件下，随机误差的绝对值不会超过一定的范围或绝对值很大随机误差出现的概率几乎为零。

(4) 抵偿性。在同样条件下，对同一量的测量，随着测量次数的增加，随机误差的算术平均值（或总和）趋向于零。该特性是随机误差的最本质特性，换言之，凡具有抵偿性的误差，原则上都可以按随机误差处理。

三、疏忽误差

明显歪曲了测量结果，使该次测量失效的误差称为疏忽误差。含有疏忽误差的测量值称为坏值。出现坏值的原因有：测量者的主观过失，如读错、记错测量值；操作错误；测量系统突发故障等。应尽量避免出现这类误差，存在这类误差的测量值应当剔除。在测量时一旦发现坏值，应重新测量。如已离开测量现场，则应根据统计检验方法来判别是否存在疏忽误差，以决定是否剔除坏值。但应注意不应当无根据地轻率剔除测量值。

四、测量的精密度、正确度和准确度

上述三类误差都使测量结果偏离真值，通常用精密度、正确度和准确度来衡量测量结果与真值的接近程度。

(1) 精密度。对同一被测量进行多次测量，测量的重复性程度称为精密度。精密度反映了测量值中随机误差的大小。随机误差越小，测量值分布越密集、测量的精密度越高。

(2) 正确度。对同一被测量进行多次测量，测量值偏离被测量真值的程度称为正确度。正确度反映了测量结果中系统误差的大小，系统误差越小、测量的正确度越高。

(3) 准确度。精密度与正确度的综合称为准确度。它反映了测量结果中系统误差和随机误差的综合数值，即测量结果与真值的一致程度。准确度也称为精确度。

对于测量结果，测量精密度高的正确度不一定高，正确度高的精密度也不一定高，但如果测量结果的准确度高，则精密度和正确度都高，图 1-7 说明了这种情况。图中 μ 代表被测参数的真值，$\overline{x}$代表多次测量获得的测量值的平均值，小黑点代表每次测量所得到的测定值 x，t 为测量顺序。从图 1-7 (a) 可知，测量值密集于平均值$\overline{x}$周围，随机误差小，表明测量精密度高，但测量值的平均值$\overline{x}$偏离被测量真值较大，说明系统误差大，测量正确度低；图 1-7 (b) 中，测定值分布离散性大，说明随机误差大，测量精密度低，但平均值$\overline{x}$较接近真值μ，说明系统误差小，正确度高；图 1-7 (c) 中，测量结果既精密又正确，说明随机误差和系统误差均小，测量的准确度高。图 1-7 (c) 中的测量值 x_k 明显地不同于其他测量值，可判定是疏忽误差造成的坏值，应去除。

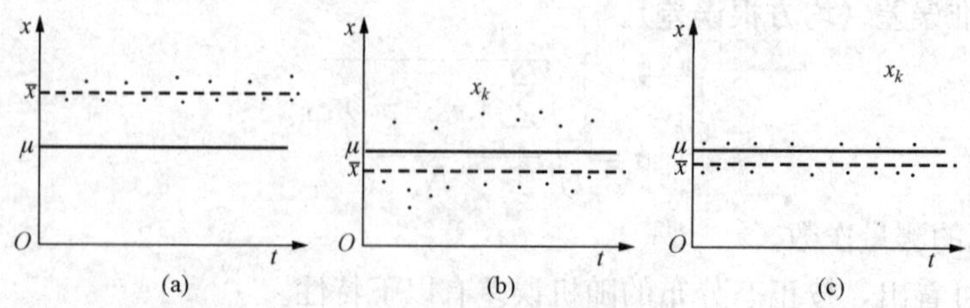

图 1-7　测量值及其误差图

(a) 精密度高；(b) 正确度高；(c) 准确度高

五、误差的综合

测量中，经常可能同时存在多个随机误差和系统误差。为判断测量结果的准确度要对全部误差进行综合。

1. 随机误差的综合

若测量结果中含有 k 个彼此独立的随机误差，它们的标准误差分别为 σ_1，σ_2，…，σ_k，则它们的综合效应所造成的综合标准误差 σ 为

$$\sigma = \sqrt{\sum_{i=1}^{k}\sigma_i^2} \tag{1-9}$$

若它们的随机不确定度为 δ_1，δ_2，…，δ_k，置信概率都为 P，则综合的随机不确定度 δ 为

$$\delta = \sqrt{\sum_{i=1}^{k}\delta_i^2} \tag{1-10}$$

置信概率亦为 P。

2. 系统误差的综合

若测量结果含有 m 个系统误差，其系统误差分别为 ε_1，ε_2，…，ε_m，则其总的系统误差 ε 可用下述方法得到。

(1) 代数合成。已知各系统误差的分量 ε_1，ε_2，…，ε_m 的大小及符号，可采用各分量的代数和求得总系统误差 ε，即

$$\varepsilon = \sum_{i=1}^{m}\varepsilon_i \tag{1-11}$$

(2) 绝对值合成。在测量中只能估计出各系统误差分量 ε_1，ε_2，…，ε_m 的数值大小，而不能确定其符号时，可采用最保守的合成法，将各分量误差的绝对值相加，此法称为绝对值合成法，即

$$\varepsilon = \pm\sum_{i=1}^{m}|\varepsilon_i| \tag{1-12}$$

对于 $m>10$ 的情况，绝对值合成法对误差的估计往往偏大。

(3) 方和根合成。当测量中系统误差的分量比较多（m 较大）时，各分量最大误差值同时出现的概率是不大的，它们之间还会互相抵消一部分。因此，如果仍按绝对值合成法计算总的系统误差，显然会把误差值估计得过大。此种情况可采用方和根合成法，即

$$\varepsilon = \pm\sqrt{\sum_{i=1}^{k}\varepsilon_i^2} \tag{1-13}$$

应该特别指出的是：当系统误差纯属于定值系统误差时，可直接采用与定值系统误差大小相等、符号相反的量去修正测量结果，修正后此项误差就不存在了。

【例 1-1】 如图 1-8 所示，使用弹簧管压力表测量某给水管路中的压力，试计算系统误差。已知压力表的准确度等级为 0.5 级，量程为 0～600kPa，表盘刻度分度值为 2kPa，压力表位置高出管道 h（h=0.05m）。测量时压力表指示 300kPa，读数时指针来回摆动 ±1 格。压力表使用条件大都符合要求，但环境温度偏离标准值（20℃），当时环境温度为 30℃，每偏离 1℃造成的附加误差为仪表基本误差的 4%。

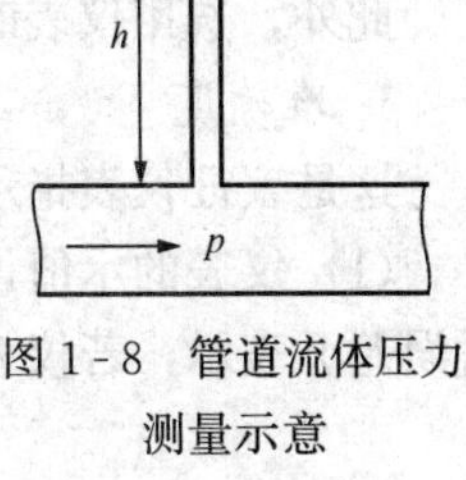

图 1-8　管道流体压力测量示意

解：仪表基本误差为

$$\Delta p_1 = \pm(0.5\% \times 600) = \pm 3.0(\text{kPa})$$

环境温度造成的附加误差为

$$\Delta p_2 = \pm(\Delta p_1 \times 4\% \times \Delta t) = \pm(3 \times 4\% \times 10) = \pm 1.2(\text{kPa})$$

由于压力表没有安装在管路的同一水平面上，而是高出管道 h 的地方，为了消除这位置误差，对读数进行修正（调整压力表机械零点）。管路中的实际压力值 p 为

$$p = p' + \rho hg$$

式中 ρ——被测液体密度，$\rho \approx 1000\text{kg/m}^3$；

g——重力加速度，$g \approx 10\text{N/kg}$。

求得位置误差为

$$\Delta p_3 = p' - p = -\rho hg = -0.05 \times 1000 \times 10(\text{Pa}) = -0.5(\text{kPa})$$

读数误差为

$$\Delta p_4 = \pm 2.0(\text{kPa})$$

根据各分项系统误差，可求得总的系统误差 Δp。按代数合成法，得

$$\Delta p = \pm[3 + 1.2 - 0.5 + 2] = \pm 5.7(\text{kPa})$$

标称相对误差为（绝对误差与测量值的比值）

$$E_{xy} = \frac{\Delta p}{p} \times 100\% = \pm \frac{5.7}{300} = \pm 2.0\%$$

按方和根合成法，得

$$\Delta p = \pm \sqrt{\sum_{i=1}^{N} \Delta p_i^2} = \pm \sqrt{3.0^2 + 1.2^2 + 0.5^2 + 2.0^2} = \pm 3.8(\text{kPa})$$

$$E_{xy} = \frac{\Delta p}{p} \times 100\% = \pm \frac{3.8}{300} = \pm 1.3\%$$

此例中，由于系统误差的项数不多，为了安全起见，最好采用绝对值合成法。

第四节　仪表或测量系统的静态性能指标

描述仪表或测量系统在静态测量条件下测量品质优劣的静态性能指标是多方面的。

仪表的质量指标主要包括评价仪表计量性能、操作性能、可靠性和经济性等方面的指标。仪表的可靠性是对仪表，特别是过程检测仪表的基本要求，目前常用有效性（MTBF）作为仪表的可靠性指标，即

$$\text{有效性} = \frac{\text{平均无故障工作时间}}{\text{平均无故障工作时间} + \text{平均修复时间}}$$

此外，选用仪表时，首要的是了解仪表计量性能方面的指标，其中包括以下几点。

1. 准确度

这是表征仪表指示值接近被测量值程度的质量指标。

（1）仪表的示值误差。它表征仪表各个指示值的准确程度，常用示值的绝对误差 δ 和相对误差 γ 表示，若仪表指示为 x、被测参数的真值为 μ，则

$$\delta = x - \mu \tag{1-14}$$

$$\gamma=\frac{x-\mu}{|\mu|}\times100\%=\frac{\delta}{|\mu|}\times100\%\approx\frac{\delta}{x}\times100\% \tag{1-15}$$

示值的绝对误差与被测量有一致的量纲，并有正负之分。正值表示偏大，负值表示偏小。绝对误差是表示误差的基本形式，但相对误差更能说明示值的准确程度。

例如，用温度计测量一炉子温度，温度计指示值为1005℃，炉子真实温度为1000℃，示值绝对误差为+5℃，示值相对误差为

$$\gamma=\frac{+5}{1005}\times100\%=+0.5\%$$

如果测量100℃的水虽然同样有+5℃的示值绝对误差，但其示值相对误差则为

$$\gamma=\frac{+5}{100}\times100\%=+5\%$$

显然其示值相对误差大得多，说明后者的测量准确度要低得多。

（2）仪表的基本误差。在规定的工作条件下，仪表量程范围内各示值误差中绝对值的最大者称为仪表的基本误差 δ_j，即

$$\delta_j=\pm|\delta_{max}| \tag{1-16}$$

超出正常工作条件引起的误差称为仪表的附加误差。

仪表的折合误差 γ_y 定义为仪表示值的绝对误差 δ 与该仪表量程 A 之比，并以百分数表示之，即

$$\gamma_y=\frac{\delta}{A}\times100\% \tag{1-17}$$

仪表量程范围内，示值中最大绝对误差的绝对值与量程之比（以百分数表示）称为最大折合误差 γ_{ymax}，即

$$\gamma_{ymax}=\frac{\pm|\delta_{max}|}{A}\times100\% \tag{1-18}$$

这样，按折合误差的形式，仪表的基本误差也可用最大引用误差来表示。

（3）仪表的准确度等级。某类仪表在正常工作条件下，为了保证质量，对各类仪表人为规定了其基本误差不能超过的极限值，此极限值称为该类仪表的允许误差（或称基本误差限）。用 δ_{yu} 或 γ_{yu} 表示。对具体某台仪表，它的基本误差可以大于或小于允许误差，所以，允许误差不能代表某台仪表的具体误差。

仪表最大折合误差表示的允许误差 γ_{yu} 去掉百分号后余下的数字值为该仪表的准确度等级。工业仪表准确度等级的国家标准系列有0.005，0.01，0.02，0.04，0.05，0.1，0.2，0.4，0.5，1.0，1.5，2.5，4.0，5.0等等级。仪表刻度盘上应标明该仪表的准确度等级。数字越小，准确度越高。且有

仪表的允许误差＝±准确度等级％

【例1-2】 对某机组进行热效率试验，需用0～16MPa压力表来测量10MPa左右的主蒸汽压力，要求相对测量误差不超过0.5%，试选择仪表的准确度等级。

解： 绝对误差＝10×0.5%＝±0.05(MPa)

$$\text{仪表的允许误差}=\frac{\pm0.05}{16-0}\times100\%=\pm0.313\%$$

设该仪表的工作条件均满足，仪表的准确度等级应选为0.2级，不能误选为0.4级。

仪表的准确度等级只说明该仪表标尺上各点可能的最大绝对误差，它不能说明在标尺各点上的实际读数误差。实际读数误差需通过逐点校验得到。

【例1-3】 一测量范围为0～10MPa的弹簧管压力计，经校验，在其量程上各点处最大示值绝对误差 $\delta_{max}=-0.14$MPa，若该仪表的准确度等级为1.5级，判断该仪表是否合格。

解：该表的最大折合误差为

$$\gamma_{yumax}=\frac{\pm 0.14}{10-0}\times 100\%=\pm 1.4\%$$

该仪表的允许误差 $\delta_{yu}=\pm 1.5\%$。因该仪表的基本误差未超过允许误差，故认为该仪表的准确度合格。

引起仪表指示值误差的因素很多，如线性度、回差、重复性、分辨率、相漂移等。

2. 线性度（或非线性误差）

对于理论上具有线性“输入—输出”特性曲线的仪表，由于各种原因，实际特性曲线往往偏离线性关系，它们之间最大偏差的绝对值与量程之比的百分数称为线性度。

3. 变差

在外界条件不变的情况下，使用同一仪表对被测参数进行正反行程（即逐渐由小到大再由大到小）测量时，在同一被测参数值下仪表的示值却不相同，如图1-9所示。输入量上升（正行程）和下降（反行程）时，同一输入量相应的两输出量平均值之间的最大差值与量程之比的百分数称为仪表的变差，记为 γ_b

$$\gamma_b=\frac{|\Delta H_{max}|}{A}\times 100\% \tag{1-19}$$

它通常是由于仪表运动系统的摩擦、间隙，弹性元件的弹性滞后等原因造成的。合格的仪表，其变差也必须不超过其允许误差，即 $\gamma_b\leqslant|\gamma_{yu}|$。

4. 重复性和重复性误差

同一工作条件下，多次按同一方向输入信号并作全量程变化时，对应于同一输入信号值，仪表输出值的一致程度称为重复性。对于全范围行程，在同一工作条件下从同方向对同一输入值进行多次连续测量所获得的输出两极限值之间的代数差或均方根误差称为重复性误差，它通常以量程的百分数表示。

5. 分辨率

引起仪表示值可察觉的最小变动所需的输入信号的变化，称为仪表的分辨率。也称灵敏限或鉴别阀。输入信号变化不致引起示值可察觉的最小变动的有限区间与量程之比的百分数，称为仪表的不灵敏区或死区，为保证测量准确，一般规定不灵敏区不应大于允许误差的1/3～1/10。

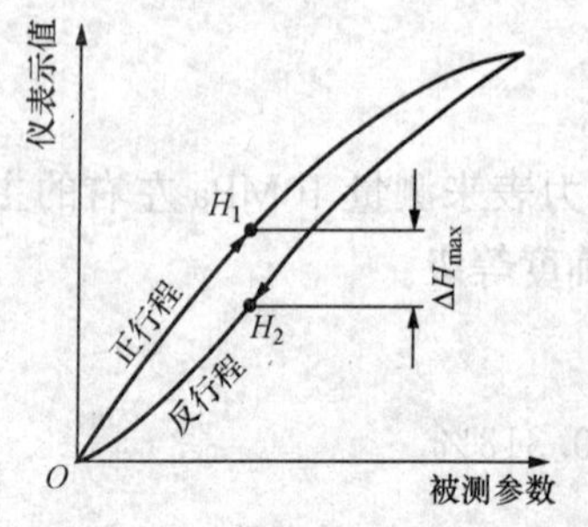

图1-9 测量仪表的变差

6. 灵敏度

仪表在到达稳态后，输出增量与输入增量之比，称为仪表的灵敏度，即仪表“输入—输出”特性的斜率。若仪表具有线性特性，则量程各处的灵敏度为常数。仪表灵敏度应与仪表准确度相适应，即灵敏度的高低只需保证仪表示值的最后一位比允许误差 δ_{yu} 略小即可。灵敏度过低会降低仪表的准确度，过高会增大仪表的重复性误差。

7. 漂移

在保持工作条件和输入信号不变的条件下，经过一段规定的较长时间后输出的变化，称为漂移，它以仪表量程各点上输出的最大变化量与量程之比的百分数来表示。漂移通常是由于电子元件的老化、弹性元件的失效、节流件的磨损、热电偶或热电阻的污染变质等原因引起的。

此外，在被测量快速变化时，常常会由于仪表的输出信号跟不上被测量的变化而产生动态误差，动态误差的大小与仪表的动态特性及被测量的变化规律有关。常用感受件的时间常数与仪表的全行程时间来表征仪表的动态特性。

检定是为了评定仪表的计量性能，并与规定的指标比较，以确定仪表是否合格。进行检定工作应遵循国家法定性技术文件：国家计量检定规程。规程详细规定了被检仪表的技术条件，检定用的标准测量器具和设备，检定项目、方法和步骤，检定结果处理，检定证书的格式和填写要求等。

检定方法一般可分为定点法和示值比较法两类。定点法是提供被检仪表测量所需的某种标准量值，如已知的某种纯金属相变点温度、标准成分气样等，从而确定仪表的示值误差。工业上常用的是示值比较法，就是使被检仪表与标准仪表同时去测量同一被测量，比较两者的指示值，从而确定被检仪表的基本误差、变差等质量指标。一般要求标准仪表的测量上限应等于或稍大于被检仪表的测量上限。标准仪表的允许误差为被检仪表误差的 1/10～1/3。在这种情况下，可以忽略标准仪表的误差。将标准仪表的指示值作为被测量的真值。检定点常常取在仪表标尺的整数分度值（包括上、下限）上和经常使用的标尺刻度附近，必要时可适当加密检定点。

复习思考题

1-1　何谓测量误差？测量误差的表示方法有哪几种？各代表什么意义？说明为什么测量值的绝对误差有时不宜作为衡量测量准确度的尺度？

1-2　何谓准确度、正确度、精密度？三者之间有何关系？它们与测量中的随机误差和系统误差有何关系？

1-3　何谓仪表的允许误差、基本误差、变差？举例说明仪表允许误差和准确度等级之间的关系，仪表示值的校验结果怎样才算仪表合格？

1-4　误差按其性质不同分为哪几类？

1-5　什么是系统误差？如何处理系统误差？

1-6　什么是随机误差？随机误差有什么特点？

1-7　热工仪表或系统由哪几部分组成？各部分的作用是什么？

1-8　测量方法分为哪几种？请分别举例说明。

1-9　热工测量的质量指标主要有哪些？

1-10　何谓仪表的检定？热工仪表的检定方法一般分为哪两类？

1-11　一只量程为－320～＋320mm、精确度为 1.0 级的水位指示仪表。当水位上升至零水位时，指示为－5mm；当水位下降至零水位时，指示为＋5mm。该水位表是否合格？为什么？

1-12 现有精确度等级分别为1.5、2.0、2.5级的三块仪表，它们的测量范围分别为0～1000、−50～550、−100～500℃，需要测的温度为500℃，其测量值的相对误差要求不超过2.5%，试问选用哪块表最合适？

1-13 用镍铬—镍硅热电偶、补偿导线、冷端补偿器与显示仪表构成测温系统。已知被测温度为800℃左右，显示仪量程为0～1100℃，精确度等级为1.0级。当$t>400$℃时，热电偶的允许误差为±0.75%×t。补偿导线的允许误差为±3.5℃，冷端补偿器的允许误差为±0.16mV（折合成温度为±4℃）。试估计该测温系统的最大误差值。

1-14 有一块准确度等级为0.5级，量程为0～1000℃的测温仪表，其校验记录见表1-1，试判断该表是否合格。

表1-1 校验记录

标准仪表示值（℃）		0	100	200	300	400	500	600	700	800	900	1000
被校仪表示值（℃）	正	0	99	201	302	398	502	604	703	800	902	1000
	反	0	98	199	304	403	501	605	705	798	904	1000

第二章 温度测量

第一节 温度测量概述

表示物体冷热程度、反映物体内部热运动状态的物理量称为温度。

火电厂热力生产过程中，从工质到各部件无不伴有温度的变化，对各种工质（如蒸汽，过热蒸汽，给水、油、风等）及各部件（如过热器管壁、汽轮机高压汽缸壁及各轴承等）的温度必须进行密切的监视和控制，以确保机组安全经济运行。

温度是火电厂最普遍最重要的热工参数之一，原因如下所述。

(1) 温度是蒸汽质量的重要指标之一。锅炉所生产的蒸汽，一般用温度、压力等参数表示其品质的优劣，运行中必须保持这些参数在允许的范围内，以保证向汽轮机提供合格的蒸汽。

(2) 温度是影响热力设备效率的主要因素。在高温高压机组中，蒸汽温度是一个重要的参数。进入汽轮机的蒸汽温度如果降低，就会导致汽轮机热效率显著下降；锅炉排烟温度如果高于额定值，锅炉热效率也会降低。这些都使火电厂的经济性下降。

(3) 温度是影响传热过程的重要因素。火电厂所有的传热过程都必须在有温差的条件下进行。要正确控制省煤器、空气预热器以及冷凝器等各种热交换器的传热过程正常进行，必须对传热介质的温度进行监督。

(4) 温度是保证热力设备安全运行的重要参数。各种材料的耐热能力总是有限的，如果过热器和水冷壁管过热，设备就容易烧坏；发电机线圈的温度太高，就会加速其绝缘老化，以致烧坏线圈等。只有对上述各处的温度进行严格的监控，才能避免重大事故的发生。

由此可见，温度的准确测量对保证火电厂安全、经济生产具有重大的意义。

在火电厂中，温度的测点很多，测温参数在总的监控参数中所占的比例较大，掌握电厂常用的测温方法以及测温仪表的工作原理和使用方法，是十分重要的。表 2-1 列举了一些测点及测量元件。

表 2-1　温度测点举例列表

序号	测点名称	数量	单位	设备名称	形式及规范	安装地点
1	给水母管温度	3	支	热电偶	双支 E 分度，0～300℃，带焊接式锥形保护管，有效插深 100mm，热套式	就地
2	省煤器入口给水温度	1	支	热电偶	双支 E 分度，0～300℃，带焊接式锥形保护管，有效插深 100mm，热套式	就地
3	省煤器出口给水温度	1	支	热电偶	双支，K 分度	就地
4	屏式过热器出口蒸汽温度	2	支	热电偶	双支，K 分度	就地
5	高温过热器入口蒸汽温度	2	支	热电偶	双支，K 分度	就地

续表

序号	测点名称	数量	单位	设备名称	形式及规范	安装地点
6	高温过热器出口蒸汽温度	2	支	热电偶	双支，K分度	就地
7	一次风机A入口温度	1	支	热电阻	双支，Pt100，0～100℃，带M27×2固定螺纹直形不锈钢保护套管，$l=500$mm，$L=650$mm	就地
8	B磨煤机润滑油温度	1	只	双金属温度计		就地
9	A磨煤机电机绕组温度	6	支	热电阻	双支，Pt100，>135℃报警，>145℃跳磨	就地
10	屏式过热器出口金属温度	14	支	热电偶	WRNT-11M ∮6K分度双支型，$l=30000$mm	就地

一、温标

温度是表示物体冷热程度的物理参数，它反映了物体内部分子无规则热运动的剧烈程度。物体内部分子热运动越激烈，温度就越高。

人们对于物体冷热的认识最初是由直接感觉来判断的。随着生产实践和科学的发展，人们逐渐发现物体物理性质的变化与物体的温度有关，因此可以用与温度有关的物体物理性质的变化来反映温度的变化。能够满足这种要求的物理性质有物体的体积和压力随温度变化的性质，物体的热电性质，电阻随温度变化的性质以及物体的热辐射随温度变化的性质等，这是测量温度的物理基础。

对温度不能只作定性的描述，还必须有定量的表述。用来量度温度高低的尺度叫温度标尺，简称温标。温标是用数值来表示温度的一套规则，它确定了温度的单位。

根据热力学理论，如果热力学温度为 T_1 的高温热源和热力学温度为 T_2 的低温热源之间有一可逆热机进行卡诺循环，热机从高温热源吸热为 Q_1，向低温热源放热为 Q_2，则有下述关系

$$\frac{T_1}{T_2}=\frac{Q_1}{Q_2} \tag{2-1}$$

如果规定一个数值来表示某一定点的温度值，那么温标就可据此确定。根据热力学原理建立的温标叫热力学温标，它的温度单位定为开尔文（K）。这个某一定点的温度由国际分度大会确定为水的三相点热力学温度 273.16，并将 1/273.16 定为 1K。这样确定的温标，其温度值

$$T=273.16\left(\frac{Q_1}{Q_2}\right)$$

就可以由热量的比例求得。由于上述方程式与工质本身的种类和性质无关，所以用这个方法建立起来的热力学温标就避免了分度的“任意性”。

热力学温标是一种理想的温标，卡诺循环是理想的循环，实践中用这一原理建立温标是办不到的。实际上是用氢、氖和氮等近似理想气体作出定容式气体温度计，并根据热力学第二定律定出对这种气体温度计的修正值，然后用气体温度计来实现热力学温标。但是，气体

温度计结构复杂、使用不便。现在世界上通用“国际实用温标”。

二、国际实用温标

国际实用温标是用来复现热力学温标的。自 1927 年建立国际实用温标以来，为了更好地符合热力学温标，先后作了多次修改。

根据第 18 届国际计量大会（CGPM）及第 77 届国际计量委员会（CIPM）的决议，自 1990 年 1 月 1 日起在全世界范围内实行“1990 年国际温标（以下简称 ITS—1990）”。我国决定“1991 年 7 月 1 日起有计划逐步过渡施行 90 国际温标”，1994 年 1 月 1 日起已全面实施新温标。

ITS—1990 国际实用温标的主要内容有三点。

（1）定义了热力学温度（符号为 T）是基本的物理量，其单位为开尔文（符号为 K），定义 1K 等于水的三相点的热力学温度的 1/273.16。摄氏温度 $t_{90}=T_{90}-273.15$，其单位为摄氏度（符号为℃）。

（2）定义了 17 个固定点的温度，如表 2-2 所示。这些固定点不仅保证了基准温度的客观性，且更为实用。

表 2-2　ITS—1990 定义固定点

序号	温度		物质①	状态②	$W_r(T_{90})$
	T_{90}（K）	t_{90}（℃）			
1	3～5	−270.15 −268.15	He	V	
2	13.803 3	259.346 7	e-H_2	T	0.001 190 07
3	≈17	≈−256.15	e-H_2（或 He）	V（或 G）	
4	≈20.3	≈−252.85	e-H_2（或 He）	V（或 G）	
5	24.556 1	−248.593 9	Ne	T	0.008 449 74
6	54.358 4	−218.796 1	O_2	T	0.091 718 04
7	83.805 8	−189.344 2	Ar	T	0.215 859 75
8	234.315 6	−38.834 4	Hg	T	0.844 142 11
9	273.16	0.01	H_2O	T	1.000 000 00
10	302.914 6	29.764 6	Ca	M	1.118 138 89
11	429.748 5	156.598 5	In	F	1.609 801 85
12	505.078	231.928	Sn	F	1.892 797 68
13	692.677	419.527	Zn	F	2.568 917 30
14	933.473	660.323	Al	F	3.376 008 60
15	1 234.93	961.78	Ag	F	4.286 420 53
16	1 337.33	1 064.18	Au	F	
17	1 357.77	1 084.62	Cu	F	

注　表中各符号的含意为

V：蒸汽压点；

T：三相点，在此温度下，固、液和蒸汽相呈平衡；

G：气体温度计点；

M、F：熔点和凝固点，在 101325Pa 压力下，固、液相的平衡温度。

① 除 ^{3}He 外，其他物质均为自然同位素成分。

e-H_2 为正、仲分子态处于平衡浓度时的氢。

② 对于这些不同状态的定义，以及有关复现这些不同状态的建议，可参阅“ITS—1990 补充资料”。

（3）规定了不同温度范围内复现热力学温标的标准仪器，建立了标准仪器示值与国际温标温度之间关系的插补公式，从而使连续测温成为可能。

ITS—1990 整个温标分四个温区，其相应的标准仪器如下所述。

（1）0.65～5.0K 之间，T_{90}是用^{3}He 和^{4}He 蒸汽压温度计来定义的。

（2）3.0～24.5561K（氖三相点）之间，T_{90}是用氦气体温度计来定义的。

（3）13.8033K（平衡氢三相点）～961.78℃（银凝固点）之间，T_{90}是用铂电阻温度计来定义的。

（4）961.78℃（银凝固点）以上，T_{90}借助于一个定义固定点和普朗克辐射定律定义，所用仪器为光学或光电高温计。

标准仪器示值与国际温标温度之间关系的插补公式分得比较细致，读者可参阅有关资料，本书不再赘述。

三、温标的量值传递

温度测量必须通过仪表来实现。根据生产和科研的实际需要，可以选用不同等级和不同形式的仪表，即只有当温标传递到仪表上时，仪表才能有真正的用途，才能使温标与社会生产相联系，并为生产服务。

温度仪表，按照它们的准确度不同分为若干等级，按照等级制定传递系统，再根据传递系统表逐级向下传递，开展检定工作。通过检定，将国家基准所复现的计量单位的量值，从标准逐级传递到实用计量器具和实际使用的工业仪表上去。唯有这样，才能保证量值的准确一致和仪表的正确使用。

通常把温度测量仪表按其在量值传递中的地位分为三类。

（1）基准器。它是国家单位量值传递系统中准确度最高的测量器具，作为统一全国计量单位量值的最高依据。它不用作一般意义的测量。

（2）标准器（包括一、二、三等级）。它作为检定依据用的计量器具，具有国家规定的准确度等级。

（3）实验室和工厂用的工作仪表。它用于日常测量。

中国计量科学研究院承担着复现国际实用温标，建立和保存国家基准器，并协助各省、市和大型企业建立相应的标准并开展检定传递工作，构成一个完整的传递系统网。如此逐级传递，以保证各类仪表的可靠性，从而达到保证产品质量的目的。

四、温度测量方法简介

测温方法通常分为接触式和非接触式两大类。接触式测温仪表的感温元件与被测介质直接接触，非接触式测温仪表的感温元件不和被测介质相接触。

1. 接触式测温仪表

接触式测温仪表的特点是：温度计的感温元件与被测物体应有良好的热接触，两者达到热平衡时，温度计便指示出被测物体的温度值，且准确度较高。但是用接触法测温时，由于感温元件与被测物体接触，往往要破坏被测物体的热平衡状态，并受被测介质的腐蚀作用，因此对感温元件的结构、性能要求较高。

接触式测温的理论基础是：一切达到热平衡的物体都具有相同的温度。测量时，温度计所得到的温度实际上是温度计本身的温度，就是因为其与被测介质达到热平衡，故认为温度计的温度就是被测介质的温度。

这里简单介绍几种现场常用的接触式温度计。

(1) 膨胀式温度计。它利用液体（水银、酒精等）或固体（金属片）受热时产生膨胀的特性制成，测温范围为－200～600℃。这类温度计的特点是结构简单、价格低廉，一般用作就地测量。

双金属温度计是利用不同膨胀系数的双金属元件来测量温度的仪器，双金属片的受热变形原理如图 2-1 所示。当温度升高时，膨胀系数较大的金属片 B 伸长较多，必然会向膨胀系数较小的金属片 A 的一面弯曲变形，温度越高，产生的弯曲越大。利用双金属片弯曲变形程度的大小可以表示出温度的高低。双金属温度计可分为杆形和盒形两种，通常以杆形双金属温度计使用最多，杆形中按其表盘装置位置的不同，又可分为轴向型和径向型，也有设计成表盘位置可以任意转动的万向型，如图2-2所示。双金属温度计的准确度等级自 1.0～2.5 级都有生产。

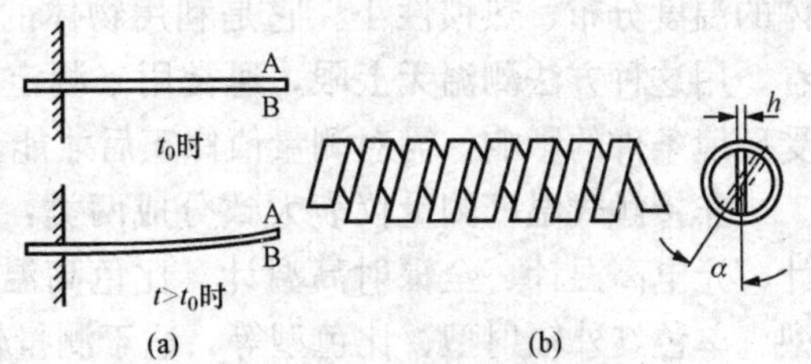

图 2-1 双金属温度计原理图

(a) 条形双金属；(b) 螺旋形双金属

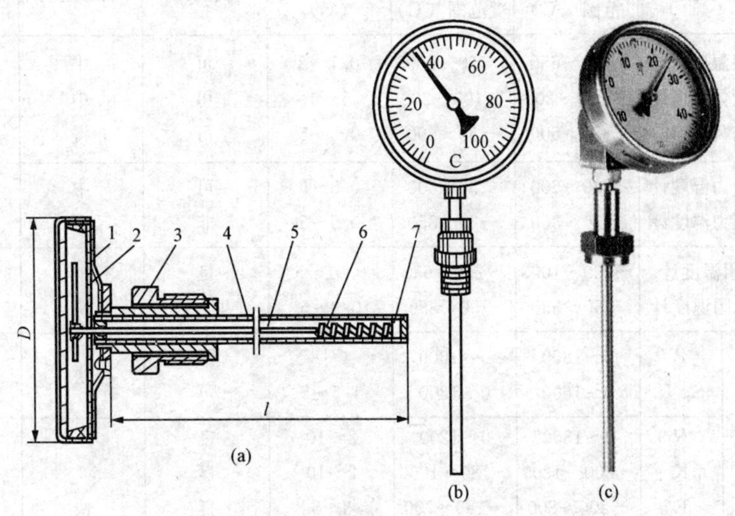

图 2-2 双金属温度计结构

(a) 轴向型；(b) 径向型；(c) 万向型

1—表壳；2—刻度盘；3—活动螺母；4—保护套管；5—指针轴；6—感温元件；7—固定端

双金属温度计由于其结构简单，抗震性能好，比水银温度计坚固，且可以避免水银污染，因此工业上已用它逐步取代水银温度计，近几年来它的发展很快，品种规格也在不断增加，以满足工业测温的需要。

(2) 压力表式温度计。它利用封闭在一定容积中的气体、液体或某些液体的饱和蒸气受热时，其体积或压力变化的性质制成，测温范围为 0～300℃。这类温度计的特点是结构简单、防爆、不怕震动，可作近距离指示，但准确度较低，滞后性大。

(3) 热电阻温度计。它利用导体或半导体受热后电阻值变化的性质制成，测温范围为－200～960℃。这类温度计的特点是准确度高，能远距离传送指示，适于低、中温测量，但体积较大，测点温较困难。

(4) 热电偶温度计。它利用物体的热电性质制成，测温范围为 0～1600℃。这类温度计的特点是测温范围广，能远距离传送指示，适于中、高温测量，但需参比端温度补偿，在低温段测量的准确度较低。

2. 非接触式测温仪表

非接触式测温仪表的特点是：温度计的感温元件不与被测物体相接触，也不改变被测物体的温度分布，热惯性小。它是利用物体的热辐射能随温度变化的性质制成的。从原理上看，用这种方法测温无上限，通常用来测定 1000℃以上的高温物体的温度。测量的准确度受环境条件的影响，需对测量值修正后才能获得真实温度。

非接触式温度测量仪表大致分成两类：一类是光学辐射式高温计，包括单色光学高温计、光电高温计、全辐射高温计、比色高温计等；另一类是红外辐射仪，包括全红外辐射型、单色红外辐射型、比色型等，适于测量较低温度。

各温度计的种类及特性见表 2-3。

表 2-3　　常用温度计的种类及特性

原理	种类		使用温度范围（℃）	量值传递的温度范围（℃）	准确度（℃）	线性化	响应速度	记录与控制	价格
膨胀	水银温度计		−50～650	−50～550	0.1～2	可	中	不适合	低
	有机液体温度计		−200～200	−100～200	1～4	可	中	不适合	
	双金属温度计		−50～500	−50～500	0.5～5	可	慢	适合	
压力	液体压力温度计		−30～600	−30～600	0.5～5	可	中	适合	低
	蒸汽压力温度计		−20～350	−20～350	0.5～5	非	中		
电阻	铂电阻温度计		−260～1000	−260～630	0.01～5	良	中	适合	高
	热敏电阻温度计		−50～350	−50～350	0.3～5	非	快	适合	中
热电动势	热电偶温度计	B	0～1800	0～1600	4～8	可	快	适合	高
		S，R	0～1600	0～1300	1.5～5	可			高
		N	0～1300	0～1200	2～10	良	快	适合	中
		K	−200～1200	−180～1000	2～10	良			
		E	−200～800	−180～700	3～5	良			
		J	−200～800	−180～600	3～10	良			
		T	−200～350	−180～300	2～5	良			
热辐射	光学高温计		700～3000	900～2000	3～10	非	—	不适合	中
	光电高温计		200～3000	—	1～10	非	快	适合	高
	辐射温度计		100～3000	—	5～20		中		
	比色温度计		180～3500	—	5～20		快		

第二节　热　电　偶

热电偶是目前世界上科研和生产中应用最普通、最广泛的温度测量元件。它具有结构简单、制作方便、测量范围宽、准确度高、热惯性小等优点。

一、热电偶测温的基本原理

两种不同的导体或半导体材料A和B组成如图2-3所示的回路。如果A和B所组成回路的两个接合点的温度 t 和 t_0 不相同，则回路中就有电流产生，即回路中有电动势存在，这种现象叫热电效应。热电效应于1821年首先由塞贝克发现，所以又叫塞贝克效应。热电效应产生的电动势叫温差电动势或叫热电动势，常以符号 E_{AB}（t，t_0）表示，这样的回路叫热电偶。

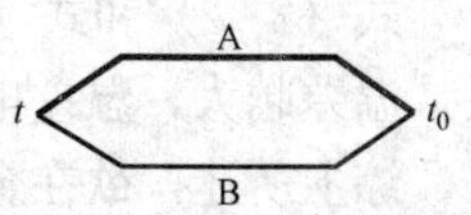

图2-3　热电偶回路

当热电偶用于测量温度时，总是把两个接点之一放置在被测温度为 t 的介质中，习惯上把这个接点叫做热电偶的测量端或热端。热电偶的另一个接点要处于已知的温度 t_0 的条件下，此接点叫做热电偶的参比端或冷端。

理论分析表明，热电动势是由接触电势差和温差电动势两部分组成的。

1. 接触电势差

从微观上分析，两种不同材料的导体或半导体A和B互相接触，设A和B内部的自由电子密度为 n_A 与 n_B，且 $n_A>n_B$，导体或半导体中的自由电子相互扩散，因A中的自由电子密度较大，所以在接触面处从A扩散到B的电子数多于从B扩散到A的电子数，于是A带正电，B带负电，在A、B接触面处出现一个静电场，这个静电场起阻碍自由电子进一步由A向B扩散的作用。当静电场的作用力与电子扩散作用力相等时，电子的迁移达到动平衡，材料A和B之间就建立起一个稳定的电势差，即接触电势差 e_{AB}，如图2-4所示。理论上已证明，接触电势差的大小和方向主要取决于两种材料的性质和接触面处温度的高低，其表达式为

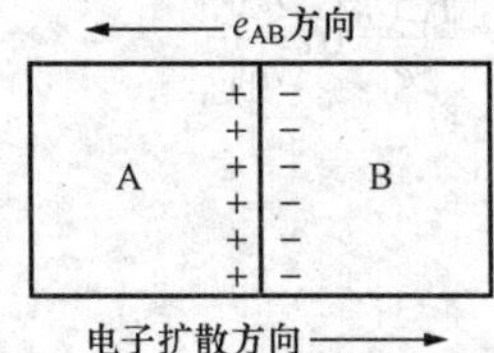

图2-4　接触电势差

$$e_{AB}(t)=\frac{KT}{e}\ln\frac{n_{At}}{n_{Bt}} \tag{2-2}$$

式中　e——电子电量；

K——玻尔兹曼常数；

n_{At}，n_{Bt}——材料A和B在温度为 t 时的电子密度；

T——热力学温度。

电势差 e_{AB}（t）的方向由电子密度小的B指向电子密度大的A。

2. 温差电动势

如图2-5所示，当对一个长度为 l 的金属棒的一端A加热时，实验表明，在金属棒两端之间便会形成电势差。从微观上看，这一现象的产生是由于金属中的自由电子从温度为 t 的高温端A扩散到温度为 t_0 的低温端A′，并在低温端堆积起来，在导体内形成电场，该电场起阻止电子热扩散的作用。这种热扩散作用一直进行到导体内形成的电场作用与它平衡为止。此时，在金属棒两端之间形成电势差，称为温差电动势。

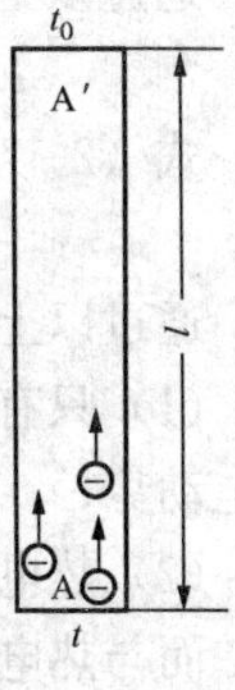

图2-5　温差电动势

根据物理学知识整个金属棒内的温差电动势为

$$e(t, t_0)=\frac{K}{e}\int_{t_0}^{t}\frac{1}{n_{At}}\mathrm{d}(n_{At}t) \tag{2-3}$$

电动势的方向由低温端 A′指向高温端 A。

式（2-3）表明，温差电动势的大小只与金属材料和两端的温度有关，与棒的形状无关。

式（2-2）和式（2-3）表明：温差电动势的大小与导体的材料的性质及两端温度差有关，温差越大，温差电动势也越大，当 $t=t_0$ 时，温差电动势为零。

综上所述，欲在金属导体组成的闭合回路中得到稳定电流，必须在电路中同时存在着温度梯度和电子密度梯度。为此，需将两种金属材料 A 和 B 串联成一闭合回路，并使它们的两个接触点保持不同的温度 t 和 t_0，在这样两根金属导线组成的闭合回路中将产生温差电动势，同时在两个接触点产生接触电势差。整个闭合回路中的总电动势为两个温差电动势和两个接触电势差的代数和。

3. 热电偶回路电动势

如图 2-6 所示，由 A 和 B 两种导体组成的热电偶，导体 A 的电子密度为 n_A，导体 B 的电子密度为 n_B，两个接触点的温度分别为 t 和 t_0。两个接触电势差由式（2-2）得

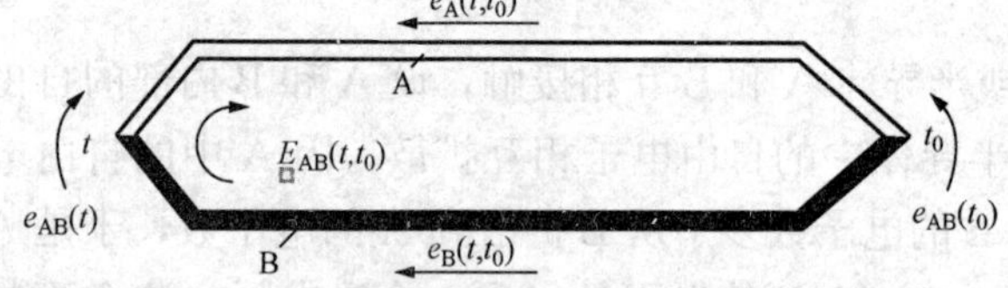

图 2-6 接触电势、温差电势和回路电势

$$e_{AB}(t)=\frac{KT}{e}\ln\frac{n_{At}}{n_{Bt}}$$

$$e_{AB}(t_0)=\frac{KT_0}{e}\ln\frac{n_{At_0}}{n_{Bt_0}}$$

两个温差电动势由式（2-3）得

$$e_A(t,\ t_0)=\frac{K}{e}\int_{t_0}^{t}\frac{1}{n_{At}}\mathrm{d}(n_{At}t)$$

$$e_B(t,\ t_0)=\frac{K}{e}\int_{t_0}^{t}\frac{1}{n_{Bt}}\mathrm{d}(n_{Bt}t)$$

热电偶回路的电动势，即热电势（也称塞贝克电势）为

$$E_{AB}(t,\ t_0)=e_{AB}(t)-e_A(t,\ t_0)-e_{AB}(t_0)+e_B(t,\ t_0) \tag{2-4}$$

当组成热电偶的材料 A 和 B 已选定时，n_A 与 n_B 中是温度的函数，温差电动势 e_A（t，t_0）和 e_B（t，t_0）可用下面的函数差表示，即

$$e_A(t,\ t_0)=e_A(t)-e_A(t_0) \tag{2-5}$$

$$e_B(t,\ t_0)=e_B(t)-e_B(t_0) \tag{2-6}$$

通过以上分析，将式（2-5）和式（2-6）代入式（2-4）则

$$E_{AB}(t,\ t_0)=[e_{AB}(t)-e_A(t)+e_B(t)]-[e_{AB}(t_0)-e_A(t_0)+e_B(t_0)] \tag{2-7}$$

式（2-7）可以写成摄氏温度的函数形式，即

$$E_{AB}(t,\ t_0)=f_{AB}(t)-f_{AB}(t_0) \tag{2-8}$$

通过以上讨论，可得出以下结论：

（1）只有两种不同性质的材料才能组成热电偶回路，相同材料组成的闭合回路不会产生热电动势；

（2）热电偶回路中热电动势的大小只与组成热电偶的材料的性质及两端接点处的温度有关，而与热电偶丝的直径、长度及沿程温度分布无关；

（3）若组成热电偶的材料确定，且 t_0 已知并恒定，则 $f_{AB}(t_0)$ 为常数，热电动势 $E_{AB}(t,\ t_0)$ 只是温度 t 的单值函数。因此，测量热电动势的大小，就可以求得温度 t 的数值，这就是用

热电偶测量温度的原理。

如果 $t_0=0℃$，则热电动势简写成 E_{AB}（t），工程上所使用的各种类型的热电偶均把 E_{AB}（t）和 t 的关系制成了易于查找的表格形式，这种表格叫做热电偶的分度表（见附录1）。

二、热电偶的基本定律

下述三条基本定律，对于热电偶测温的实际应用有着重要意义，它们已由实验确立。

1. 均质导体定律

由一种均质导体（或半导体）组成的闭合回路，不论导体（半导体）的几何尺寸及各处的温度分布如何，都不会产生热电势。由此定律可以得到如下的结论：

（1）热电偶必须由两种不同性质的材料构成；

（2）热电势与热电极的几何尺寸（长度、截面积等）无关；

（3）由一种材料组成的闭合回路存在温差时，回路如产生热电势，便说明该材料是不均匀的，据此可检查热电极材料的均匀性。

2. 中间导体定律

由不同材料组成的热电偶闭合回路中，若各种材料接触点的温度都相同，则回路热电势的总和等于零。

由此定律可得到以下结论：

在热电偶回路中加入第三、四……种均质材料，只要中间接入的导体的两端温度相等则它们对回路的热电势就没有影响，如图 2-7 所示。利用热电偶测温时，只要热电偶连接显示仪表的两个接点的温度相同，那么仪表的接入对热电偶的热电势没有影响。而且对于任何热电偶接点，只要它接触良好，温度均一，不论用何种方法构成接点，都不影响热电偶回路的热电势。

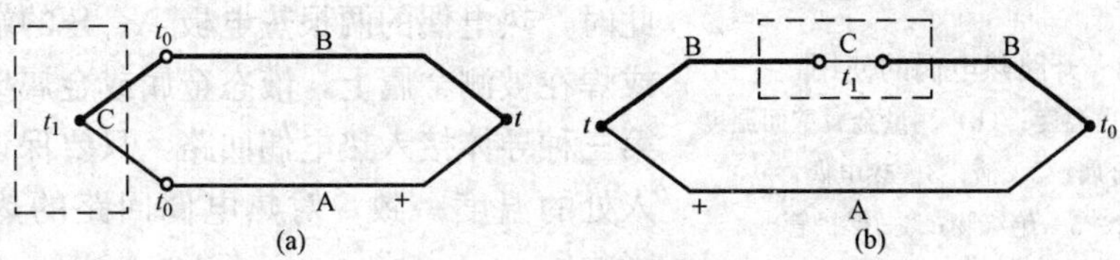

图 2-7 热电偶回路中插入第三种材料

(a) 无中间导体；(b) 有中间导体

图 2-7（a）中，导体 C 接在热电极 A、B 之间，设 $t>t_0$、$N_A>N_B>N_C$ 则可写出回路总的热电势为

$$E_{ABC}(t,t_0)=e_{AB}(t)-e_A(t,t_0)-e_{AC}(t_0)+e_{BC}(t_0)+e_B(t、t_0) \tag{2-9}$$

若设回路中各接点温度都相等，则各接点接触电势都为 0，即

$$e_{AB}(t_0)+e_{BC}(t_0)+e_{CA}(t_0)=0 \tag{2-10}$$

以此关系代入式（2-9），可得

$$E_{ABC}(t,t_0)=e_{AB}(t)-e_A(t,t_0)-e_{AB}(t_0)+e_B(t,t_0) \tag{2-11}$$

比较式（2-11）与式（2-4）可知，两式完全一致，即

$$E_{ABC}(t,t_0)=E_{AB}(t,t_0) \tag{2-12}$$

在图 2-7（b）中是把热电极 B 断开接入中间导体 C。设 $t>t_1>t_0$，$N_A>N_B>N_C$，则可写出回路中总的热电势

$$E_{ABC}(t, t_1, t_0) = e_{AB}(t) - e_A(t, t_0) - e_{AB}(t_0) + e_B(t_1, t_0) + e_{CB}(t_1) - e_{BC}(t_1) + e_B(t, t_1) \tag{2-13}$$

由式（2-6）有

$$\begin{aligned} e_B(t_1, t_0) + e_B(t, t_1) &= e_B(t_1) - e_B(t_0) + e_B(t) - e_B(t_1) \\ &= e_B(t) - e_B(t_0) = e_B(t, t_0) \end{aligned} \tag{2-14}$$

代入式（2-13）则

$$E_{ABC}(t, t_1, t_0) = e_{AB}(t) - e_A(t, t_0) - e_{AB}(t_0) + e_B(t, t_0) \tag{2-15}$$

即

$$E_{ABC}(t, t_1, t_0) = E_{AB}(t, t_0)$$

以上两种形式的热电偶回路都可证明本结论是正确的。若在热电偶回路中接入多种均质导体，只要每种导体两端温度相等，同样可证明它们不影响回路的热电势。实际测温中，正是根据本定律这条结论，才可在热电偶回路中接入显示仪表、冷端温度补偿装置、连接导线等组成热电偶温度计而不必担心它们会影响到热电势。也就是说，只要保证连接导线、显示仪表等接入热电偶回路的两端温度相同，就不会影响热电偶回路的总热电势。另外，热电偶的热端焊接点也相当于第三种导体，只要它与两电极接触良好、两接点温度一致，也不会影响热电偶回路的热电势。因此，在测量液态金属或金属壁面温度时，可采用开路热电偶，如图2-8所示。此时，热电偶的两根热电极A、B的端头同时插入或焊在被测金属上，液态金属或金属壁面即相当于第三种导体接入热电偶回路，只要保证两热电极插入处的温度一致，对热电偶回路的热电势就没有影响。

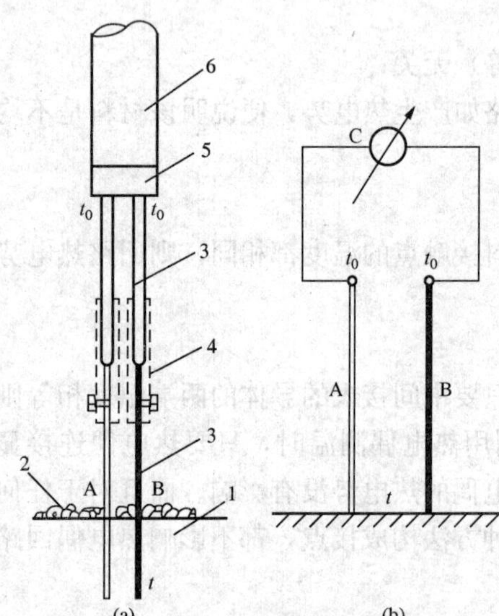

图2-8 开路热电偶的使用

(a) 测量液态金属温度；(b) 测量金属壁面温度

1—熔融金属；2—渣；3—热电偶；4—连接管；5—绝缘物；6—保护管

3. 中间温度定律

接点温度为 t_1 和 t_3 的热电偶，产生的热电势等于两支同性质热电偶在接点温度分别为 t_1，t_2 和 t_2，t_3 时产生的热电势的代数和，如图2-9所示。用公式表达为

$$E_{AB}(t_1, t_3) = E_{AB}(t_1, t_2) + E_{AB}(t_2, t_3) \tag{2-16}$$

式中 t_2——中间温度。

此定律可证明如下

$$\begin{aligned} E_{AB}(t_1, t_2) + E_{AB}(t_2, t_3) &= [f_{AB}(t_1) - f_{AB}(t_2)] + [f_{AB}(t_2) - f_{AB}(t_3)] \\ &= f_{AB}(t_1) - f_{AB}(t_3) \\ &= E_{AB}(t_1, t_3) \end{aligned}$$

在式（2-16）中令 $t_2 = t_0$℃、$t_3 = 0$℃，则有

$$E_{AB}(t, 0) = E_{AB}(t, t_0) + E_{AB}(t_0, 0) \tag{2-17}$$

或

$$E_{AB}(t, t_0) = E_{AB}(t, 0) - E_{AB}(t_0, 0) \tag{2-18}$$

据式（2-17）在制定热电偶分度表时，只需定出热电偶冷端温度为0℃、热端温度与热

电势的函数表即可，冷端温度不为 0℃时热电偶产生的热电势可按式（2 - 17）查表修正得到。

由此定律可得的结论如下所述。

（1）已知热电偶在某一给定冷端温度下进行的分度，只要引入适当的修正，就可在另外的冷端温度下使用。这就为制定和使用热电偶的热电势—温度关系分度表奠定了理论基础。

（2）与热电偶同样热电性质的补偿导线可以引入热电偶的回路中，如图 2 - 10 所示，相当于把热电偶延长而不影响热电偶应有的热电势，中间温度定律为工业测温中应用补偿导线提供了理论依据。

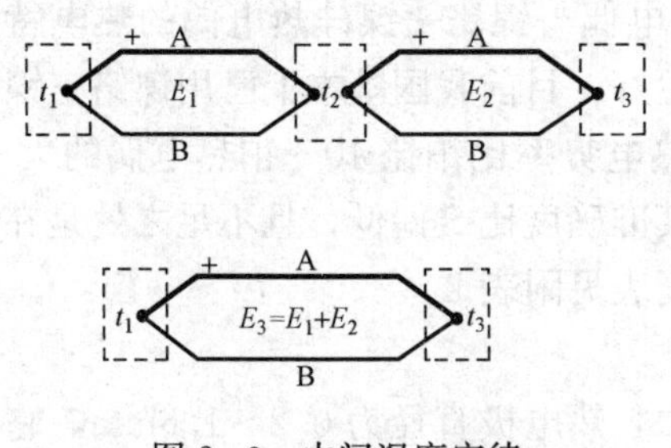

图 2 - 9 中间温度定律

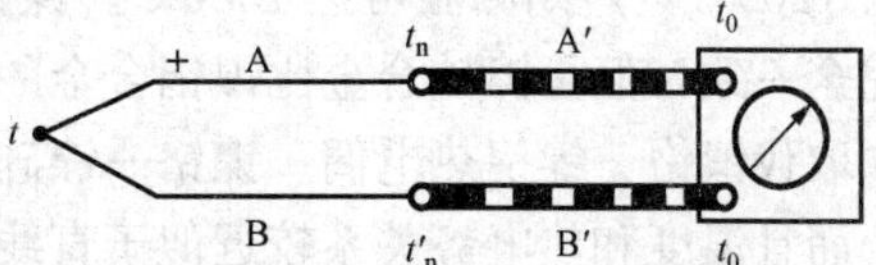

图 2 - 10 补偿导线在测温回路中的连续

A、B—热电偶热电极；A′、B′—补偿导线

t_n—热电偶原冷端温度；t_0—新冷端温度

三、标准化与非标准化热电偶

（一）对热电极材料的要求

为了保证测温具有一定的准确度和可靠性，对热电极材料的基本要求有以下几条：

（1）物理性质稳定，能在较宽的温度范围内使用，其热电特性（热电势与热端温度关系）不随时间变化；

（2）化学性质稳定，在高温下不易被氧化和腐蚀；

（3）热电势和热电势率（温度每变化 1℃引起的热电势的变化）大，热电势与温度之间呈线性关系或近似线性关系；

（4）电导率高，电阻温度系数小，使热电偶的内阻随温度变化小；

（5）复制性好，以便互换；

（6）价格便宜。

目前所用的热电极材料，不论是纯金属、合金还是非金属，都难以满足以上全部要求，只能根据不同的测温条件下选用不同的热电极材料。

（二）标准化热电偶

热电偶分为标准化和非标准化热电偶两大类。

标准化热电偶是指制造工艺较成熟、应用广泛、能成批生产、性能优良稳定并已列入专业或国家工业标准化文件中的那些热电偶。标准化热电偶具有统一的热电势—温度分度表，并有与其配套的显示仪表可供选用。对于同一型号的标准化热电偶具有互换性，使用十分方便。

下面简要介绍各种标准化热电偶的性能和特点。

1. 铂铑 10—铂热电偶（分度号 S）

这是一种贵金属热电偶，直径通常约为 0.02～0.5mm，它长期使用的最高温度可达 1300℃，短期使用可达 1600℃，这种热电偶的热电特性稳定，复制性好，测量准确度高，可用于精密测温和作为基准热电偶之用，它的物理、化学性质较稳定，宜在氧化性及中性气氛中长期使用，在真空中可短期使用，但不能在还原性气氛及含有金属和非金属的蒸汽中使用，除非外面套有合适的非金属保护套管，防止这些气氛和它直接接触。这种热电偶的缺点是热电势率较小，热电特性是非线性的，价格较贵，机械程度较差，高温下铂电极对污染很敏感，在铂铑极中的铑会挥发或向铂电极扩散，热电势会下降。铂铑 10—铂热电偶分度表见附表 1。

2. 镍铬—镍硅（镍铬—镍铝）热电偶（分度号 K）

这是目前工业中应用得最广泛的一种廉价金属热电偶，热电极直径一般为 0.3～3.2mm；直径不同，它的最高使用温度也不同。以直径 3.2mm 为例，它长期使用的最高温度为 1200℃，短期测温可达 1300℃。镍铬—镍铝热电偶与镍铬—镍硅热电偶的热电特性几乎完全一致，但是镍硅合金比镍铝合金的抗氧化性更好，目前我国基本上已用镍铬—镍硅热电偶取代镍铬—镍铝热电偶。镍铬—镍硅热电偶的热电势率比铂铑 10—铂热电偶的大 4～5 倍，而且温度和热电势关系较近似于直线关系。但其准确度比 S 偶低，且不足之处是在还原性介质中易被腐蚀。镍铬—镍硅（镍铝）热电偶分度表见附表 2。

3. 铜—康铜热电偶（分度号 T）

这是廉价金属热电偶，测温范围为－200～400℃，热电极直径为 0.2～1.6mm，它的最高测量温度与热电极直径有关。它在潮湿的气氛中是抗腐蚀的，特别适合于 0℃以下低温的测量。它的主要特点是测量准确度高，稳定性好，低温时灵敏度高以及价格低廉，缺点是高温下易氧化、测温上限不高，铜—康铜热电偶分度表见附表 3。

4. 镍铬—康铜热电偶（分度号 E）

这也是一种应用广泛的金属热电偶，测温范围为－200～900℃，热电极直径 0.3～3.2mm。直径不同，最高使用温度也不同，以直径 3.2mm 为例，长期使用最高温度为 750℃，短期使用最高可达 900℃。在常用热电偶中，这种热电偶的热电势率最高，在 300～800℃范围内热电特性线性较好，测量灵敏度高，价格便宜，缺点是不能测高温，因为负极是铜镍（康铜）合金，在高温下易氧化变质。镍铬—康铜热电偶分度表见附表 4。

几种分度号的热电偶的热电特性如图 2-11 所示，它们在工业中应用较广，其中 S 偶测温准确，测温上限高，但价格贵；K 偶和 E 偶热电势大，价格较便宜，因此在温度低于 1000℃及准确度要求不太高的场合应尽量采用分度号 K、E 的热电偶。

5. 铂铑 30—铂铑 6 热电偶（分度号 B）

这也是贵金属热电偶，直径通常为 0.5mm，测温上限比 S 偶更高，长期使用最高温度可达 1600℃，短期使用可达 1800℃。与铂铑 10—铂热电偶相比，由于它的两个热电极都是铂铑合金，因此抗污染能力增大，热电性质更为稳定。这种热电偶的热电势及热电势率都比铂铑 10－铂热电偶更小。由于它在低温时的热电势很小，因此冷端在 50℃以下使用时，可不必进行冷端温度补偿。

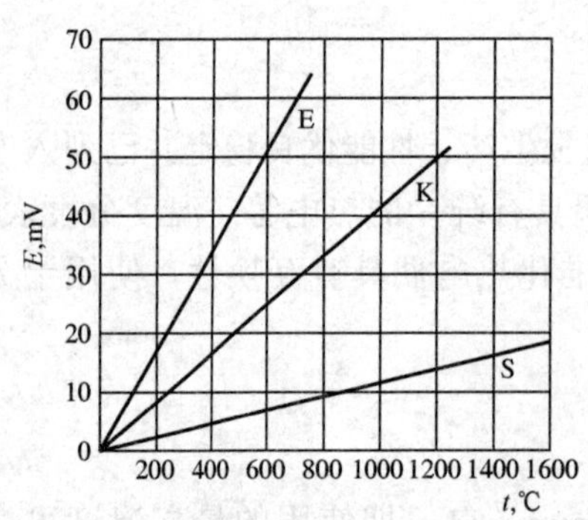

图 2-11 常用热电偶的热电特性

6. 铁—康铜热电偶（分度号 J）

这是廉价金属热电偶，测温范围为－40～750℃，热电极直径为 0.3～3.2mm，它的最高测量温度与热电极直径有关。它适用于氧化、还原性气氛中测温，亦可用于真空、中性气氛中。它不能在538℃以上的含硫气氛中使用。这种热电偶具有稳定性好、灵敏度高和价格低廉等优点。

常用标准化热电偶的主要特性见表2-4。

表2-4 常用标准化热电偶的主要特性

热电偶名称	IEC分度号	国家分度号		偶丝直径(mm)	适用范围	允许误差		
		新	旧			等级	使用温度范围	允差
铂铑10—铂	S	S	LB-3	0.5～0.020	适用于氧化性气氛中测温；长期最高使用温度为1300℃，短期最高使用温度1600℃	Ⅰ	0～1100℃ 1100～1600℃	±1℃ ±[1+(t−1100)×0.003]℃
					不推荐在还原气氛中使用，但短期内可以用于真空中测温	Ⅱ	0～600℃ 600～1600℃	±1.5℃ ±0.25%t
铂铑30—铂铑6	B	B	LL-2	0.5～0.015	适用于氧化性气氛中测温；长期最高使用温度为1600℃，短期最高使用温度为1800℃；特点是稳定性好，测量温度高，冷端在0～100℃内可以不用补偿导线，不推荐在还原气氛中使用，但短期内可以用于真空测温	Ⅱ	600～1700℃	±0.25%t
						Ⅲ	600～800℃ 800～1700℃	±4℃ ±0.5%t
镍铬—镍硅(镍铬—镍铝)	K	K	EU-2	0.3、0.5、0.8、1.0、1.2、1.5、2.0、2.5、3.2	适用于氧化和中性气氛中测温，按偶丝直径不同其测温范围为−200～1300℃；不推荐在还原气氛中使用；可短期在还原气氛中使用，但必须外加密封保护管	Ⅰ	−40～1100℃	±1.5℃或±0.4%t
						Ⅱ	−40～1200℃	±2.5℃或±0.75%t
						Ⅲ	−200～40℃	±1.5℃或±1.5%t
铜—铜镍(康铜)	T	T	CK	0.2、0.3、0.5 1.0、1.6	适用于在−200～400℃范围内测温；其主要特性为测温准确度高，稳定性好，低温时灵敏度高，价格低廉	Ⅰ	−40～350℃	±0.5℃或±0.4%t
						Ⅱ	−40～350℃	±1℃或±0.75%t
						Ⅲ	−200～40℃	±1℃或±1.5%t
镍铬—铜镍(康铜)	E	E	—	0.3、0.5、0.8 1.2、1.6、2.0、3.2	适用于氧化或弱还原性气氛中测温；按其偶丝直径不同，测温范围为−200～900℃；具有稳定性好，灵敏度高，价格低廉等优点	Ⅰ	−40～800℃	±1.5℃或±0.4%t
						Ⅱ	−40～900℃	±2.5℃或±0.75%t
						Ⅲ	−200～40℃	±2.5℃或±1.5%t
铁—铜镍(康铜)	J	J	—	0.3、0.5、0.8、1.2、1.6、2.0、3.2	适用于氧化和还原气氛中测温，亦可在真空和中性气氛中测温；按其偶丝直径不同，其测量范围为−40～750℃；具有稳定性好，灵敏度高，价格低廉等优点	Ⅰ	−40～750℃	±1.5℃或±0.4%t
						Ⅱ	−40～750℃	±2.5℃或±0.75%t
铂铑13—铂铑	R	R	—	0.5～0.020	适用于氧化性气氛中测温；长期最高使用温度为1300℃，短期最高使用温度为1600℃；	Ⅰ	0～1600℃	±1℃ ±[1+(t−1100)×0.003]℃
					不推荐在还原气氛中使用，但短期内可以用于真空中测温	Ⅱ	0～1600℃	±1.5℃或±0.25%t

注 1. t为被测温度，℃。

2. 允许偏差以℃值或实际温度的百分数表示，两者中采用计算数值的较大值。

（三）非标准化热电偶

还有一类热电偶没有统一的分度表，称为非标准化热电偶，如钨铼系热电偶，铱铑系热电偶及非金属热电偶等。非标准化热电偶无论在使用范围或数量上均不及标准化热电偶。但在某些特殊场合，如在高温，低温，超低温，高真空和有核辐射等被测对象中，这些热电偶具有某些特别良好的性能。表 2-5 介绍了部分非标准化热电偶的特点及用途。

表 2-5　　非标准热电偶的主要特点和用途

序号	热电偶材料成分（%）		使用最高温度		允许误差	特　点	用　途
	正极（+）	负极（-）	短期	推荐			
1	铂铑 40 (Pt60+Rh40)	铂铑 20 (Pt80+Rh20)	1850℃	1600～1800℃	≤600℃±3℃ >600℃±0.5%t	1. 高温下机械性能好，抗污染能力强，长期稳定性好； 2. 抗氧化性能好； 3. 参比端在 50℃以下可以不补偿	适用于 1800℃的高温测量
2	钨铼 5 (W95+Re5)	钨铼 26 (W74+Re26)	2800℃	1600～2300℃	300～2000℃ ±1%t	1. 热电势与温度呈线性关系； 2. 与纯钨比较，抗污染能力强，并能克服纯钨的脆性特点	适用于短时间的高温测量
3	镍铁 (Ni87+Fe13)	硅考铜 (Cu56+Ni41+Mn1+Si)	300℃	300～600℃	≤400℃±4℃ >400℃±1%t	在高温为 100℃时热电势趋近于零，因此参比端在 100℃以下不需要进行温度补偿	适用于飞机火警系统的信号发动机及发动机的排汽温度测量
4	铁 (Fe100)	康铜 (Cu55+Ni45)	750℃	-40～750℃	±1.5～2.5℃ 或 0.4%t 0.75%t	1. 热电特性呈线性关系； 2. 在氧化性或还原性气氛中均能使用； 3. 价格低廉	广泛应用于中低温度范围及测量准确度不高的场合
5	镍铬 (Ni90+Cr10)	金铁 (0.07%原子铁金 Au)	2～73K	2～273K	±0.5℃	在 73K 以下灵敏度较高，是目前测量 73K 以下温度的常用热电偶	适用于液态天然气、国防工程和科研的温度测量

此外，根据应用场合的要求，非标准化热电偶还可以做成快速微型热电偶、表面温度热电偶、速度热电偶、非金属热电偶等。

四、热电偶温度传感器的结构

1. 普通型电热偶

普通型电热偶的结构如图 2-12 所示。常用的普通型热电偶本体是一端焊接的两根金属丝（见图 2-12 中热电极 2）。考虑到两根热电极之间的电气绝缘和防止有害介质侵蚀热电极，在工业上使用的热电偶一般都有绝缘管和保护套管。在个别情况下，如果被测介质对热电偶不会产生侵蚀作用，也可不用保护套管，以减小接触测温误差与滞后。

（1）热电极。热电极的直径由材料的价格、机械强度、电导率以及热电偶的用途和测量范围等决定。贵金属热电极的直径一般是 0.3～0.65mm；廉价金属热电极的直径一般是 0.5～3.2mm。热电偶的长度根据热端的介质中的插入深度来决定，通常为 350～2000mm。

热电偶热端通常采用焊接方式形成。为了减小热传导误差和滞后，焊点宜小，焊点直径应不超过两倍热电极直径。焊点的形式有点焊、对焊、绞状点焊等多种，如图 2-13 所示。

（2）绝缘材料。热电偶的两根热电极要很好地绝缘，以防短路。在低温下可用橡胶，塑料等作绝材料；在高温下采用氧化铝，陶瓷等制成圆形或椭圆形的绝缘管，套在热电极上。绝缘管的形状见图 2-14，常用的绝缘材料见表 2-6。火电厂中尤以瓷绝缘套管使用最多。

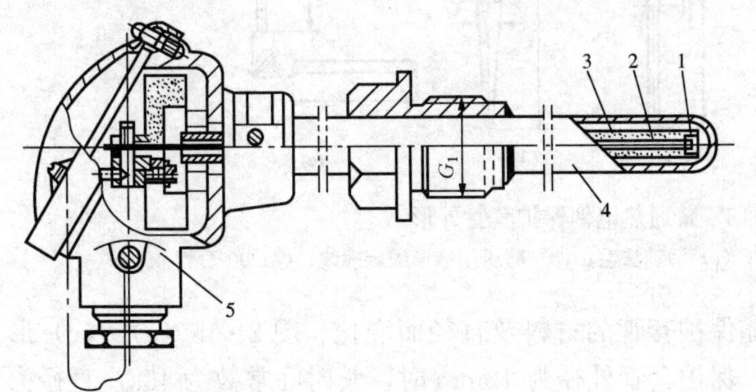

图 2-12　普通型热电偶温度传感器的结构

1—热电偶热端；2—热电极；3—绝缘管；
4—保护套管；5—接线盒

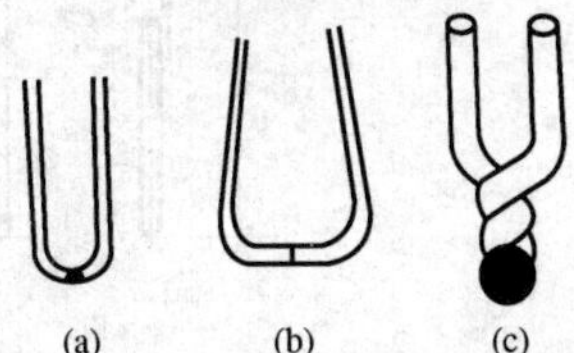

图 2-13　热电偶热端焊点的形式

（a）点焊；（b）对焊；（c）绞状点焊

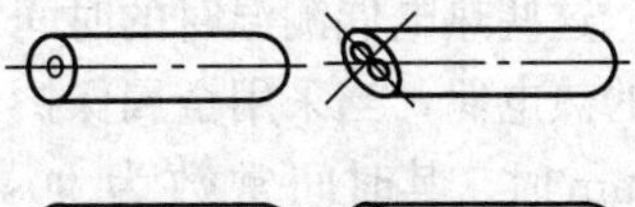

图 2-14　绝缘管外形

表 2-6　　绝　缘　材　料　　（℃）

名　　称	长期使用的温度上限	名　　称	长期使用的温度上限
天然橡胶	60～80	石　　英	1100
聚 乙 烯	80	陶　　瓷	1200
聚四乙氟烯	250	氧 化 铝	1600
玻璃和玻璃纤维	400	氧 化 镁	2000

（3）保护套管。为了防止热电极遭受化学腐蚀和机械损伤，热电偶通常都是装在不透气的、带有接线盒的保护套管内。接线盒内有连接电极的两个接线柱，以便连接补偿导线或导线。对保护套管材料的要求是能承受温度的剧变，耐腐蚀，有良好的气密性和足够的机械强度，有高的热导率，在高温下不致和绝缘材料及热电极起作用，也不产生对热电极有害的气体。目前还没有一种材料能同时满足上述要求，因此，应根据具体工作条件选择保护套管的材料。常用的保护套管材料及其能耐温度见表 2-7。

表 2-7　　热电偶用保护套管的材料及其能耐温度　　（℃）

材料名称（金属）	能 耐 温 度	材料名称（金属）	能 耐 温 度
铜	360	石　　英	1100
20 号碳钢	600	高温陶瓷	1300
1Cr18Ni9Ti 不锈钢	870	高纯氧化铝	1700
镍铬合金	1150	氮 化 硼	3000（还原性气氛）

常用保护套管的外形如图 2-15 所示（此外还有不带固定法兰与固定螺纹的主要用于测量气体的保护套管图中未作出）。蒸汽和液体等介质的热电偶按其安装时的连接形式可分为螺纹连接和法兰连接两种；按其使用的被测介质的压力大小可分为密封常压式和高压固定螺纹式两种。可根据使用情况选择适当的形式。

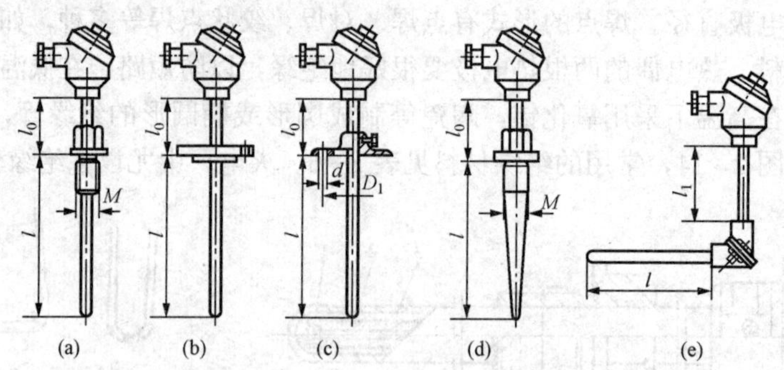

图 2-15 普通热电偶保护套管外形

(a) 固定螺纹；(b) 固定法兰；(c) 活动法兰；(d) 高压用锥形固定螺纹；(e) 90°套管

这些热电偶测温时的时间常数随保护套管的材料及直径而变化。图 2-15 (a)～(c) 形式的热电偶，当采用金属保护套管，保护套管外径为 12mm 时，其时间常数为 45s，直径为 16mm 时，其时间常数为 90s，对于图 2-15 (d) 耐高压的金属热电偶，其时间常数为 2.5min。

(4) 接线盒。接线盒中有接线端子，它将热电极和补偿导线连接起来。接线盒起密封和保护接线端子的作用。它有普通式，防溅式，防水式，隔爆式和插座式等。

2. 铠装热电偶

铠装热电偶是由金属套管，绝缘材料和热电极经拉伸加工而成的坚实组合体，其结构如图 2-16 (a) 所示。套管材料有铜不锈钢及镍基高温合金等。热电偶与套管之间填满了绝缘材料的粉末，目前采用的绝缘材料大部分为氧化镁。套管中的热电极有单丝的，双丝的和四丝的，彼此之间互相绝缘。热电偶的种类则是标准或非标准的金属热电偶。目前生产的铠装热电偶，其外径一般为 1～6mm，长度为 1～20m，外径最细的有 0.2mm，长度最长的有超过 100m 的。它测量的温度上限除和热电偶有关外，还和套管的外径及管壁厚度有关。外径

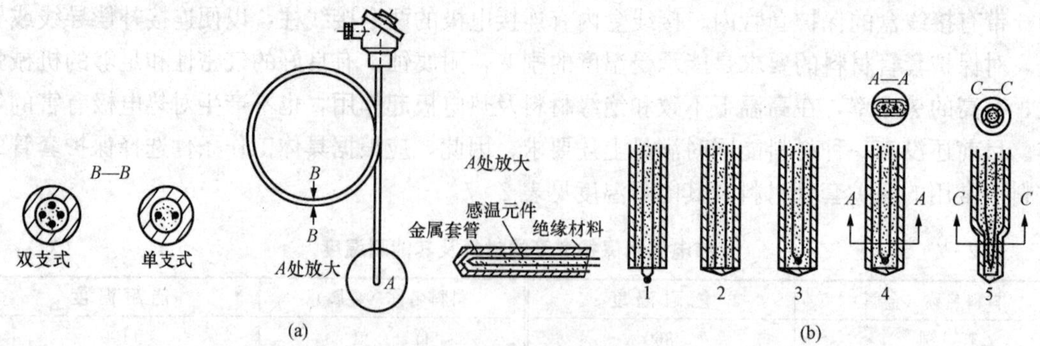

图 2-16 铠装热电偶

(a) 铠装热电偶；(b) 铠装热电偶热端的形式

1—露端形；2—接壳形；3—绝缘形；4—扁变截面形；5—圆变截面形

粗，管壁厚时测温上限可高些（见表2-8）。

表2-8 对不同套管尺寸推荐的最高长期使用温度

项 目	数	值			
公称直径（mm）	1.02	1.57	3.18	4.78	6.35
公称壁厚（mm）	0.18	0.25	0.50	0.64	0.81
K型（℃）	760	870	870	870	980
J型（℃）	540	650	760	760	870
E型（℃）	650	760	760	870	930

铠装热电偶的热端有露端形，接壳形，绝缘形，扁变截面形及圆变截面形等，如图2-16（b）所示，可根据使用要求选择所需的形式。

铠装热电偶的主要优点是热端热容量小，动态响应快，机械强度高，挠性好，耐高压，抗强烈震动和冲击，可安装在结构复杂的装置上，因此被广泛用在许多工业部门。

3. 热套式热电偶

为了保护热电偶能在高温、高压、大流量的介质中安全可靠地工作，近年来已生产一种专用于主蒸汽管道上的测量蒸汽温度的新型高强度热电偶，称为热套式热电偶。它也可在其技术性能允许的其他工作部门用来测量气态或液态介质的温度。

热套式热电偶的特点是采用了锥形套管，三角锥面支撑和热套保温的焊接式安装结构。这种结构形式既保证了热电偶的测温精度和灵敏度，又提高了热电偶保护套管的机械强度和热冲击性能。其结构与安装方式如图2-17所示。

装配型热电偶保护套管的端部在管道中处于悬臂状态，在高温，高压，大流量的介质冲刷之下很容易损坏，若能缩短保护套管的悬臂长度，可提高其机械强度和热冲击性能，但是，测量的准确性将会因热电偶插入深度的减小而降低。采用热套式热电偶的结构，可使蒸汽或其他被测介质通过三角锥面与管道开孔的缝隙，流入并充满安装套管与热电偶保护套管之间的环形管内，形成热套对热电偶加以保温，既保证热电偶有足够的插入深度，又缩短了热电偶保护套管的悬臂长度。由于增加了被测介质对热电偶的热交换面积和利用热套对热电偶的有效保温，从而减小了沿热电偶轴向的温度梯度和由于导热影响引起的测温误差。

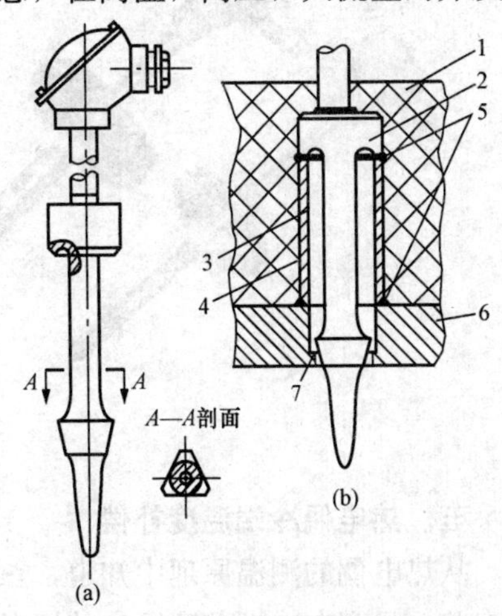

图2-17 热套式热电偶的结构及其安装方式

（a）结构图；（b）安装尺寸示意图

1—保温层；2—热套式热电偶；3—充满介质的热套；4—安装套管；5—电焊接口；6—主蒸汽管道壁；7—卡紧固牢

在高温、高压管道上的螺纹是难以固紧的，易造成介质的泄漏，而热套式热电偶采用焊接安装结构改善了高压密封性能，增强了机械强度和热冲击性能。安装焊接时，保护套管的三角锥面与管道开孔内缘应紧密配合，保护套管的上端与安装套管焊牢，其下端为自由状态，因此，保护套管受热后只能向下膨胀，使其三角锥面支撑卡得更紧。

在机组启动过程中，由于蒸汽流量小，流速低，其对流换热量小，蒸汽热套的加热保温作用不大，因而会有较大的散热，使温度测量的指示偏低。为此应加厚保温层或者在热套处增设外加热装置，以提高启动过程中的测温准确性。为了能顺利地排出热套中的凝结水，热套式热电偶以在水平管道上垂直安装为宜。

热套式热电偶的测温元件采用镍铬—铬硅或镍铬—铜镍铠装热电偶，以满足快速测温的要求。由于热电极得到很好的密封保护而增强了抗氧化和耐振性能。

4. 薄膜热电偶

薄膜热电偶是由两种金属薄膜连接而成的一种特殊结构的热电偶。这种薄膜热电偶的热端既小又薄，热容量很小，可以用于微小面积上的温度测量，动态响应快，可测量瞬变的表面温度。其中片状结构的薄膜热电偶，是采用真空蒸镀法将两种热电极材料蒸镀到绝缘基板上，上面再蒸镀一层二氧化硅薄膜作绝缘和保护层。我国研制成的铁—镍薄膜热电偶如图 2-18 所示，其长、宽、厚三个方向的尺寸分别是 60、6、0.2mm，金属薄膜厚度为 3～6μm 之间，测温范围为 0～300℃，时间常数小于 0.01s。

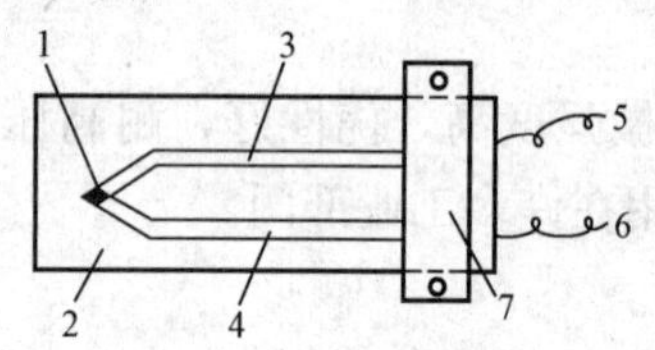

图 2-18 铁—镍薄膜热电偶

1—热端接点；2—衬架；3—Fe 膜；4—Ni 膜；5—Fe 丝；6—Ni 丝；7—接头夹具

如果将热电极材料直接蒸镀在被测表面上，其时间常数可达微秒级，可用来测量变化极快的温度。也可将薄膜热电偶制成针状，针尖处为热端，可用来测量点的温度。各种热电偶的实物如图 2-19 所示。

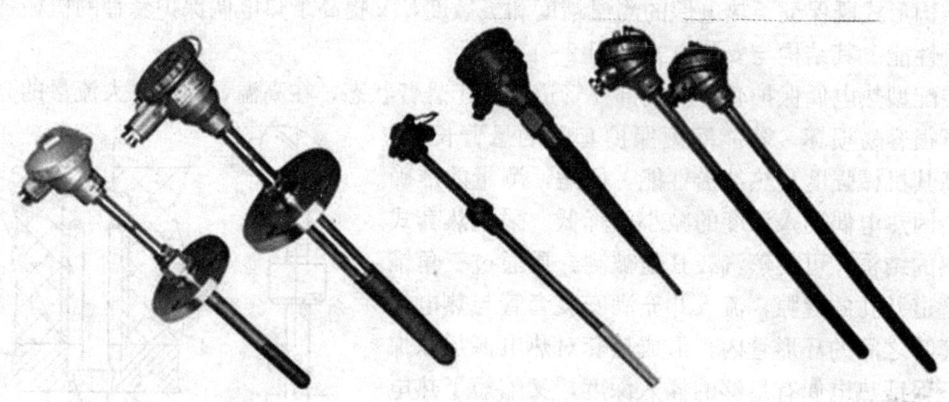

图 2-19 各种热电偶

五、热电偶冷端温度补偿

从热电偶的测温原理中知道，热电偶热电势的大小不但与热端温度有关，而且与冷端温度有关，只有在冷端温度恒定的情况下，热电势才能正确反映热端温度高低。与热电偶温度传感器配套使用的显示仪表，其标尺一般都是根据所配热电偶分度表按温度刻度的，而分度表是在热电偶冷端温度恒定在 0℃条件下实验测试制定的。在测温时若冷端温度偏离 0℃，显示仪表的示值就会出现误差。在实际应用时，热电偶的冷端放置在距热端很近的大气中，受高温设备和环境温度波动的影响较大，因此冷端温度不可能是恒定值。为消除冷端温度变化对测量的影响，可采用下述几种不同的冷端温度补偿方法。

1. 冰点槽法

如果在测温时将热电偶冷端置于0℃下，就不需要进行冷端温度补偿，这时需要设置一个温度恒为0℃的冰点槽。图2-20所示是一个简单的冰点槽，把清洁水制成冰屑，冰屑与清洁水相混合后放在保温瓶中，在一个大气压下，冰和水的平衡温度就是0℃。在瓶盖上插进几根盛有变压器油的试管是为了保证传热性能良好，将热电偶的冷端插到试管里。

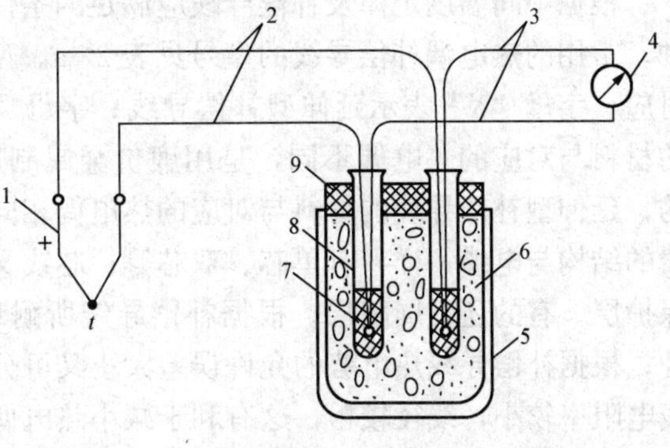

冰点槽法是一个准确度很高的冷端温度处理方法，然而冰水两相共存，使用起来较麻烦，因此这个办法只用于实验室，工业生产中一般不采用。

图2-20 冰点槽

1—热电偶；2—补偿导线；3—铜导线；4—显示仪表；5—保温瓶；6—冰水混合体；7—变压器油；8—试管；9—盖

2. 计算法（查表修正法）

热电偶冷端温度恒定在 t_0 但不等于0℃，可用热电势修正法进行修正。

如果某介质的实际温度为 t，用热电偶进行测量，其冷端温度为室温 t_0，测得的热电势为 E_{AB}（t，t_0），由中间温度定律得

$$E_{AB}(t, t_0) = E_{AB}(t, 0) - E_{AB}(t_0, 0)$$

$$E_{AB}(t, 0) = E_{AB}(t, t_0) + E_{AB}(t_0, 0)$$

可在用热电偶测得热电势 E_{AB}（t，t_0）的同时，用其他温度计测出热电偶冷端处的室温 t_0，从而查表得到修正热电势 E_{AB}（t_0，0），将 E_{AB}（t_0，0）与热电势 E_{AB}（t，t_0）相加才得到实际温度 t 所对应的热电势分度值 E_{AB}（t，0），然后通过分度表查得被测温度 t。

【例2-1】 一支镍铬—镍硅热电偶，在冷端温度为室温25℃时测得的热电势为17.537mV，试求热电偶所测的实际温度。

解： 查表得 $E_{AB}(25, 0)=1\text{mV}$，则

$$E_K(t, 0) = E_K(t, 25) + E_K(25, 0) = 18.537(\text{mV})$$

查表得 t=450.5℃（即为所求实际温度）。

如果用 $E_{AB}(t, 25)$-17.537mV 直接查表，则得 t=427℃，显然误差是比较大的。如果以427+25=452℃计算，这样也是不对的，因为热电特性是非线性的，必须把电势相加后再查表。

但在实际应用中，冷端温度不仅不是0℃，而且还是经常变化的，这样，计算法修正很不方便，往往要求采用自动补偿方法。

3. 补偿导线法

为了使热电偶的冷端温度保持恒定（最好为0℃），可把热电偶做得很长，使冷端远离工作端，并连同测量仪表一起放置在恒温或温度波动较小的地方（如集中在控制室）。这种方法一方面安装使用不方便，另一方面也要多耗费许多贵重的金属。因此，一般是用一种导线（称补偿导线）将热电偶的冷端延伸，如图2-10所示。

补偿导线也是两种不同的金属材料A′和B′，它在一定的温度范围内（0～100℃）和所连接的热电偶AB具有相同的热电性质，即 $E_{A'B'}(t_n, t_0)=E_{AB}(t_n, t_0)$，因此，可用它们来

做热电偶的延伸线。用补偿导线将冷端由温度 t_n 处延长至 t_0 处后，热电势只与温度 t、t_0 有关，与原来冷端温度 t_n 无关。可用中间温度定律来证明补偿导线对热电偶热电势无影响。

根据中间温度定律及补偿导线应满足的条件，我国规定补偿导线分为补偿型和延伸型两种。常用的热电偶补偿导线的型号见表 2-9。型号中的第一个字母与配用热电偶的分度号相对应。字母"X"表示延伸型补偿导线；字母"C"表示补偿型补偿导线。补偿型补偿导线的材料与对应的热电偶不同，是用廉价金属制成的，但在低温度下它们的热电性质是相同的；延伸型补偿导线的材料与对应的热电偶相同，但其热电性能的准确度要求略低。补偿导线的结构与电缆一样，有单芯、双芯等；芯线又分单股硬线和多股软线；芯线外为绝缘层和保护层，有的还有屏蔽层。根据补偿导线所耐环境温度不同，又可分为一般用和耐热用两种；根据补偿导线热电势的允许误差大小又可分普通级和精密级两种。就一般而言，补偿导线电阻率较小，线径较粗，这有利于减小热电偶回路的电阻。使用补偿导线时必须注意分度号一致，连接极性正确。

表 2-9 热电偶补偿导线及其性能

补偿导线型号	分度号	补偿导线				测量端为100℃冷端为0℃时的热电势（mV）
		正极		负极		
		材料	颜色①	材料	颜色	
SC	S（铂铑 10—铂）	铜	红	铜镍②	绿	0.646±0.037（5℃）
KC	K（镍铬—镍硅）	铜	红	康铜③	蓝	4.096±0.105（2.5℃）
KX	K（镍铬—镍硅）	铜	红	康铜③	黑	4.095±0.105（2.5℃）
EX	E（镍铬—考铜）	镍铬	红	考铜④	棕	6.319±0.170（2.5℃）
JX	J（铁—铜镍）	镍铬	红	铜镍	紫	5.269±0.135（2.5℃）
TX	T（铜—康铜）	铜	红	康铜	白	4.279±0.047（1℃）

① 补偿导线正负极绝缘表皮的颜色。

② 99.4%Cu，0.6%Ni。

③ 60%Cu，40Ni。

④ 56%Cu，44%Ni。

4. 显示仪表机械零点调整法

显示仪表机械零点是指仪表在没有外电源即输入端开路时指针在标尺上的位置，一般情况下机械零点即为仪表标尺下限。

热电势修正法在现场的作法是调整仪表的机械零点，如果热电偶冷端温度比较恒定，与之配套的显示仪表内部没有冷端温度补偿元部件且机械零点调整又较方便，则可采用此法实现冷端温度补偿。预先用另一支温度计测出冷端温度 t_0，然后将显示仪表的机械零点直接调至 t_0 处，这相当于在输入热电偶热电势之前就给仪表输入电势 $E(t_0, 0)$，使得在接入热电偶之后输入仪表的电势为 $E(t, t_0)+E(t_0, 0)=E(t, 0)$，因为与热电偶配套的显示仪表是根据冷端温度为 0℃的热电势与温度关系曲线进行刻度的，因此仪表的指针能指出热端的温度 t。这种调整机械零点的方法特别适用于以温度刻度的动圈仪表上。

应当注意当冷端温度变化时需要重新调整仪表的机械零点，如冷端温度变化频繁，此法就不宜采用。

5. 补偿电桥法（冷端温度补偿器）

前述热电势修正法中计算法和显示仪表机械零点调整法在测温过程中都需要人直接参

与才能完成，不能满足生产过程自动化的要求。热电偶所产生的热电势 $E_{AB}(t, t_0)=f_{AB}(t)-f_{AB}(t_0)$，在冷端温度 t_0 升高时将减小，如能在热电偶测温电路中串联一个能随冷端温度变化的电压，利用它去补偿因冷端温度改变而引起的热电势变化，就可使测量电路的总电压，即显示仪表的输入电压不受冷端温度变化的影响，从而实现冷端温度的自动补偿。

工业测温中补偿电桥法就是利用不平衡电桥来进行冷端温度补偿的，如图 2 - 21 所示。不平衡电桥串接在补偿导线末端，桥臂电阻 R_1、R_2、R_3 和 R_{Cu} 与热电偶冷端处于相同的环境温度下。其中 $R_1=R_2=R_3=1\Omega$ 且都是锰铜线绕电阻，R_{Cu} 是铜导线绕制的补偿电阻，$E(=4V)$ 是桥路直流电源，R_s 是限流电阻，其阻值因热电偶不同而不同。选择 R_{Cu} 的阻值在桥路平衡温度（0℃或 20℃）时与三个锰铜电阻的电阻值相等，即此时桥路输出 $U_{ab}=0$，显示仪表输入电压 $U_i=E_{AB}(t, 0)$ ［或 $U_i=E_{AB}(t, 20)$］。当热端温度 t 不变，冷端温度 t_0 升高或降低时电桥失去平衡，$U_{ab}>0$（或 $U_{ab}<0$）时，U_{ab} 也随着增大（或减小），而热电偶的热电势 E_{AB} 却随着减小（或增大）。如使 U_{ab} 的增加量等于 E_{AB} 的减少量，那么 $U_i(U_i=E_{AB}+U_{ab})$ 的大小就不随冷端度变化了。即输入动圈表的总电势为 U_i 不变，仍等于 $E_{AB}(t, 0)$ 或 $E_{AB}(t, 20)$，相当于冷端温度自动恒定在 0℃或 20℃了。

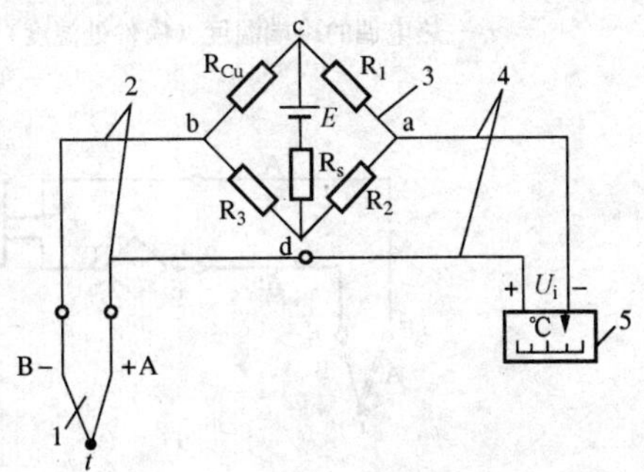

图 2 - 21 冷端温度补偿电桥法线路
1—热电偶；2—补偿导线；3—冷端补偿器；4—铜导线；5—显示仪表

通过改变限流电阻 R_S 的阻值来改变流过桥臂的电流，可使补偿电桥与不同类型的热电偶配合使用。

使用冷端温度补偿器应注意以下几点。

(1) 各种冷端温度补偿器只能在规定的温度范围内，和与其相应型号的热电偶配套使用。

(2) 冷端温度补偿器与热电偶连接时，极性不能接错，否则反而会加大测量误差。

(3) 冷端温度补偿器电桥平衡温度应与其配接的动圈表的机械零点一致。如果电桥平衡时的温度为 20℃，与其配接的动圈表机械零点应调至 20℃。

(4) 冷端温度补偿器必须定期检查与校验。若其输出电压与所配用的热电偶热电特性不一致并超过其补偿误差时，应更换。

冷端温度补偿器通常使用在热电偶与动圈仪表配套的测温系统中。与热电偶相配接的自动电子电位差计或温度变送器或 ER 记录仪等，因其这些仪表内部的测量线路里设有冷端温度自动补偿装置，将热电偶冷端温度补偿至 0℃，故不必另行单独配置冷端温度补偿器。

6. 分散控制系统（DCS）对冷端温度的补偿

随着计算机分散控制系统（DCS）在电厂的普遍应用，其对热电偶冷端的处理也显得尤其重要。

热电偶产生的热电势经补偿导线送入相应的机柜对应的输入模件上，该输入模件同时接受模件处测温热电阻测得的温度（即热电偶的冷端温度 t_0）信号，然后进行处理并转换成数

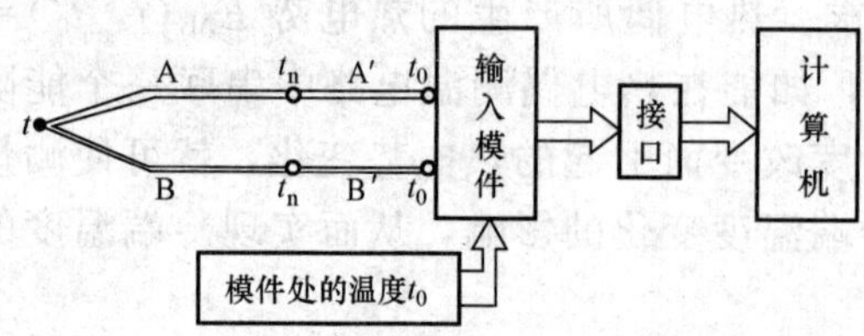

图 2-22　热电偶接 DCS 冷端补偿示意图
A、B—热电极；A′、B′—补偿导线；
t_n—热电偶原冷端温度；
t_0—热电偶的冷端温度（模件处温度）

字信号，经接口送入计算机，然后进行补偿处理后再显示或控制，如图 2-22 所示。

六、热电偶测温的常用线路

热电偶测温典型电路如图 2-23（a）和（b）所示。图 2-23（a）为与动圈表及冷端补偿电桥配套使用的线路，图 2-23（b）为与自动电子位差计（或 ER 记录仪）配套使用的线路。图 2-23 中 t_0' 为热电偶原冷端温度，t_0 为使用补偿导线后热电偶的冷端温度，AB 为热电偶，A′B′为补偿导线，C 为铜导线。

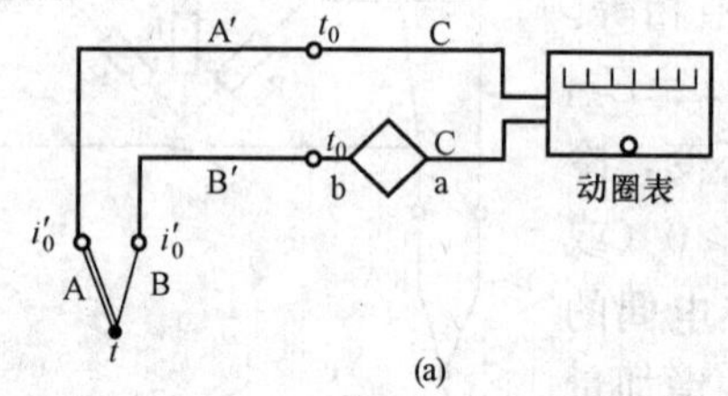

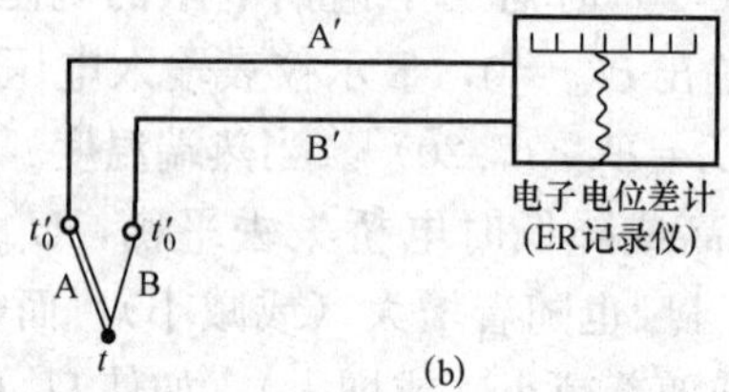

图 2-23　热电偶测温典型线路

1. 注意事项

（1）使用热电偶与动圈表及冷端补偿电桥配套的线路时须注意以下事项：

1）热电偶、补偿导线、补偿器、动圈表四者分度号必须相同；

2）用线路上配置的调整电阻 R 使线路电阻 R_1+R 应满足所选用的动圈表规定的外电阻值；

3）动圈表的机械零点应调到冷端补偿电桥平衡时的温度上；

4）整套测温装置使用时要远离大的电场或磁场，以免产生附加误差。

（2）使用热电偶与自动电子电位差计（或 ER 记录仪）配套的线路时须注意：

1）热电偶至电子电位差计（或 ER 记录仪）须用补偿导线引入；

2）热电偶、补偿导线和电子电位差计（或 ER 记录仪）三者分度号必须相同，连接极性正确。

2. 多点测温线路

多个被测温度用多支热电偶分别测量之，共用一台显示仪表，它们是通过专用的切换开关来进行多点测量的，测温线路如图 2-24 所示。

采用这种连接方式时，所用测量热电偶可公用一个补偿热电偶 A′B′来进行冷端温度补偿。A′B′可以是与测量热电偶同型号热电偶，也可用相应的补偿线制成的补偿热电偶。

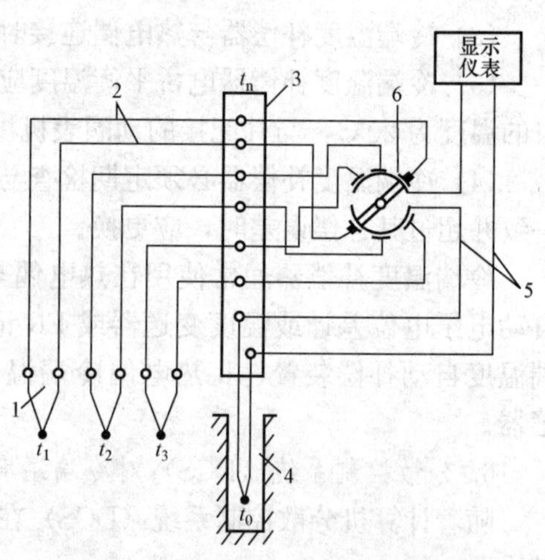

图 2-24　多点测温线路
1—热电偶；2—补偿导线；3—端子排；4—辅助热电偶；5—铜导线；6—切换开关

当切换开关切换到第 i 支热电偶时，测量 t_i 的温度。补偿热电偶与测温热电偶在测温回路中反极性相串联，热端置于恒温箱内温度保持为 t_0，冷端置于冷端接线盒内，温度为 t_1，产生的补偿热电势为 E_{AB}（t_0、t_1）。则输入到仪表的总热电势为

$$E_i = E_{AB}(t_i, t_1) - E_{AB}(t_0, t_1) = E_{AB}(t_i, t_1) + E_{AB}(t_1, t_0) = E_{AB}(t_i、t_0)$$

多点测温线路多用于自动巡回检测中，此时温度巡回检测点可多达几十个，以轮流方式或按要求显示各测点的被测数值。而显示仪表和补偿热电偶只用一个就够了，这样就可以大大节省显示仪表和补偿导线。

3. 热电偶接入分散控制系统（DCS）

如图 2-22 所示，热电偶接至机柜须用补偿导线引入，补偿时注意热电偶的分度号和测量冷端温度的测温元件的分度号。同时，也是多支热电偶共用一支冷端补偿测温元件。

七、热电偶温度传感器的安装要求

热电偶温度传感器正确安装的目的在于测温准确、安全可靠及维修方便，而且不影响主设备的运行和生产操作。为了做到正确地安装，需要考虑的实际问题很多，这里仅将热电偶安装时的一些基本安装原则简述如下。

1. 测温准确

（1）为了使热电偶测量端与被测介质达到充分热交换，要合理选择测点位置，不能在阀门、管道和设备的死角附近装设传感器。传感器应有足够的插入深度，在管道上安装时应使热端处于流速最大的管道中心线上，即应使保护套管端部超过管道中心线 5～10mm，如图2-25（a）、（b）所示。若安装空间有限可采取倾斜安装方式，倾斜方向应使测量端逆向流体方向，如图 2-25（b）所示。在压力不高的管道上，为使换热充分，也可在管道弯头处安装，如图 2-25（c）所示，但高温、高压管道上由于弯头处机械强度最差，不宜采取这种安装方式。

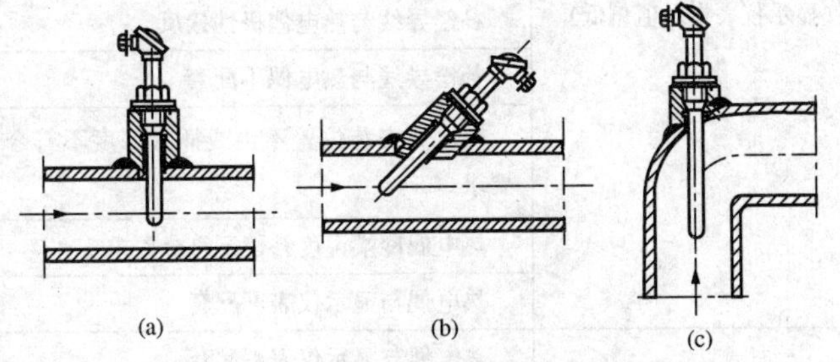

图 2-25 热电偶温度传感器的安装形式

（a）垂直安装；（b）倾斜安装；（c）在管道弯头安装

（2）传感器安装地点应尽管避开其他热物体和强磁场、强电场等，必要时应采取屏蔽措施。

（3）在负压管道上或负压容器上安装时，要保证安装处的密封良好，以免外界空气侵入管道或设备影响测量准确性。

（4）传感器安装后应进行充分保温，防止因散热影响测量准确性。

（5）传感器接线盒出线孔应朝下或水平安装，以防水汽、灰尘等进入造成接线端子短路。

2. 安全可靠

（1）在压力管道或容器上安装保证传感器保护套管与管道或容器接口处的密封性。

（2）在高温高压下工作的热电偶，应尽量垂直安装，以防止保护套管在高温高压作用下产生变形。若必须水平安装时，则应采用耐火黏土或耐热金属制成的支架加以支持，如图 2-26 所示。

（3）在大流速的流体管道上传感器必须倾斜安装，以免受到过大冲击。

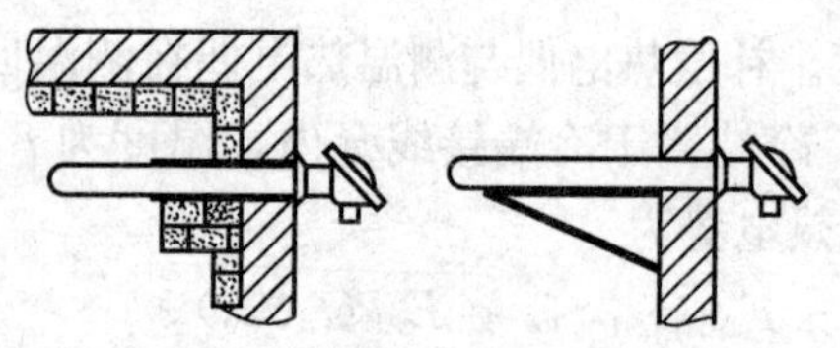

图 2-26　防止热电偶保护套管弯曲的安装方式

(4) 当热电偶安装在具有固体颗粒的介质（如煤粉管道）中时，为防止保护套管长期受到冲刷而损坏，可在保护套管之前加装保护屏。

3. 维修方便

传感器安装部位应选在便于装卸、周围无障碍体、不易受到外界损伤和便于操作的地方。

八、热电偶常见故障原因及处理方法

热电偶常见故障原因及处理方法见表 2-10。

表 2-10　热电偶常见故障原因及处理方法

故障现象	可能原因	处理方法
热电势比实际值小（显示仪表指示值偏低）	热电极短路	找出短路原因，如因潮湿所致，则需进行干燥；如因绝缘子损坏所致，则需更换绝缘子
	热电偶的接线柱处积灰，造成短路	清扫积灰
	补偿导线线间短路	找出短路点，加强绝缘或更换补偿导线
	热电偶热电极变质	在长度允许的情况下，剪去变质段重新焊接，或更换新热电偶
	补偿导线与热电偶极性接反	重新接正确
	补偿导线与热电偶不配套	更换相配套的补偿导线
	热电偶安装位置不当或插入深度不符合要求	重新按规定安装
	热电偶冷端温度补偿不符合要求	调整冷端补偿器
	热电偶与显示仪表不配套	更换热电偶或显示仪表使之相配套
热电势比实际值大（显示仪表指示值偏高）	热电偶与显示仪表不配套	更换热电偶或显示仪表使之相配套
	补偿导线与热电偶不配套	更换补偿导线使之相配套
	有直流干扰信号进入	排除直流干扰
热电势输出不稳定	热电偶接线柱与热电极接触不良	将接线柱螺钉拧紧
	热电偶测量线路绝缘破损，引起断续短路或接地	找出故障点，修复绝缘
	热电偶安装不牢或外部震动	紧固热电偶，消除震动或采取减震措施
	热电极将断未断	修复或更换热电偶
	外界干扰（交流漏电，电磁场感应等）	查出干扰源，采取屏蔽措施
热电偶热电势误差大	热电极变质	更换热电极
	热电偶安装位置不当	改变安装位置
	保护管表面积灰	消除积灰

第三节　热　电　阻

热电阻温度计也是应用很广的一种温度测量仪表，在中低温下具有较高的准确度，通常用来测量$-200\sim650$℃范围内的温度。

热电阻温度计由热电阻温度传感器、连接导线及显示仪表组成，如图 2-27 所示。与热电偶温度计一样，热电阻温度传感器的输出信号也便于远距离显示或传送。火电厂中，500℃以下的温度测点，如锅炉给水，排烟，热空气温度以及转动机械轴承温度，一般多采用电阻温度计测量。

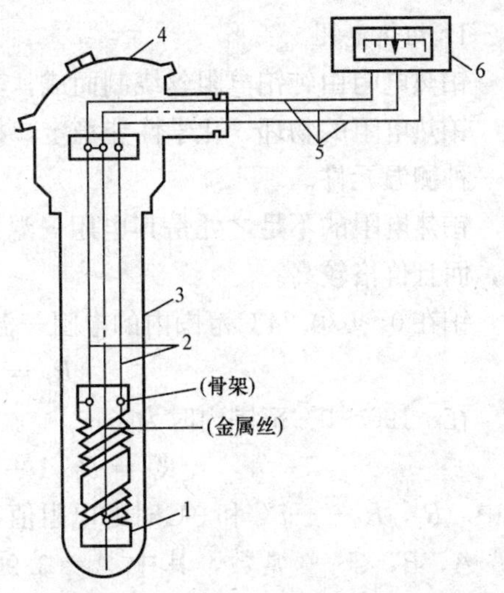

图 2-27 热电阻温度计的组成

1—感温元件（电阻体）；2—引出线；3—保护套管；4—接线盒；5—连接导线；6—显示仪表

一、热电阻测温原理

热电阻温度计是利用金属导体或半导体电阻值随其本身温度变化而变化的热电阻效应实施温度测量的。利用热电阻效应制成对温度敏感的热电阻元件。实验证明，大多数金属电阻当温度上升 1℃时，其电阻值大约增大 0.4%～0.6%；而半导体电阻当温度上升 1℃时，电阻值下降 3%～6%。常将金属电阻元件称为热电阻，而将半导体电阻元件称为热敏电阻。

金属导体电阻与温度的关系一般是非线性的，在温度变化不大的范围内可近似表示为

$$R_t = R_{t_0}[1+\alpha(t-t_0)] \tag{2-19}$$

式中 R_t、R_{t_0}——温度为 t 和 t_0 时的电阻值，Ω。

α 是温度在 $t_0\sim t$ 范围内金属导体的电阻温度系数，即温度每升高 1℃时的电阻相对变化量，单位是 1/℃。由于一般金属材料的电阻与温度关系并非线性，故 α 值也随温度而变化，并非常数。

当金属热电阻在温度 t_0 时的电阻值 R_{t_0} 和电阻温度系数 α 都已知时，只要测量出电阻 R_t 就可得知被测温度 t 的高低。

半导体热敏电阻具有负的电阻温度系数 α，比金属导体热电阻 α 值大、电阻率高，热容量小，但电阻温度特性非线性严重，常作为仪器仪表中的温度补偿元件用。其测量范围一般为$-100\sim300$℃。

二、常用的金属热电阻

一般对测温热电阻的要求如下：

(1) 电阻温度系数 α 大，即灵敏度高；

(2) 物理化学性质稳定，以能长时期适应较恶劣的测温环境；

(3) 电阻率要大，以使电阻体积较小，减小测温的热惯性；

(4) 电阻—温度关系近于线性关系；

(5) 工艺性好，便于复制，价格低廉。

电阻温度系数 α 的数值受金属热电阻材料的纯度的影响，材料越纯，α 越大。因此通常用纯金属丝来绕制热电阻。一般常以 100℃及 0℃时的电阻比 R_{100}/R_0 来表示材料纯度。

目前，使用的金属热电阻材料有铜、铂、镍、铁等，其中因铁、镍提纯较困难，其电阻与温度的关系曲线也不很平滑，所以实际应用最广的只有铜、铂两种材料，并已列入标准化生产。

1. 铂热电阻

铂热电阻由纯铂电阻丝绕制而成，其使用温度范围为−200～650℃。

铂热电阻的物理、化学性能稳定，抗氧化性好，测量准确度高，是目前火电厂应用较广的一种测温元件。

铂热电阻的不足之处是其电阻—温度关系线性度较差，高温下不宜在还原性介质中使用，而且价格较高。

铂在0～630.74℃范围内的电阻—温度关系为

$$R_t = R_0(1 + At + Bt^2) \tag{2-20a}$$

在−190～0℃范围内时为

$$R_t = R_0[1 + At + Bt^2 + C(t - 100)t^3] \tag{2-20b}$$

式中 R_t，R_0——t℃和0℃时的电阻值，Ω；

A，B，C——常数，其中 $A = 3.96847 \times 10^{-3}$ 1/℃，$B = -5.847 \times 10^{-7}$ 1/℃²，$C = -4.22 \times 10^{-12}$ 1/℃⁴。

目前工业测温用的标准化铂热阻，其分度号分别为Pt50，Pt100，相应0℃时的电阻值分别为R_0=50Ω，R_0=100Ω。基准铂电阻温度计的R_{100}/R_0应不小于1.3925；一般工业用铂电阻的R_{100}/R_0应不小于1.391。纯度$R_{100}/R_0 \geqslant 1.391$，其中Pt50、Pt100热电阻分度表见附表5、附表6。

2. 铜热阻

铜热电阻一般用于−50～150℃的测温范围，其优点是电阻温度系数大，电阻值与温度基本呈线性关系，材料易加工和提纯，价格便宜，缺点是易氧化，所以只能用于不超过150℃温度且无腐蚀性的介质中。铜的电阻率小，因此电阻体积较大，动态特性较差。

铜热电阻与温度的关系为

$$R_t = R_0(1 + \alpha_0 t) \tag{2-21}$$

式中 R_t和R_0——温度为t℃和0℃时的电阻值，Ω；

α_0——0℃下的电阻温度系数，$\alpha_0 = 4.25 \times 10^{-3}$ 1/℃。

目前应用较多的两种铜热电阻分度号分别为Cu50、Cu100，其R_0值分别为50Ω和100Ω，纯度$R_{100}/R_0 \geqslant 1.425$，分度表分别见附表8和附表7。

我国工业上使用的标准化热电阻的技术指标列于表2-11。

表2-11　工业用铂、铜电阻温度计的技术指标

分度号	R_0（Ω）	R_{100}/R_0	R_0的允许误差（%）	准确度等级	最大允许误差（℃）
Pt50	50.00	1.3910±0.0007 1.3910±0.001	±0.05 ±0.1	Ⅰ Ⅱ	Ⅰ级： −200～0℃±$(0.15+4.5\times10^{-3}t)$ 0～500℃±$(0.15+3.0\times10^{-3}t)$ Ⅱ级： −200～0℃：±$(0.3+6.0\times10^{-3}t)$ 0～500℃：±$(0.3+4.5\times10^{-3}t)$
Pt100	100.00	1.3910±0.0007 1.3910±0.001	±0.05 ±0.1	Ⅰ Ⅱ	
Pt300	300.00	1.3910±0.001	±0.1	Ⅰ	
Cu50	50	Ⅱ级：1.425±0.001	±0.1	Ⅰ Ⅱ	Ⅰ级：−50～100℃±$(0.3+3.5\times10^{-3}t)$ Ⅱ级：−50～100℃±$(0.3+6.0\times10^{-3}t)$
Cu100	100	Ⅱ级：1.425±0.002	±0.01	Ⅰ Ⅱ	

三、热电阻温度传感器的结构

热电阻温度传感器通常也有普通型和铠装型等结构形式。

普通型金属热电阻温度传感器一般由电阻体（电阻元件）、引线、绝缘子、保护套管及接线盒等组成，其外形与热电偶温度传感器相似，见图 2-28。

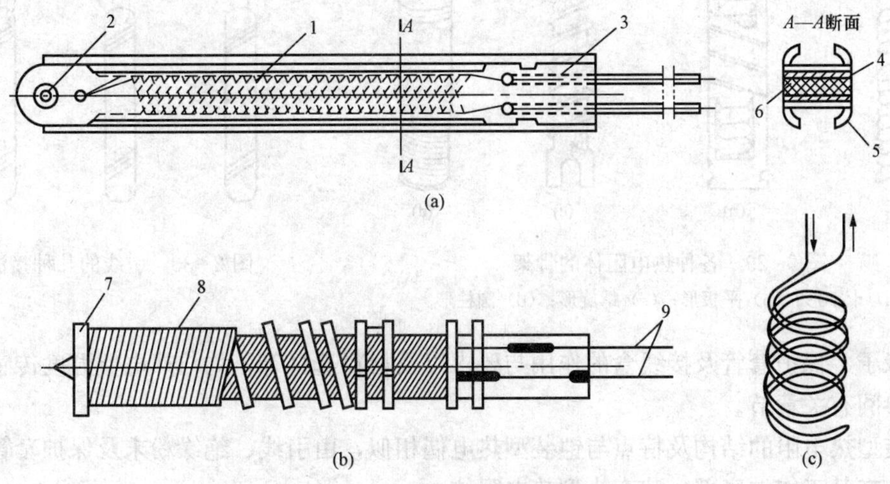

图 2-28 普通型热电阻的电阻体

(a) 铂热电阻元件；(b) 铜热电阻元件；(c) 双线均等无感绕制示意

1—铂电阻丝；2—铆钉；3—银引出线；4—绝缘片；5—夹持片；6—骨架；

7—塑料骨架；8—铜电阻丝；9—铜引出线

图 2-28 (a)、(b) 分别为普通型热电阻温度传感器的电阻体。电阻体是用热电阻丝绕制在绝缘骨架上制成的。一般工业用热电阻丝，铂丝多用 $\phi 0.03 \sim \phi 0.07$mm 纯铂裸丝绕制在云母制成的平板骨架上。铜丝多为 $\phi 0.07$mm 漆包丝或丝包线。为消除绕制电感，通常采用双线并绕（亦称无感绕制）见图 2-28 (c)。这样，当线圈中通过变化的电流时，由于并绕的两导线电流方向相反，磁通互相抵消，消除了电感。电阻丝绕完之后应经退火处理，消除内应力对电阻温度特性的影响。

绕制电阻体的骨架要有较好的耐温性、绝缘性及机械强度，膨胀系数应与热电阻丝的相近。一般热电阻的使用，温度低于 100℃时可采用塑料制作骨架；100～500℃可用云母；500℃以上可用石英及陶瓷材料。骨架形状有十字形、平板形、螺旋形及圆柱形。十字形及平板形骨架的外缘有锯齿形缺口，以免电阻丝匝间短路。图 2-29 所示为几种骨架的外形结构。绕制好的电阻体，根据结构及要求不同，一般还需用绝缘片夹好或烧结一层珐琅质，或用树脂浸渍，以作为外部绝缘及保护热电阻体之用。

引线的作用是将热电阻体线端引至接线盒，以便与外部导线及显示仪表连接。引线的直径较粗，一般约为 1mm，以减小附加测量误差。引线材料最好与电阻线相同，或者引线与电阻丝的接触电势较小，以免产生附加热电势。为了节约成本，工业用铂热电阻一般用银做引线。

引线接法有两线、三线及四线几种形式（见图 2-30)。三线制接法在配合电桥电路测量电阻值时，可以减小或消除因引线电阻所引起的测量误差。四线制接法通常用于标准铂电阻，用以配合电位差计测量电阻时，消除引线电阻的影响。

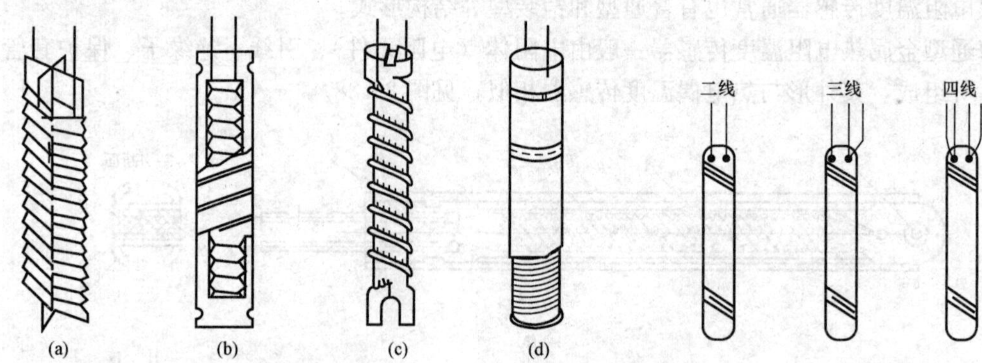

图 2-29 各种热电阻体的骨架

（a）十字形；（b）平板形；（c）螺旋形；（d）圆柱形

图 2-30 引线的几种接法

绝缘子、保护套管及接线盒的作用与要求以及材料选择等，均与热电偶温度传感器件相同，可参阅有关章节。

铠装型热电阻的结构及特点与铠装型热电偶相似，由引线、绝缘粉末及保护套管整体拉制而成，在其工作端底部，装有小型热电阻体。

除上述两种结构外，还有一种小型的金属热电阻，其电阻体直接接入轴瓦等测温对象中专门设置的测孔内，测量的动态反应较好。

四、热电阻常见故障原因及处理方法

热电阻的常见故障是热电阻的短路和断路。一般断路更常见，这是因为热电阻丝较细所致。断路和短路是很容易判断的，用万用表的“×1Ω”档，如测得的阻值小于 R_0，则可能有短路的地方；若万用表指示为无穷大，则可断定电阻体已断路。电阻体短路一般较易处理，只要不影响电阻丝的长短和粗细，找到短路处进行吹干，加强绝缘即可。电阻体的断路修理必然要改变电阻丝的长短而影响电阻值，为此更换新的电阻体为好；若采用焊接修理，焊后要校验合格后才能使用。热电阻测量系统在运行中常见故障及处理方法见表 2-12。

表 2-12 热电阻测温系统常见故障及处理方法

故障现象	可能原因	处理方法
显示仪表指示值比实际值低或示值不稳	保护管内有金属屑、灰尘、接线柱间脏污及热电阻短路（水滴等）	除去金属，清扫灰尘、水滴等，找到短路点，加强绝缘等
显示仪表指示无穷大	热电阻或引出线断路及接线端子松开等	更换电阻体，或焊接及拧紧线螺钉等
阻值与温度关系有变化	热电阻丝材料受腐蚀变质	更换电阻体（热电阻）
显示仪表指示负值	显示仪表与热电阻接线有错，或热电阻有短路现象	改正接线，或找出短路处，加强绝缘

第四节 温度变送器

一、ITE 型温度变送器

ITE 型温度变送器能与各种标准测温元件（热电偶、热电阻）配合使用，连续地将被测温度值线性地转换成 1～5V DC 或 4～20mA DC 统一信号输送到指示、记录仪表或控制系统，以实现生产过程的自动检测或自动控制。

（一）ITE 型热电偶温度变送器

1. 电路的组成和工作原理

采用 24V DC 供电的普通型 ITE 型热电偶温度变送器的原理方框图如图 2-31 所示，它主要由线性化输入回路和放大输出回路两大部分组成。

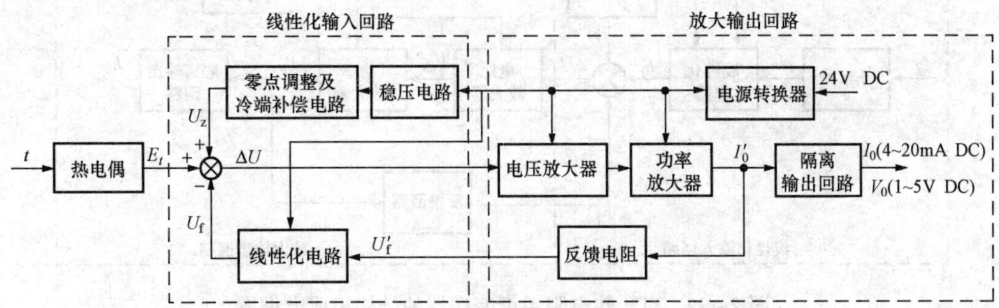

图 2-31 ITE 热电偶温度变送器的组成原理框图

从方框图 2-31 可知，被测温度 t 经热电偶转换成相应的热电动势 E_t，送入线性化输入回路，E_t 与线性化电路输出的反馈电压 U_f 和零点调整及参比端温度补偿电路输出的电压 U_z 进行综合运算后，再送到电压放大器及功率放大器放大，并转换成 4～20mA DC 电流信号 I'_0，该电流信号再经隔离输出回路转换成 4～20mA DC 或 1～5V DC 信号送到指示、记录仪表或控制系统；与此同时，I_0'信号还通过反馈电阻转换成相应的反馈电压 U'_f，然后送到线性化电路进行运算处理，转换成与热电偶的热电特性近似一致的反馈电压 U_f 输出，U_f 反馈到电压放大器的反相输入端，实现整机的负反馈作用。当整机电路处于平衡状态时，变送器的输出电压 U_0（或电流 I_0）与被测温度 t 成线性关系。

2. 线性化输入回路的作用

线性化输入回路的作用有：①将功率放大器输出的反馈电压信号转换成与热电偶的热电特性有相似非线性特性的电压信号；②实现热电偶冷端温度自动补偿和整机调零，以及零点迁移和量程范围的调整；③对反馈电压、冷端补偿电压、零点迁移电压及输入热电势进行综合运算。

3. 放大输出回路的作用

放大输出回路的作用是将线性化输入回路输出的综合信号放大转换成 4～20mA DC 或 1～5V DC 的统一信号输出供给负载，并向内部的线性化电路输出反馈电压信号 V'_f。同时，通过电流互感器 B_2 实现输入回路与输出回路的电隔离，以增强仪表的抗干扰能力。

4. 使用中应注意的问题

（1）变送器既可输出 4～20mA DC 电流信号，又可输出 1～5V DC 电压信号，但二者的输出端子不同。当采用电流输出时，其外接最大负载电阻为 100Ω。

（2）零位和量程调整互有影响，需反复调整。

（二）ITE 型热电阻温度变送器

1. 电路的组成和工作原理

ITE 型热电阻温度变送器的原理方框图如图 2-32 所示。由方框图可知，ITE 型热电阻温度变送器与 ITE 型热电偶温度变送器的组成基本相同，都由线性化输入回路和放大输出回路两大部分组成，且两者的放大输出部分一样，仅线性化输入部分不同。

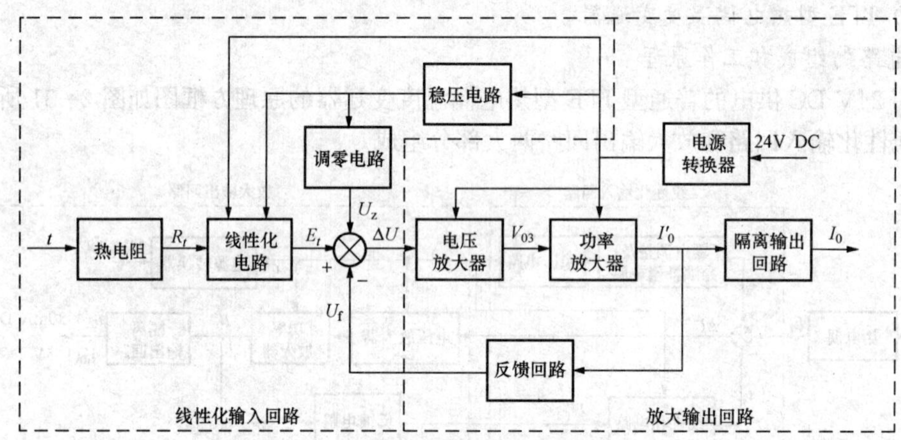

图 2-32 ITE 热电阻温度变送器的结构组成方框图

由图 2-32 可知，被测温度 t 经热电阻转换成相应的热电阻值 R_t 输至线性化电路，由线性化电路将其转换成相应的电势信号 E_t 并进行非线性补偿，再送到电压放大器的输入端与调零电压 U_z 及反馈电压 U_f 进行综合运算并放大成相应电压信号，此电压信号经功率放大器放大并转换成 4～20mA DC 电流信号 I'_0，I'_0 再经隔离输出回路转换成 4～20mA DC 或1～5V DC 信号，送到指示、记录仪表或控制系统。与此同时，I'_0 信号还通过反馈电阻转换成相应的反馈电压 U_f 馈送至电压放大器的反相输入端，实现整机的负反馈作用。当整机电路处于平衡状态时，变送器的输出电流 I_0（或电压 V_0）与被测温度 t 成线性关系。

2. 线性化输入回路的作用

ITE 型热电阻温度变送器线性化输入回路的作用有：①将输入热电阻 R_t 线性地转换成与被测温度 t 相对应的电势信号 E_t，并对热电阻连接导线电阻所引起的测量误差进行补偿；②实现整机调零，以及零点迁移和量程范围的调整；③对电势信号 E_t、调零及零点迁移电压 U_z 和反馈电压 U_f 进行综合运算。

3. 使用要求

（1）该变送器的零点调整和量程调整相互影响，在实际调试过程中，需反复进行调整，直到二者均符合规定数值。

（2）该变送器在使用时与热电阻相连接的每根输入导线电阻 r 应符合如下规定：

$r\leqslant$输入量程(℃)×0.10Ω，但其最大电阻不得超过 10Ω。

（3）该变送器既可输出 4～20mA DC 电流信号，也可输出 1～5V DC 电压信号，但两者的输出端子不同。当采用电流输出时，应先拆除 7、8 端子间的短路片后再配线；电流输出时的最大外接负载电阻为 100Ω。当采用电压输出时，必须接上短路片。

二、EQN 型温度变送器

（一）概述

美国贝利公司的 EQN 型变送器是一种高性能的智能温度变送器，它能接收单/双支热电阻输入、热电偶和毫伏输入信号，输出为 4～20mA。EQN 型变送器可以设置成现场总线方式，直接与 N-90 或 INFI-90 分散控制系统通信。它的电子部件采用了目前最新的微处理机技术，允许用户就地或远程对变送器进行校验和查找故障。变送器始终在自诊断状态下运行，自诊断监视组态的完整性、基准电压、变送器温度和输入电路。输入板上的一个温度传感器为热电偶测温提供参比（冷）端的温度补偿。

变送器可组态去接收热电阻（RTD）输入（二线、三线或双两线），其阻值可达到 325Ω。热电阻可在摄氏、华氏和热力学等温标下进行校验和显示。

变送器也可组态去接收热电偶输入（IPTSB、C、E、J、K、N、R、S、T），IPTS 为 1968 国际实用温标。变送器的输出可选择与温度成线性（表示热电偶已线性化）或与输入成线性（表示热电偶特性为非线性）。变送器也可以接收毫伏信号并以 mV 显示。变送器能检测任何标准化的传感器输入（热电偶、毫伏和 RTD）。

利用手持终端 STT02 可实现与 EQN 型变送器的通信、输出监视、组态、重定量程、诊断检查和校验，这些都可远程操作。

可选择一种液晶显示器作为变送器就地输出指示。

（二）结构组成及工作原理

1. 变送器的工作原理

EQN 型变送器可提供一个与温度相对应的输出信号，温度由热电偶或单/双支热电阻测量。EQN 型变送器还可以作为毫伏到毫安的转换器。在变送器的输出端可同时得到与被测温度（或温差或毫伏）成比例的传统的 4～20mA 信号和数字传送信号，而且可用软件对二者进行选择。

图 2-33 为 EQN 型变送器电路组成方框图。用硬件跳线器来选择毫伏、热电偶和单/双热电阻等输入形式。所有形式的输入都送到一个电压—脉冲转换器。用一个温度传感器来提供参比端温度补偿，温度传感器的输出送入电压—脉冲转换器。

电压—脉冲转换器输出一个微处理机能接受的占空比（即输出脉冲宽度与脉冲周期之比）可变的脉冲，微处理机再将其转换成数字脉冲输出。微处理机的输出经隔离后送入一个高阶有源低通滤波器，滤波器则输出一个与占空比可变的脉冲输入成正比例的直流电压信号（用滤波器实现 D/A 转换），去控制晶体管输出的 4～20mA 电流信号。

对于毫伏、单/双支热电阻形式的输出是以校验时设定的零点和量程为基准，双支热电阻形式的输出是两支热电阻输入的差值（温差 t_1-t_2）的计算值。微处理机可直接向已选择的液晶显示器 LCD 发送显示数据，因为没有数—模的转换，所以没有数—模转换误差，然而模拟显示却有误差。

2. 变送器的电路组成

（1）输入电路。输入电路包括一个差动输入多路转换器和一个电压—脉冲转换器。

1）多路转换器。它用来有顺序地选择四个可用输入之一。在这些输入中，一个作为基

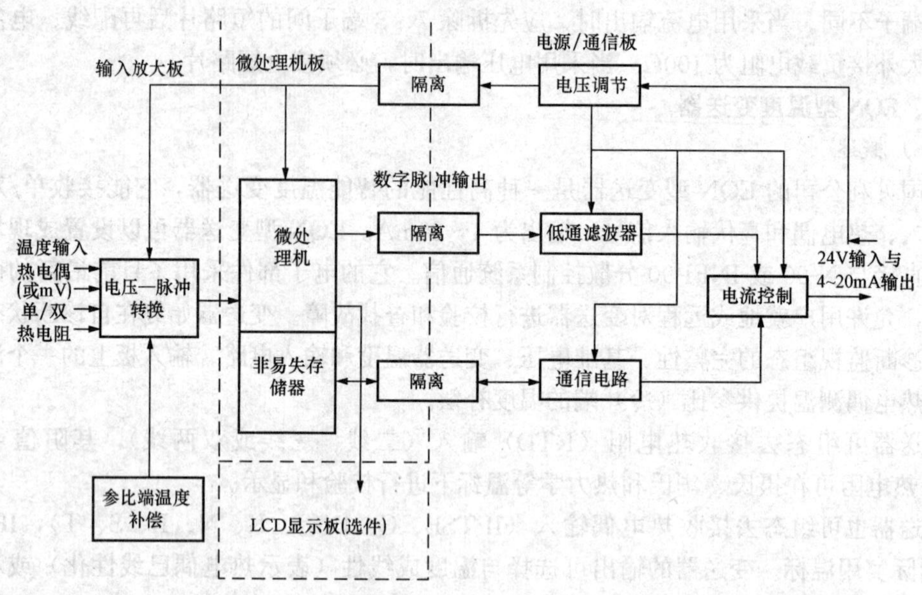

图 2-33　EQN 型变送器电路组成方框图

准参考点（公共端）；另一个用来读冷端温度补偿用的温度传感器输入；其他两个用做单/双支热电阻输入，其中的一个也可用做热电偶或毫伏输入。

2）电压—脉冲转换器。多路转换器的输出送入电压—脉冲转换器的高输入阻抗差分放大器。电压—脉冲转换是通过电压—脉冲转换器与微处理机的定时系统相配合来实现的。微处理机选定将被转换的电压输入信号，一个脉冲就会出现在电压—脉冲转换器的输出端和定时器输入指针上。当定时器输入脉冲变高时，其时间值被俘获并被暂时储存。定时器的输入脉冲在下降沿送入触发器，这样脉冲结束的时间也被俘获，这个值和以前储存值（即脉冲上升沿俘获的时间值）的差就是脉冲宽度，这个脉冲宽度与输入信号成正比。

微处理机采用 EEPROM（电可擦除式存储器），输入与输出之间用变压器（250V）隔离。

（2）计算。对输入信号的运算有乘/除和加/减，计算包括零点、量程、外界温度的校正，输出占空比倍数的计算，热电偶输入的线性化。

（3）数字—模拟转换。微处理机通过占空比可变的脉冲输出去控制 4～20mA 电流，这个脉冲是由微处理机的定时器系统产生的。脉冲输出后送入一个高阶有源低通滤波器，其截止频率比脉冲的频率低得多。低通滤波器的输出是一个与脉冲输入占空比成比例的电压平均值，这个电压平均值已是一个直流电压，用这个直流电压去控制输出晶体管，进而控制晶体管输出电流，即 4～20mA 电流信号。在数字模式下，微处理机把电流输出值锁定在 4mA 以下。

选择这种转换方法是为了省去一块数字—模拟转换的集成电路，以便减少能耗。

（4）液晶显示器。被选用的液晶显示器，能显示 12 个字符类型，微处理机每秒更新一次，所显示的数据类型可用手持终端进行选择。

（5）通信。

1）点对点方式。变送器和手持终端之间的通信可通过在信号线上任何地方接上手持终端即可，不需要匹配器、插座或接头。一个交流电压加到信号线上就允许变送器和手持终端（STT02）之间通信了。因为通信信号是一高频交流信号，它的直流平均值是零，所以对变送器的输出没有任何影响。两个不同频率的信号分别用来传输一个逻辑 0 或逻辑 1，这就使 EQN 与 STT02 的距离可达 1.6km，并且需要一个最小为 250Ω 的回路电阻来支持通信功能，如图 2-34 所示。这种远程通信有相当好的抗干扰能力。

2）现场总线方式。通过 STT02 手持终端可对变送器编程使其处于数字现场总线方式，并为其选择一个总线地址。变送器提供一个数字过程变量信号，并以每秒最多 10 次的速度为控制目的传送其输出（以百分比形式）。在现场总线模式下，一个控制系统在一对线上最多可监视 15 个变送器，如图 2-35 所示。当监视 15 个变送器时会降低每个变送器的反应速度，使每个变送器每秒钟只能三次更新输出。通常用 INFI-90 现场总线子模件（IMFBS01）去改变变送器参数。STT02 虽然在过程运行时可与变送器对话，但是在变送器与现场总线子模件之间连线断开之前，不能改变变送器的任何参数。

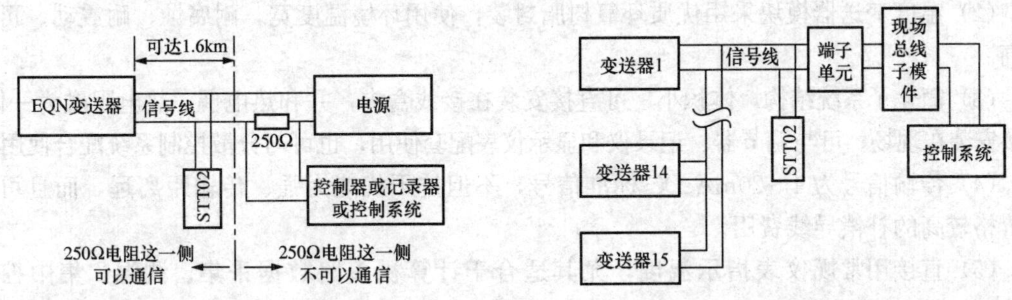

图 2-34 点对点通信　　　图 2-35 现场总线通信

（6）内部电源。电源是低功率开关型。它为变送器信号端提供一个最小值为 13V 的直流电源，并且每台变送器都有电源反极性保护。

（7）变送器软件功能。EQN 型变送器能接收并响应从 STT02 手持终端发出的通信、输出和校验等指令。通信指令允许用户监视变送器的输入（温度单位）、输出（百分数或次级工程单位）、组态和状态。用户在变送器组态时可改变范围、输入工程单位、ID 标签和地址。输出指令允许用户定义输出与输入成线性，或将输出定义成一个由用户编程实现的六段曲线的函数发生器。输出能设置为正作用或反作用。为了达到查找或排除故障的目的，输出还可固定为一个特殊值。其他指令允许在变送器有故障时将输出设置在用户自选的数值上。校验指令允许用户校验变送器（包括设置输入、输出范围）和重定变送器量程。此外阻尼调整指令也是可用的。

（8）温度补偿。温度传感器的输出始终被监视，同时又用来为热电偶输入提供参比端补偿。变送器的温度可用 STT02 手持终端监视。

（9）诊断。连续的自诊断结果可通过 STT02 手持终端得到。被监视的项目有组态数据的完整性，基准电压、变送器温度和输入电路故障。模件化放大器设计使自诊断能确定出故障的电路部位。自诊断还能指示出用户是否有校验错误。

三、一体化二线制温度变送器

（一）概述

一体化二线制温度变送器是新一代超小型测温仪表。由于它可以安装在温度传感器热电阻、热电偶的接线盒内，构成传感—变送一体化方式，故称为一体化温度变送器。它属于DDZ-S系列仪表中的现场仪表。

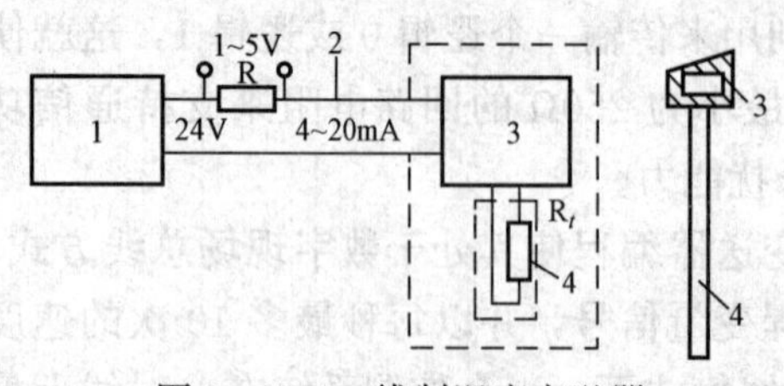

图 2-36 二线制温度变送器

1—配电器；2—信号输出；3—一体化二线制温变器；4—温度传感器；R—250Ω

温度变送器的线制是指它的电源线与输出信号线的总根数。二线制温度变送器的电源线与输出信号线的总根数共两根，即输出信号线又同时是它的电源供电线，如图 2-36 所示。

一体化温度变送器的变送单元置于热电偶的接线盒里，取代接线座，变送器模块采用全密封结构，用环氧树脂浇注，具有抗振动、防腐蚀、防潮湿、耐温性能好的特点，可用于恶劣的环境。

它的主要优点有如下所述。

(1) 静态功耗低，安全可靠，不用维修，使用寿命长。

(2) 温度变送器模块采用优质环氧树脂封装，使用环境温度宽，耐腐蚀、耐震动、可靠性高。

(3) 简化了系统结构，体积小，可直接安装在接线盒内，并和热电偶、热电阻融为一体，直接安装在现场。可与调节器、记录仪和显示仪表配套使用，也可与分散控制系统配合使用。

(4) 传输信号为 4～20mA DC 标准信号，不但抗干扰能力强、传输距离远，而且可节约价格较高的补偿导线费用。

(5) 直接用常规仪表指示温度，尤其适合于计算机多路数据采集、测温、集中控制系统。

(6) 有非线性校正电路，使输出信号与所测温度成线性关系。

(7) 具有精确的热电偶参比端温度补偿，全量程以绝对误差表示。对于 K、J、E、T 型分度热电偶，绝对误差小于或等于±0.5℃；对于 S 型热电偶，绝对误差小于或等于±0.8℃。

二线制温度变送器已系列化，规格齐全。有热电阻型变送器，又有热电偶型变送器；有新分度号变送器，又有老分度号变送器；有温度变送器，也有毫伏变送器、温差变送器、直流毫伏转换器等，并均有普通型和防爆型。

(二) 一体化温度变送器的原理与结构

一体化二线制温度变送器的原理结构如图 2-37 所示。从中可见，由热电偶等温度传感器所测的直流毫伏信号 U_i 输入到二线制温度变送器输入回路，与桥路部分输出的信号 U_z 和

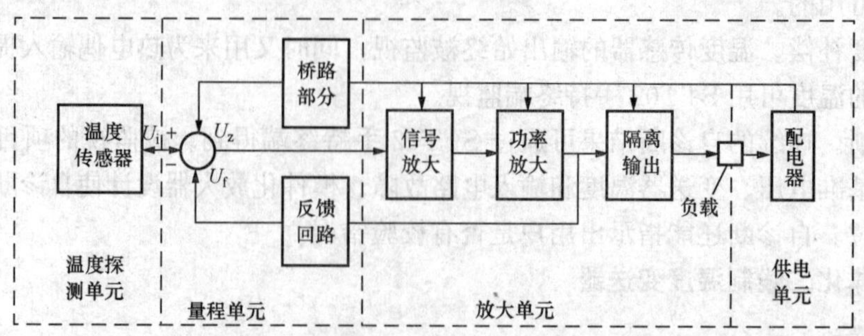

图 2-37 二线制温度变送器原理结构图

反馈信号 U_f 相叠加，然后送入放大器进行信号放大，放大后的电压信号再由功率放大器和隔离输出电路转换成标准的 4～20mA DC 直流电流信号输出。温度变送器所需的直流电源由 24V DC 电源供电或由配电器供电。配电器为二线制温度变送器提供隔离电源，同时将二线制温度变送器的 4～20mA DC 信号转换为 1～5V 或 4～20mA DC 与之隔离的信号。配电器与温度变送器的信号输出线直接相连，既是温度变送器的电源供电线，又是温度变送器的信号输出线，但线路中要串接一阻值 $R=250\Omega$ 的电阻，在电阻 R 两端的输出电压为1～5V DC，如图 2-38 所示。配电器和温度变送器连接后，还需串接一台温度显示仪表或记录仪，记录信号为 4～20mA DC。

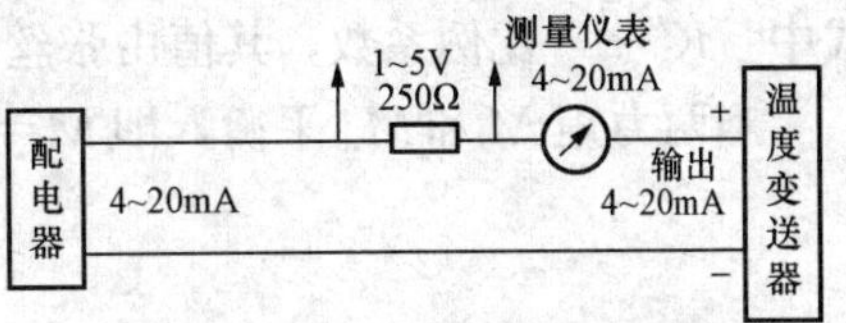

图 2-38　二线制温度变送器线路

第五节　显　示　仪　表

由上述可知，热电偶和热电阻仅仅是将被测温度的变化分别转换成热电势和电阻值的变化的感温元件，为了直观地将被测温度显示出来，就必须采用显示仪表与它们配套使用，组成一个测温系统，应用的显示仪表有动圈式、自动平衡式、数字显示式等类型。

一、动圈式显示仪表

动圈式显示仪表是我国自行设计制造的系列仪表产品，目前有 XC、XF 等几个系列。每一个系列中文分为指示型（Z）和指示、调节型（T）。它与热电偶、热电阻或其他输出为直流毫伏或电阻变化的测量元件配合，可以显示被测介质的温度或其他参数，与热电偶配套的动圈仪表型号为 $X\frac{C}{F}$Z-101 或 $X\frac{C}{F}$T-101 等；与热电阻配套的动圈仪表型号为 $X\frac{C}{F}$Z-102 或 $X\frac{C}{F}$T-102 等。

动圈式显示仪表具有结构简单、体积小、性能可靠、使用维护方便等优点，因此在工业生产中，尤其是在中小企业得到广泛应用。

1. 动圈仪表的原理

动圈式仪表采用了磁电测量原理，它是一种直接变换式仪表，变换信号所需的能量是由热电动势供给的。输出信号，即被测参数，是仪表指针相对标尺的位置。国产动圈式温度指示仪表的典型型号是 XCZ-101，表头示意图如图 2-39。

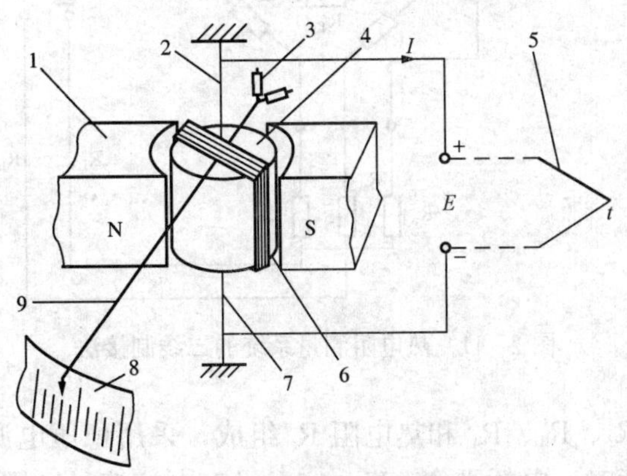

图 2-39　XCZ-101 型动圈仪表工作原理
1—永久磁铁；2，7—张丝；3—平衡杆和平衡锤；4—铁芯；5—热电偶；6—动圈；8—刻度面板；9—仪表指针

当被测信号（热电势或其他直流毫伏电势）输入到置于永久磁场中的动圈时，流过动圈的电流与磁场相互作用，在动圈的两有效边（垂直边）上产生了电磁力 F。由于动圈两有效边流过电流的流动方向相反，所以这一对力大小相等、方向相反，形成的转动力矩 M 使动圈转动。转动力矩 M 与电流强度 I 成正比，即

$$M=KI \tag{2-22}$$

式中 K——比例系数。

线圈转动时，支撑线圈的张丝产生一个反力矩 M_n，其大小与动圈的偏转角 φ 成正比，即

$$M_n = K'\varphi \tag{2-23}$$

式中 K'——比例系数，其值由张丝的材料性质和几何尺寸所决定。

当两力矩 M 和 M_n 平衡，即 $M=M_n$ 时，动圈停止在某一位置上，此时动圈的偏转角

$$\varphi = \frac{K}{K'}I = CI \tag{2-24}$$

式中 C——仪表的灵敏度。

式（2-24）表明，动圈偏转角度与通过动圈的电流强度 I 具有单值正比关系。

2. 配接热电偶的动圈仪表的测量线路

热电偶送到动圈仪表的信号是毫伏电势信号，不需要附加别的变换装置，其线路图如图 2-40 所示。

$$\varphi = C\frac{E_{AB}(t, t_0)}{\sum R} \tag{2-25}$$

在回路总电阻一定时，动圈的转角 φ 与被测温度呈单值函数关系。

实际测温时，仪表 4 以外的电阻根据热电偶的长度、粗细型号规格不同而不同，外接调整电阻 R_C，使外接电阻统一为 15Ω，此值标注在仪表面板上。

3. 配接热电阻的动圈仪表

动圈表要求输入毫伏信号，因此，当用热电阻来测量温度时，首先就得设法将随温度变化的电阻值转换成毫伏信号，然后送至动圈测量机构，以指示出被测介质的温度。因此，与热电阻配套的 XCZ-102 动圈温度指示仪主要由两部分组成，将电阻变化值转换成毫伏信号的测量桥路和动圈测量机构，如图 2-41 所示。

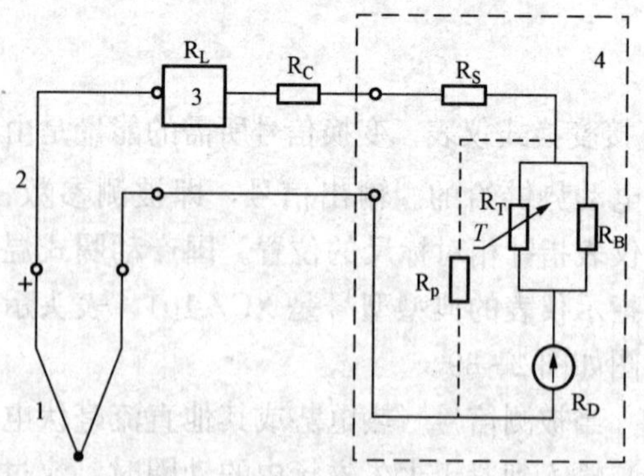

图 2-40 配接热电偶的动圈表的接线图

1—热电偶；2—补偿导线；3—补偿器；4—动圈表

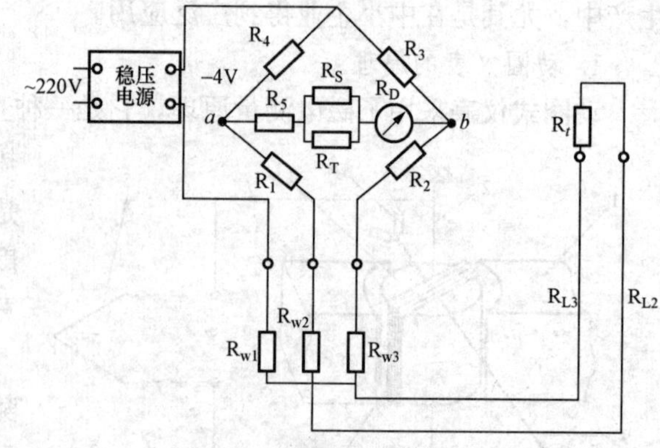

图 2-41 热电阻测量系统的二线制接法

测量桥路是一不平衡电桥，由电阻 R_1、R_2、R_3、R_4 和热电阻 R_t 组成，采用稳压电源为其供电。当被测温度为仪表刻度起始点温度时，电桥平衡，$U_{ab}=0$，没有电流流过动圈，指针指在起始点位置；当热电阻值 R_t 随温度变化时，电桥失去平衡，U_{ab}不等于零，此时电流流过动圈，在磁场的作用下，动圈转动，指针指示相应的温度。

为了减小连接导线电阻变化而引起的误差，用热电阻测温时常采用三线制接法。如图

2-42 所示，连接导线分别加在电桥的两个相邻的桥臂上，环境温度引起的导线电阻变化可以相互抵消一部分，减小了对仪表读数的影响，提高了测量的准确性。

与 XCZ-101 动圈式指示仪相同，XCZ-102 动圈指示仪统一规定了外接电阻值。三线制连接法规定每根连接导线外接导线电阻为 5Ω，使用时，若每根连接导线电阻不足 5Ω 时，用调整电阻补足。

4. XFZ 系列动圈表

XFZ 系列动图表也可与热电偶或热电阻配用，它与 XCZ 系列动仪圈表的不同之处在于：XFZ 系列的测量电路主要由线性集成运算放大器构成，如图 2-43 为 XFZ-101 型动圈仪表的组成方框图，测量机构中采用了大力矩游丝、支撑动圈。微弱的输入信号经放大器放大后，输出伏级电压信号，该信号经测量机构线路（R_S 和动圈电阻 R_D）转换为电流，电流在永久磁铁的磁场中产生旋转力矩，驱动动圈及指针偏转，同时引起游丝变形产生反作用力矩。当旋转力矩与反作用力矩相等时，动圈停止转动，动圈及指针的偏转角度与输入电流成正比，该电流取决于输入的热电动势的值，因此仪表的指针便指示出相应的温度值。

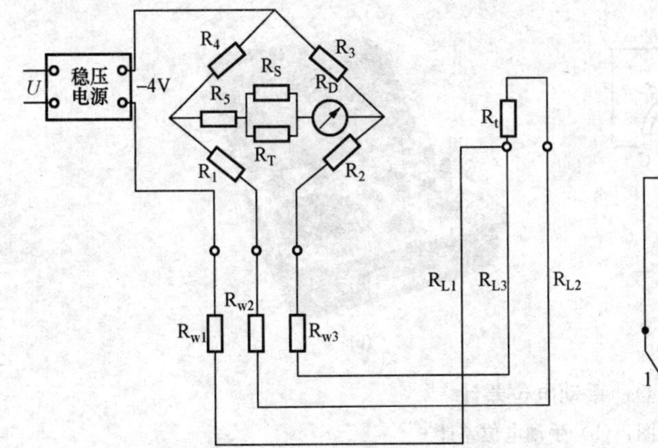

图 2-42 热电阻测量系统的三线制接法

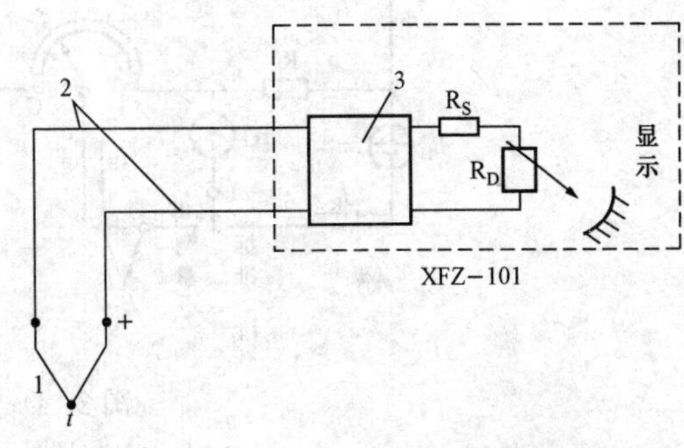

图 2-43 XFZ-101 型动圈仪表组成方框图
1—热电偶；2—补偿导线；3—线性放大器

此仪表由于采用了高放大倍数的集成电路线性放大器，通过动圈的电流增大很多，动圈得到的旋转力矩较大，故称为强力矩动圈式仪表，由于采用强力矩游丝作为平衡元件，稳定性好，具有较强的抗振能力，又因在集成运算放大器中可设置冷端温度自动补偿，故不需在热电偶测温回路中接入冷端温度补偿器，此外，由于运算放大器的输入阻抗很大，外电路的等效电阻与输入阻抗相比可忽略不计，因此 XFZ-101 对外电路等效电阻没有具体要求，故给使用带来了方便，也相当于增加了一级串联校正环节，提高了仪表的准确度。

此外，还有该系列动圈式指示调节仪可与热电偶、热电阻等配用。

二、平衡式显示仪表

动圈式显示仪表虽然具有结构简单，价格便宜，易于维护，测量方便等优点，但是它的读数受环境温度和线路电阻的影响较大，测量准确度不高，不宜用于精密测量；另外，它的可动部分容易损坏，怕震动，阻尼时间长，且不便于实现自动记录；使用平衡式显示仪表却可大大减小因上述原因而产生的误差，自动平衡式还可实现自动记录，在实验室和工业生产中得到广泛应用。

平衡式显示仪表的工作原理是电平衡原理。它用已知的标准电压与被测电势相比较，平衡时，二者之差值为零，被测电势就等于已知的标准电压。这种测量方法亦称补偿法或零差法。

1. 手动电位差计

实验室用的手动电位差计采用了直流分压线路，如图 2-44 所示，图中标准电池 E_N，标准电阻 R_N、及检流计 G 组成的回路是用来校准工作电流 I_1 的。校准工作电流时将切换开关 K 接向“标准”，调整 R_S 以及 I_1 大小，直至 $I_1R_N=E_N$ 时，检流计 G 指针指零。因为标准电池的电势 E_N 是恒定的，R_N 是用锰铜丝绕制的标准电阻，其值也是不变的，所以当检流计 G 指针为零时，I_1 就符合规定值，这个操作过程通常称作为“工作电流标准化”。然后将切换开关接向“测量”位置，调整 B 点位置使检流计指针为零。此时 B 的位置就指出被测电势的大小。由于标准电池及标准电阻的准确度都比较高，加上应用了高灵敏度的检流计，所以电位差计可得到较高的测量准确度；标准电池的电势很稳定，但随温度变化而略有变化，常用的标准电池在+20℃时的电势为 1.018V（准确度达±0.01%）。使用中需注意标准电池不允许通过大于 1μA 的电流。

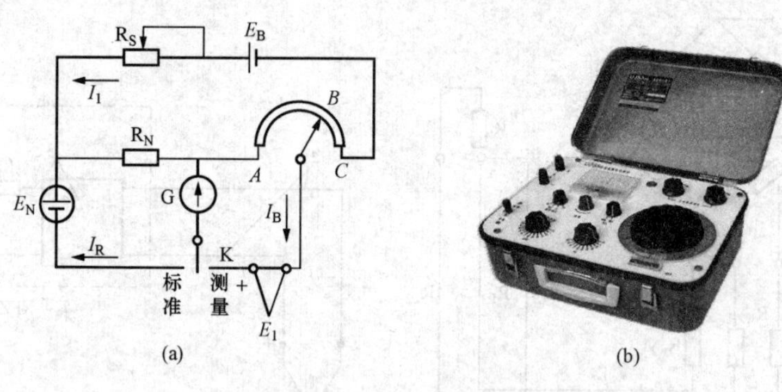

图 2-44 手动电位差计

(a) 原理图；(b) 手动电位差计

2. 手动平衡电桥

图 2-45 所示为手动平衡电桥。图中，R_x 是待测电阻，R_2 和 R_3 是锰铜线绕固定电阻（通常取 R_2、R_3 的阻值相等），R_4 是可调电阻，E 是电池的电动势，G 是检流计。

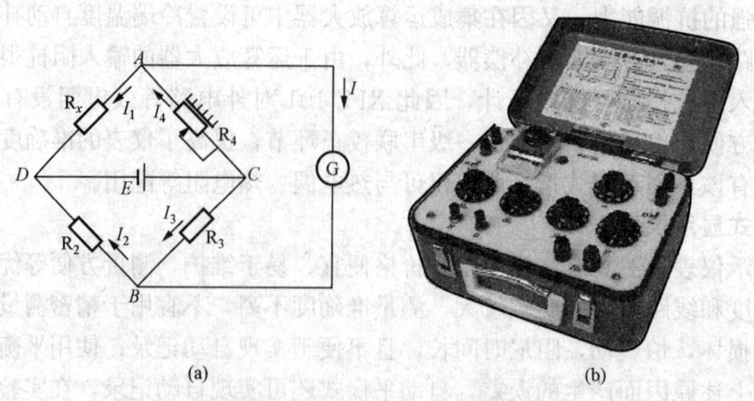

图 2-45 手动平衡电桥

(a) 原理图；(b) 手动平衡电桥

测量 R_x 时，调整 R_4 使检流计 G 指零，这时电桥处于平衡状态，即

$$I_1R_x = I_2R_2 \tag{2-26}$$

$$I_4nR_4 = I_3R_3 \tag{2-27}$$

式中 n=0～1，为可调电阻 R_4 滑触点的位置系数。

将式（2-26）与式（2-27）相除，并考虑 $R_2=R_3$，于是有

$$n = \frac{1}{R_4}R_x \tag{2-28}$$

待测电阻 R_x 可以用 R_4 滑触点在标尺上的位置 n 来表示。

3. 自动平衡式显示仪

手动电位差计（手动平衡电桥）在使用时必须用手调节测量变阻器，因此，不能连续地、自动地指出被测电势（热电阻），因而不满足于实验中、生产上能自动、连续地指示和记录被测参数的要求。

自动平衡式显示仪，如电子自动电位差计、电子自动平衡电桥、ER180 系列记录仪是根据电压平衡原理自动进行工作的，它是用可逆电动机及一套机械传动机构代替了人手进行电压平衡操作，用放大电路代替了检流计来检测不平衡电压并控制可逆电动机的工作。自动平衡式显示仪的组成方框图和原理图如图 2-46。它主要由测量电路、放大电路、可逆电动机、同步电动机、机械传动机构、指示机构、记录机构和调节机构等部分组成，电路部分热电偶与热电阻不同。

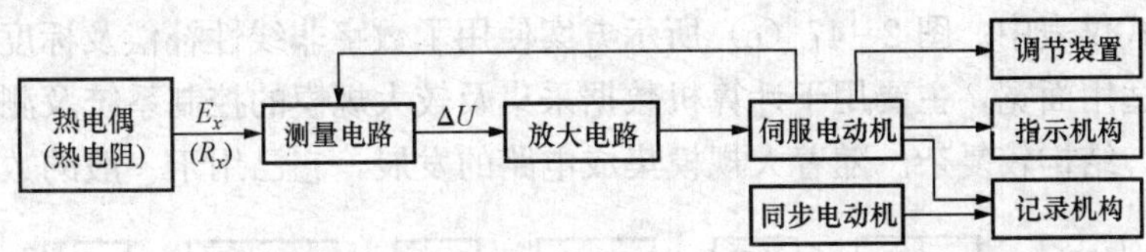

图 2-46 自动平衡式显示仪表原理方框图

被测量经测量转换元件转换成相应的电量信号 E_x（R_x）后，送入仪表的测量电路，测量电路处于平衡状态时，ΔU 电压输出为零，仪表的指针和记录笔将停留在对应于被测量的刻度点上，当被测量的变化使仪表的输入信号发生相应的变化时，就破坏了原来的平衡状态，测量电路将输出一个不平衡电压，ΔU 不等于零，经过放大电路放大后，驱动可逆电动机旋转，可逆电动机通过一套机械传动机构带动测量电路中滑线电阻的滑动臂，从而改变滑动臂的位置，直至测量电路消除不平衡电压达到新的平衡时，可逆电动机即停止转动。在可逆电动机带动滑动臂移动的同时，还带动指针和记录笔沿着刻度标尺滑动，并停留在新的平衡点所对应的位置，显示出被测量的瞬时值；同步电动机带动走纸、打印、切换等机械传动机构，在记录纸上以曲线或打点的形式，把被测量对应于时间的变化过程描绘成曲线。由此可见，自动平衡式显示仪是一个随动装置，它总是随着输入信号（被测量）的变化从一个平衡状态过渡到另一个平衡状态。

目前也有数字显示形式的，不用机械传动及电动机。由于这种测量方法在读数时要达到电压平衡，因此测量精度可以大大提高，通常达精度为±（0.2%～0.5%）。

三、数字式显示仪表

数字显示仪表与不同的传感器（变送器）配合，可以对压力、温度、流量、物位、转速

等参数进行测量并以数字形式显示被测结果，故称为数字显示仪表。它具有显示直观、没有人为视觉误差、反应迅速、准确度高并能打印测量结果等优点。在火力发电厂中，数字显示仪表已得到了广泛的应用。

（一）数字显示仪表的分类及组成

1. 数字显示仪表的分类

按输入信号的形式分，数字显示仪表有电压型和频率型两大类。电压型的输入信号是电压或电流；频率型的输入信号是频率。根据仪表所具有的功能，它又可分为数字显示仪、数字显示报警仪、数字显示记录仪以及具有多种功能的数字显示仪表。

2. 数字显示仪表的组成及工作原理

在热工测量过程中，通常都是将压力、温度、流量等非电量经变送器变换成相等的电量，因此数字显示仪表一般都是以电压信号作为输入量的。数字显示仪表实际上都是以数字电压表为主组成的仪表。

数字显示仪表通常由前置放大、模/数（A/D）转换、非线性补偿、标度变换及计数显示等五部分组成。电压型数字仪表大致有如图 2-47 所示的几种组成方案。其中，图 2-47（a）所示方案是被测量在模拟信号状态时就已被线性化了，其测量准确度较低，一般只能达到 0.1%～0.5%，优点是可以直接输出线性化了的模拟信号。图 2-47（b）所示方案是利用非线性的模/数（A/D）变换电路，在完成模/数（A/D）变换的同时也完成了线性化，因而结构简单、准确度高，缺点是只能适用于测量特定的模拟量，所以这种方案多用在单一参数测量的数字式仪表中。图 2-47（c）所示方案使用了数字非线性补偿及标度变换。它可组成多种方案，适用面宽，主要用于计算机数据采集及较大规模的控制系统及测量系统中。其测量准确度高，结构较复杂。随着大规模集成电路的发展，它已用于一般的数字式仪表中。

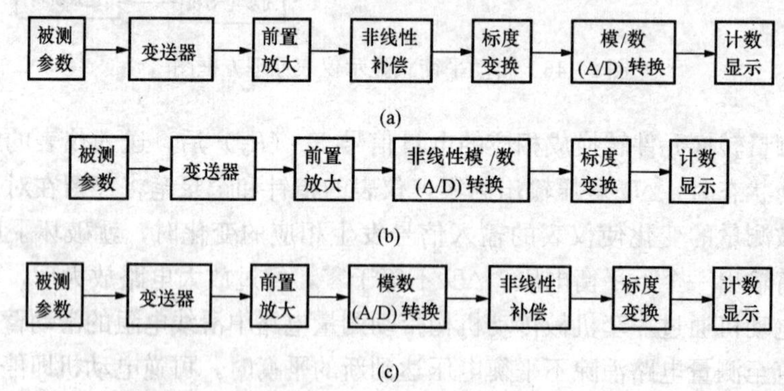

图 2-47 数字显示仪表组成框图

（a）模拟非线性补偿；（b）非线性模/数（A/D）变换补偿；（c）数字非线性补偿及标度变换

（二）模/数（A/D）转换

模/数（A/D）转换部分是数字显示仪表的重要组成部分。其功能是使连续变化的模拟量转换成与其成比例的数字量，以便进行数字显示。要完成这一功能，必须用一定的量化单位使连续量整量化，这样才能得到近似的数字量。量化单位越小，整量化的误差也就越小，数字量就越接近于连续量本身的值。

在实际测量中经常是先把非电量转换成电压，然后再由电压转换成数字信号，即A/D转换。A/D转换有多种，常用的有两种：双积分型和逐次比较电压反馈编码型。

（三）非线性补偿及标度变换

1. 非线性补偿

数字显示仪表的非线性补偿，是指将被测参数从模拟量转换到数字显示这一过程中，如何用显示值和输入信号之间所具有的一定规律的非线性关系，来补偿输入信号和被测参数之间的非线性关系，从而使显示值和被测参数之间呈线性关系，目前常用的方法有非线性模/数转换补偿和数字式非线性补偿法。

非线性模/数转换补偿法，把非线性补偿与模/数转换巧妙地合并在一个线路中完成，因而线路简单；缺点是通用性差，每块表只能测量一种参数。数字非线性补偿法可以通过逻辑线路，使所乘系数的大小预先设定，以便检测不同的被测量，较多地使用在巡回检测仪表和智能仪表中；其缺点是线路复杂。

2. 标度变换

测量值与工程值之间往往存在一定的比例关系。因此，测量值必须乘上某一常数，才能转换成数字显示仪表所能直接显示的工程值。这一过程就是标度变换。

标度变换与非线性补偿一样，可以先对模拟量进行标度变换，然后送至模/数转换器；也可以先进行模/数转换，再进行数字标度变换。

在DCS中，非线性补偿和标度变换都是可通过软件来实现。

（四）数字显示仪表的技术指标

1. 显示位数

显示位数常见的有3位、4位，高准确度的数字显示仪表可达8位。显然，位数越多，读数的准确度就越高。现场使用的多为3位和4位，它们都可以再增加半位，比如$3\frac{1}{2}$位、$4\frac{1}{2}$位。所谓半位，是指最高位或者是“1”或者空着。

2. 分辨率

分辨率是指数字显示仪表显示的最小数和最大数的比值。例如，一个4位数字显示仪表，其最小显示值是0001，最大显示值是9999，它的分辨率就是1/9999，即约为0.01%。

分辨力是指数字显示仪表在最低量程上，最末位改变一个字时相对应的被测信号值，它相当于模拟式仪表的灵敏限。把分辨率与最低量程相乘，即可得出分辨力。如有一数字显示温度表的分辨率是0.1%，量程是0～600℃，则分辨力就是0.6℃，实际上其分辨力定为1℃。在有些数字显示仪表的说明书上，把分辨力说成分辨率，这是不正确的，应予以注意。

3. 数字显示仪表的误差

数字显示仪表的误差由两部分组成，即$\pm\alpha\%\pm n$个字。前一部分表示仪表准确度等级的相对引用误差；后一部分为数字显示仪表特有的量化误差，与被测量大小无关，通常为±1个字。显然，数字显示仪表的位数越多，这种量化误差对测量准确度的影响就越小。如有一数字温度表，其测量范围为0～600℃，准确度等级为0.5级，则其允许基本误差为±0.5%×600℃±1℃(个字)＝±4℃。校验此表时，仪表的显示值与相应被校点的标准值之间的最大差值不得超过±4℃。

除上述几项指标外，数字显示仪表还有输入阻抗、抗干扰能力、采样速度等一些技术指标。

第六节 热电偶和热电阻的校验

一、热电偶的校验

热电偶在安装前和经过一段时间使用后都要进行校验，以确定是否仍符合精度等级要求。

校验前一般先进行外观检查，热电偶热端焊点应牢固光滑，无气孔和斑点等缺陷；热电极不应变脆或有裂纹；贵金属热电偶热电极无变色等现象。外观检查无异常方可进行校验。

热电偶校验通常采用示值比较法，即比较标准热电偶与被校热电偶在同一温度点的热电势差值。根据国家规定，各种热电偶应按表 2-13 示规定点校验。实际校验时，设备温度应控制在校验温度点±10℃之内。

表 2-13 热电偶校验温度点 (℃)

热电偶名称	校验温度点		
铂铑 10—铂	600	800 1000	1200
镍铬—镍硅	400	600 800	1000
镍铬—考铜	300	400 或 500	600

对于镍铬—镍硅及镍铬—考铜热电偶，如在 300℃以下使用，则应增 100℃校验点，对精度要求很高的铂铑 10—铂热电偶，还可以利用辅助平衡点锌凝固点（419.50℃）、锑凝固点（630.74℃）及铜凝固点（1084.5℃）进行标准状态法校验。

一般高于 300℃使用的热电偶，其示值比较法校验装置如图 2-48 所示．其主要设备有标准热电偶、管式电炉、冰点槽及电位差计。校验用标准热电偶应符合表 2-14 的规定。

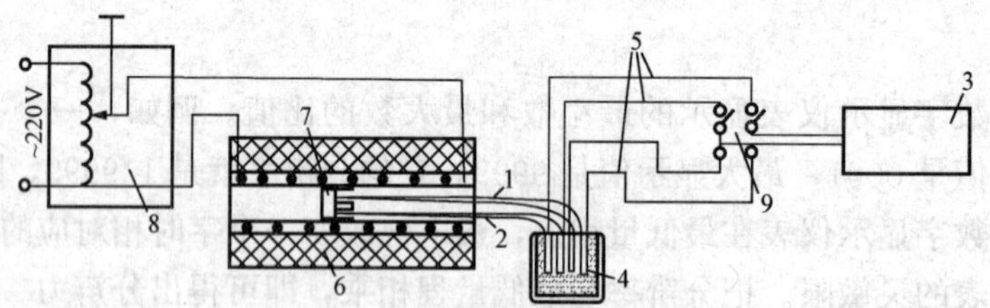

图 2-48 热电偶校验装置

1—被校热电偶；2—标准热电偶；3—电位差计；4—冰点槽；5—铜导线；6—电炉；7—镍块；8—调压器；9—切换开关

表 2-14 校验用标准热电偶等级

校验温度范围（℃）	被校热电偶	标准热电偶名称及等级
0～300	各 类	二级标准水银温度计
300～1300	贵金属热电偶	二级（或三级）标准铂铑 10—铂热电偶
300～1300	非贵金属热电偶	三级标准铂铑 10—铂热电偶 标准镍铬—镍硅热电偶（只用于校验镍铬—镍硅热电偶）

管式电炉炉长一般为 600mm，中间应有 100mm 恒温区，电炉通过调压器或自动控温装置调节温度。被校热电偶与标准热电偶的热端应插入电炉中心的恒温区。有时为了使被校及标准热电偶温度更为一致，还可以在炉中心放入一钻有孔的镍块，并将热电偶热端置于镍块孔中。热电偶冷端置于冰点槽内。调节炉温，使温度达到校验点±10℃范围内，当温度变化速率小于每分钟 0.2℃时，即可通过切换开关用电位差计测量被校及标准热电偶的热电势值。校验读数顺序为（设有三支被校热电偶）：标准→被校$_1$→被校$_2$→被校$_3$→被校$_3$→被校$_2$→被校$_1$→标准。

按以上顺序重复两次读数，取两次读数的平均值作为各热电偶在该温度点的测量值。然后，再调节电炉温度，校验其他点。

低于 300℃的校验装置，加温设备通常采用油浴恒温器。

得到各校验点上被校热电偶测值 E_n 及标准热电偶测值 E_B 后，可分别由分度表查出相应的温度 t_n、t_B，则误差 Δt 为

$$\Delta t = t_n - t_B$$

误差 Δt 值符合表 2-9 允许误差要求的，即认为合格。

若标准热电偶出厂检定证书的分度值与统一分度表不同，则应将标准热电偶测值加上校正值后作为热电势标准值。

二、热电阻的校验

热电阻在安装使用前及使用一段时间后都要进行精度校验，工业用热电阻的校验方法有两种。

一种是只校验 0℃和 100℃时的电阻值，求出电阻比 R_{100}/R_0，看是否符合热电阻技术特性的纯度要求，称为纯度核验。

纯度校验一般采用标准状态法，即由冰点槽和水沸腾器产生 0℃和 100℃温度场，然后测量置于其中的被校热电阻阻值。

另一种是示值比较法校验，校验时采用加热恒温器作为热源。将被校热电阻与标准仪表（标准水银玻璃温度计或标准铂电阻）进行示值比较，确定误差。这种方法可以多校几个温度点，特别是 100℃以上的温度点。

通常情况下对热电阻只做纯度校验。冰点槽为一个双层保温瓶，内盛冰水混合物，在冰水中插入试管，其插入深度不小于 200mm，距瓶壁不小于 20mm。热电阻插入试管中，用棉花将试管口封严。

热电阻校验时，热电阻值的测量方法一般采用电位差计法。其测量设备和电路如图 2-49 所示。将被校热电阻 4、5 与标准电阻 3、毫安表 6、变阻器 2 串联后接至电源 1 上。将标准电阻及被校热电阻经开关 7、8 接至电位差计 9 上，确认无误后可按以下步骤测量。

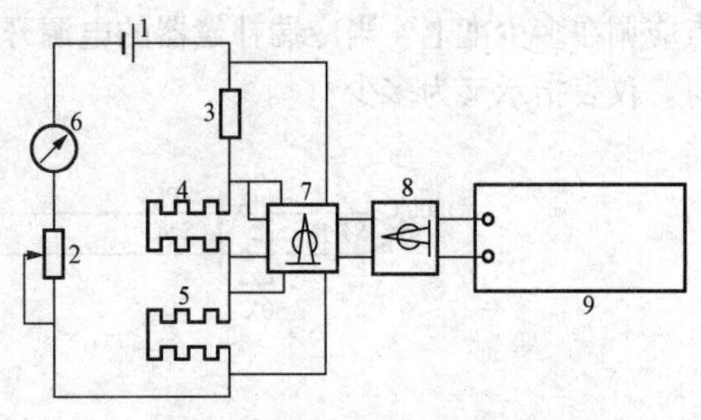

图 2-49 热电阻校验电路

1—电源；2—变阻器；3—标准电阻；4，5—被校热电阻；6—毫安表；7，8—开关；9—电位差计

先调整变阻器 2，使毫安表 6 指示在 1mA 左右（电流不可过大，以免热电阻通电发热引起阻值增大，造成误差），电流通过标准电阻及热电阻将产生电压降。

调整好电位差计的工作电流，通过切换开关7依次测出标准电阻 R_H 和被校热电阻 R_{t1}、R_{t2} 上的电压降 R_H、R_{R1}、R_{R2}。由于

$$U_H = IR_H,\quad U_{R1} = IR_{t1},\quad U_{R2} = IR_{t2}$$

即
$$I = \frac{U_H}{R_H}$$

所以
$$R_{t1} = \frac{U_{R1}}{I} = \frac{U_{R1}}{U_H}R_H,\quad R_{t2} = \frac{U_{R2}}{I} = \frac{U_{R2}}{U_H}R_H$$

因为毫安表6的指示精确度差，故不能直接用其指示电流来计算电阻值。

用这种方法可同时校验多支热电阻，将多支热电阻串接在电路中，并采用多点切换开关切换读数。校验时读数可按 $U_H \to U_{R1} \to U_{R2} \cdots U_{R2} \to U_{R1} \to U_H$ 顺序重复两次。

若作纯度校验，则要测得插入冰点槽及插入水沸腾器中的被校热电阻值0℃和100℃，计算 R_{100}/R_0 值。R_{100}/R_0 值符合表2-11要求的热电阻即认为是合格的。

复习思考题

2-1 什么是温标？现行的温标称为什么？其主要内容是什么？

2-2 试说明热电偶的测温原理。

2-3 热电偶的基本定律有哪些？其具体应用是什么？

2-4 为什么要对热电偶的冷端进行处理？如何处理？

2-5 普通型热电偶由哪几部分组成？铠装热电偶有什么特点？

2-6 热电偶常见故障及处理方法是什么？

2-7 热电阻的测温原理是什么？其分为哪两大类？

2-8 热电阻常见故障及处理方法是什么？

2-9 简述ITE热电偶（热电阻）工作原理。

2-10 简述EQN型温度变送器的工作原理。

2-11 什么是一体化温度变送器？

2-12 动圈显示仪表和平衡式显示仪表各采用什么原理进行测量？

2-13 数字显示仪表由哪几部分组成？各有什么作用？

2-14 什么是标度变换？

2-15 有一采用S分度热电偶的测温系统，如图2-50所示。试问此动圈仪表的机械零点应调在多少度上？当冷端补偿器的电源开路（失电）时，仪表指示为多少？电源极性接反时，仪表指示又为多少？

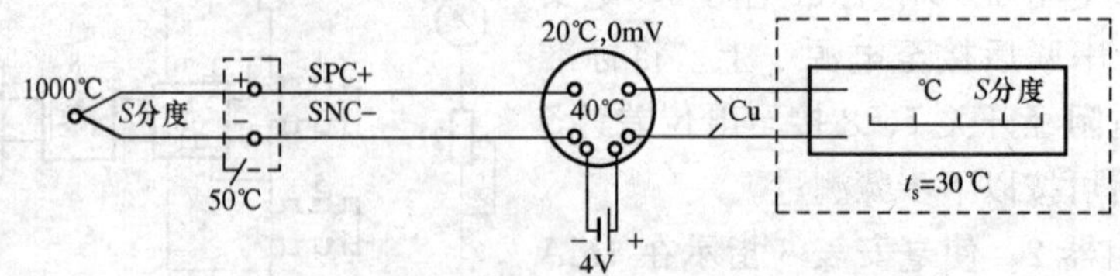

图2-50 冷端补偿器使用不当时的测温系统

2-16 已知显示仪表机械零位为20℃，冷端补偿器在20℃时平衡，其等效电阻为1Ω，

要求显示仪表外接总电阻 $R_w=15\Omega$。若出现表 2-15 所列情况，试估计示值情况（在相应的空格中打√）。

表 2-15

序号	热电偶电阻值（Ω）	导线 2		参比端温度补偿器电源电压（V）	导线 4		外接调节电阻（Ω）	接点温度（℃）			仪表示值情况		
		性质	电阻（Ω）		性质	电阻（Ω）		t_1	t_n	t_2	正确	偏高	偏低
1	2	补偿导线	5	4	铜导线	4	3	40	30	25			
2	2	补偿导线	5	4	铜导线	2	3	40	30	30			
3	2	补偿导线	5	6	铜导线	3	4	30	15	20			
4	2	补偿导线	5	−4（接反）	铜导线	2.5	4.5	40	30	30			
5	2	铜导线	3	4	铜导线	4	5	30	40	30			
6	2	铜导线	3	4	补偿导线	6	3	30	20	25			

第三章　压　力　测　量

第一节　压力测量概述

一、压力测量的意义

压力或差压是工质热力状态的主要参数之一，生产中监视和控制压力，对保证工艺过程的安全和经济有重要意义。在火电厂中，压力是热力过程的重要参数。如要使锅炉、汽轮机以及辅机设备等安全、经济地运行，就必须对生产过程中的水、汽、油、空气等工质的压力进行检测，以便对火电生产过程进行监视和控制。随着机组容量的增大，需要监控的压力参数的数目也在增多。

在火电生产过程中，被测压力值的范围也比较宽，约 $10^3 \sim 25\times10^6$Pa，例如凝汽器内的真空、炉膛负压、主蒸汽压力、给水压力、油压和风烟压力等。对压力进行测量所使用的压力仪表的种类不尽相同，其数量也是很多的，此外，差压测量还广泛应用在液位和流量测量中。表 3 - 1 列举了部分压力测点及变送器设备。

表 3 - 1　　　　某 600MW 机组压力测点举例列表

序号	测点名称	数量	单位	设备名称	型式及规范	安装地点
1	主汽压力	2	台	压力变送器	0～26.7MPa	
2	锅炉给水压力	1	台	压力变送器	0～35MPa	保护柜
3	省煤器入口锅炉给水压力	1	台	压力变送器	0～35MPa	保护柜
4	高温过热器出口蒸汽压力	2	台	压力变送器	0～35MPa　带 HART 协议	保护柜
5	A 磨煤机分离器出口风粉混合物压力	2	台	压力变送器	STD924-E1A，0～30kPa	保护柜
6	炉膛压力	1	台	压力变送器	STD924-E1A　带 HART 协议 −4000Pa～4000Pa	保护柜

二、压力的概念与表示方法

1. 压力的概念

工程技术中的压力即物理学中所说的压强，是指垂直作用在物体单位面积上的力的大小。流体在流动状态时表现出静压和动压，而且在一定条件下，静压、动压服从相应的规律。在测量这些压力时，所使用的压力仪表和测量方法有所不同。

2. 压力的表示方法

物理学中所讲的流体的压强系指绝对压力 p，而在工程技术中往往采用表压力 p_e，即超出当地大气压 p_{amb}的压力值，也就是一般压力计所指示的数值。它们之间的关系为

$$p_e = p - p_{amb} \tag{3-1}$$

当 $p_e>0$ 时，称 p_e 为正压力或正压，通常称为压力；当 $p_e<0$ 时，称 p_e 为负压力或负

压，通常也称为真空。很显然，真空压力是小于大气压的压力，绝对压力与表压力的关系如图 3-1 所示。

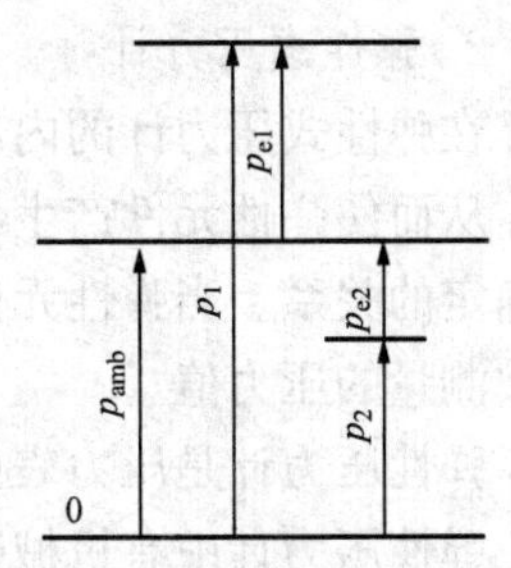

图 3-1 绝对压力与表压力的关系示意

p_{amb}—大气压力；p_1，p_2—绝对压力；p_{e1}—与 p_1 对应的正表压力；p_{e2}—与 p_2 对应的负表压力，即真空值

在液位或流量测量技术中常会遇到用两个压力的差值 Δp 代表被测量的液位或流量，通常把 Δp 称为差压。在 Δp 的检测中，其值是从管道或容器中直接取出的两个绝对压力值的差值，即 $\Delta p=p_1-p_2$（$p_1>p_2$）。在差压计中，把压力高的一侧叫正压，压力低的一侧叫负压，这个负压不一定低于当地大气压。

三、压力的单位

根据物理学知识，压力 p 可用下式表示

$$p=\frac{F}{A} \tag{3-2}$$

在国际单位（SI）制中，压力的单位名称为“帕斯卡”，简称“帕”，符号为 Pa。$1Pa=1N/m^2$，即 1 帕斯卡等于 1 牛顿力垂直均匀作用在 $1m^2$ 面积上所形成的压力。

过去常用的压力单位有工程大气压（kgf/cm^2）、毫米水柱（mmH_2O）、毫米汞柱（mmHg）以及标准大气压等，均应换算成帕或其倍数单位。

在欧美一些国家中还使用其他一些压力单位，如巴（bar）、磅力/英寸（1bf/in）、英寸水柱［inH_2O］、英寸汞柱（inHg）等。这些单位在我国不采用。各压力单位之间的数值换算关系见表 3-2。

表 3-2 压力单位换算关系

压力单位	帕	千克力/厘米^2	毫米水柱	毫米汞柱	毫 巴	标准大气压
1 帕	1	1.02×10^{-5}	0.102	7.501×10^{-3}	10^{-2}	9.87×10^{-2}
1 千克力/厘米^2	9.806×10^4	1	10^4	735.56	980.6	0.9678
1 毫米水柱	9.806	10^{-4}	1	7.3556×10^{-2}	9.806×10^{-2}	0.9678×10^{-4}
1 毫米汞柱	133.3	13.6×10^{-4}	13.6	1	1.333	1.316×10^{-4}
1 毫巴	100	0.102×10^{-2}	10.2	0.7501	1	9.87×10^{-4}
1 标准大气压	10.13×10^4	1.033	1.033×10^4	760	1013	1

四、压力测量仪表的分类

在生产过程中和实验室里使用的压力仪表种类很多。对压力仪表可以从不同的角度进行分类。如按被测压力可分为：压力表、真空表、绝对压力表、真空压力表等。如按压力表使用的条件可分为：普通型、耐震型、耐热型、耐酸型、禁油型、防爆型等压力表。如按压力表的功能可分为：指示式压力表、压力变送器。如按压力表的工作原理可分为：液柱式压力计、弹性式压力计、物性式压力计、活塞式压力计等。下面按工作原理分类简述各类压力计。

1. 液柱式压力计

液柱式压力计是利用液柱产生的压力去平衡被测量的压力。由于液柱的高度与其产生的压力有确定的关系，所以这类仪表大都是用液柱的高度作为仪表的示值。

液柱式压力计的结构简单，显示直观。这类压力计可达到较高的精确度。

2. 弹性式压力计

在弹性式压力计的内部结构中都有弹性元件。弹性元件在被测压力的作用下产生弹性形变，从而使弹性元件产生与其弹性形变相对应的弹性力。在弹性限度内，弹性形变与弹性力有确定的关系。当弹性元件产生的这种弹性力与被测压力相平衡时，弹性形变的大小就代表了被测量的压力值。

弹性压力计是压力表中使用最广泛的一类压力计。它的结构简单，性能可靠，价格便宜。弹性压力计中有机械弹性压力表和弹性式压力变送器，它们的种类与型号也比较多。

3. 电气式压力计

电气式压力计是利用某些物质受压后产生一定的物理效应，其某种电气特性会发生变化，测量这些电气特性的参数从而进行压力测量。如某些金属受压后产生压阻效应，即电阻发生变化；某些晶体受压后产生压电效应，即在晶体的表面上带有电荷；某些铁磁材料受压后产生压磁效应，即材料的磁导率发生变化从而引起激磁线圈的阻抗发生变化；某些气体在一定的条件下，其热导率（导热系数）与压力有一定的关系，通过对气体热导率的测量可测知压力等。

4. 活塞式压力计

活塞式压力计是一种用于计量检定工作的压力标准器，又称压力校验台。它是利用活塞及标准质量重物（砝码）的重力在单位面积上所产生的压力，通过密封液的传递与被测压力平衡的原理。其压力测量的范围宽，精确度高，性能稳定。活塞式压力计的显示值不是连续的，而是离散的。

五、压力标准与量值传递

压力标准分为：基准、一等标准、二等标准、三等标准。能够实现基准和各级标准的仪器是基准器和标准器。基准器是国家最高的压力标准器，它又可以分为基准器和工作基准器。基准器用于进行国际比对，还将压力基准传递给工作基准器。工作基准器可复制多套保存在全国各地的主要部门，由它将压力工作基准传递到一等标准器，再由一等标准器传递到二等标准器，然后由二等标准器传递到三等标准器，最后由三等标准器传递到工作压力仪表。

基准器、工作基准器及各级标准器目前多采用活塞式压力计和液柱式压力计。压力量值传递关系见表 3-3。

表 3-3 压力量值传递关系

级别	测量范围及允许误差	使用和保存单位
基准器	(0.04～10MPa)±0.002% 气压计 133kPa±0.7Pa	国家级 中国计量科学研究院
工作基准器	(0.04～60MPa)±0.005%	国家级 中国计量科学研究院主要部门和大区级
一等标准器	(0.04～250MPa)±0.02%	省市和地区级 各省市计量机构各地区计量站

续表

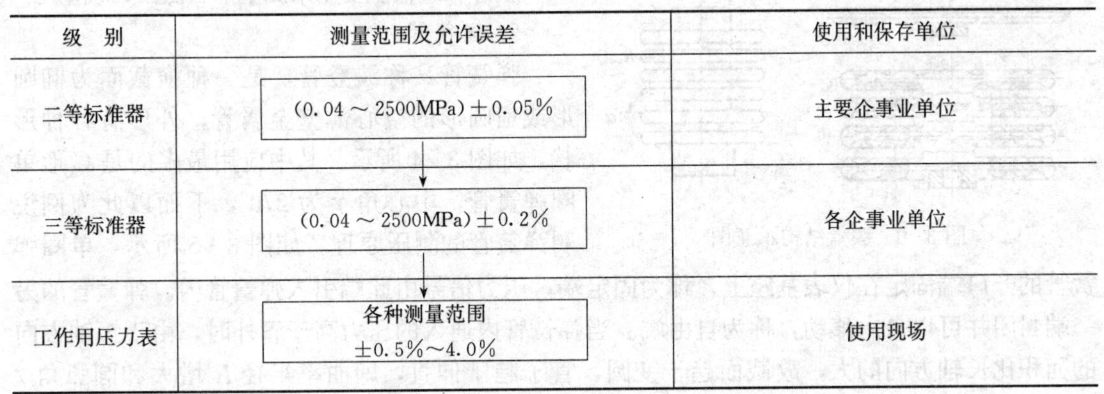

级　别	测量范围及允许误差	使用和保存单位
二等标准器	(0.04～2500MPa)±0.05%	主要企事业单位
三等标准器	(0.04～2500MPa)±0.2%	各企事业单位
工作用压力表	各种测量范围 ±0.5%～4.0%	使用现场

第二节　弹性式压力计

弹性式压力计是生产过程中使用最为广泛的一类压力计。它的结构简单，使用操作方便，性能可靠，价格便宜，可以直接测量气体、油、水、蒸汽等介质的压力。其测量范围很宽，可以从几十帕到数十兆帕。它可以测量正压、负压和差压。

弹性元件是压力计的核心器件，它把被测量的压力转换成弹性元件的弹性位移输出。当结构、材料一定时，弹性元件在弹性限度内发生弹性形变而产生的弹性位移与被测量的压力值有确定的对应关系。

目前金属弹性式压力计的精确度可达到 0.16 级、0.25 级、0.4 级。工业生产过程中使用的弹性压力计，其精确度大都是 1.5 级、2.0 级、2.5 级。弹性式压力表适用的测量条件也较广泛，有抗振型、抗冲击型、防水型、防爆型、防腐型等。

一、弹性元件

（一）弹性元件的结构形式

弹性式压力计中的弹性元件主要有膜片、膜盒、弹簧管、波纹管等。每种弹性元件在结构上又有不同的形式，如膜片分为平面膜片、波纹膜片和挠性膜片等，如图 3-2 所示。

1. 膜片、膜盒

膜片是一种圆形弹性薄片，它的四周被固定起来，在压力的作用下各处产生弹性变形，其弹性位移最大的地方是中心部位，通常取其最大位移的中心部位位移作为被测压力的信号。波纹膜片的波纹形状有正弦波、梯形波、三角波、弧形波等。挠性膜片的刚度很小，主要起隔离作用，它的输出主要决定于与之连接的弹簧元件。膜片的材料通常为锡锌青铜、磷青铜、黄铜、铍青铜、不锈钢、工具钢、锰钢等。

膜盒是把两个膜片周边焊接起来而构成的，膜盒的灵敏度是相应的一张膜片灵敏度的两倍。构成膜盒的膜片一般都是波纹膜片，如要得到更高的灵敏度可将几个膜盒串接起来构成膜盒组，如图 3-3 所示。取膜盒中心部位的弹性位移作为压力信号的输出。

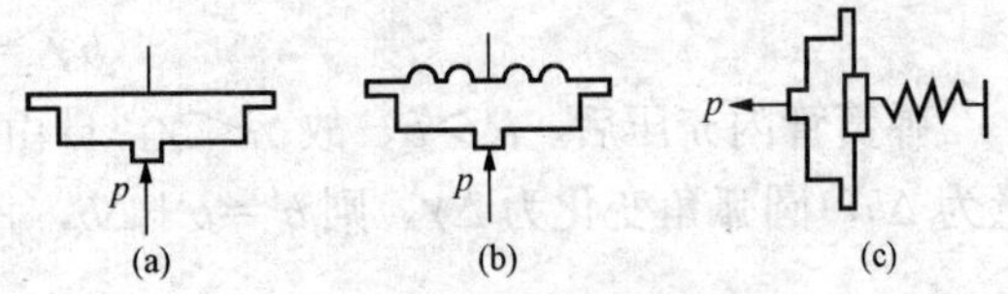

图 3-2　膜片结构示意

(a) 平面膜片；(b) 波纹膜片；(c) 挠性膜片

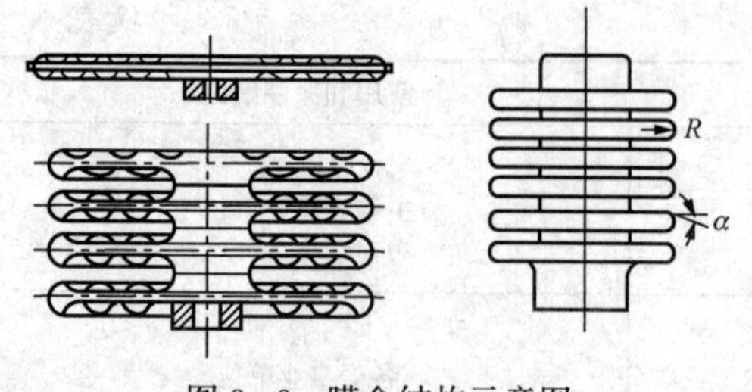

图 3-3 膜盒结构示意图

膜片和膜盒主要用来测量中、低压力或差压。

2. 弹簧管

弹簧管又称波登管，是一种横截面为椭圆形或扁圆形的空心薄壁金属管，外形有各种形状，如图 3-4 所示。其中应用最多的是 C 形单圈弹簧管，中心角 γ 为 270°，下面以此为例说明弹簧管的测压原理。如图 3-5 所示，单圈弹簧管的开口端固定在仪表基座上，称为固定端，压力信号由此端引入弹簧管内。弹簧管的另一端封闭并可以自由移动，称为自由端。当弹簧管内通入的压力高于管外时，由于短轴方向的面积比长轴方向的大，故截面趋于变圆，管子趋于伸直，即曲率半径 R 增大和圆弧角 γ 减小，自由端产生位移 l。也可用几何关系来说明自由端位移。设弹簧管长半轴为 a，短半轴为 b，受压力作用前内、外半径分别为 R_1、R_2，圆弧角为 γ；受压力作用后弹簧管的内、外半径为 R_1'、R_2'，圆弧角为 γ'。受压前后的管长视为基本不变，即

$$R_1\gamma = R_1'\gamma', \quad R_2\gamma = R_2'\gamma'$$

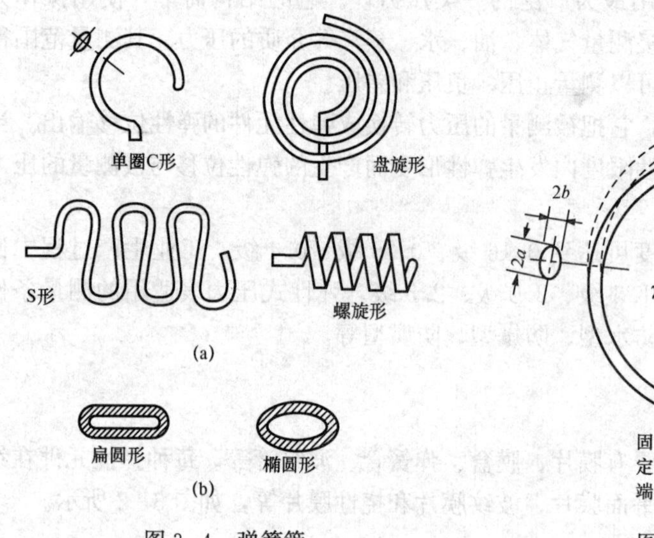

图 3-4 弹簧管

(a) 弹簧管外形；(b) 弹簧管断面形状

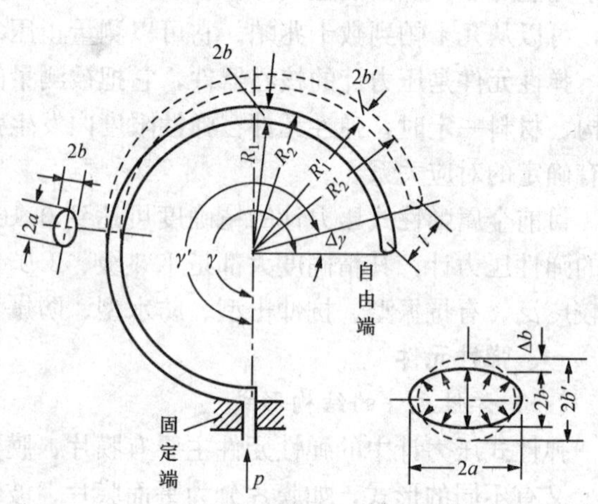

图 3-5 弹簧管工作原理

上两式相减可得

$$(R_2 - R_1)\gamma = (R_2' - R_1')\gamma'$$

设受力前后弹簧管截面的短半轴长度分别为 b 及 b'，则 $R_2 - R_1 = 2b$，$R_2' - R_1' = 2b'$，因此

$$b\gamma = b'\gamma' \tag{3-3}$$

弹簧管内充压后，$b' > b$，故 $\gamma' < \gamma$，自由端向外移动产生位移 l。设受压后短半轴变化量为 Δb，圆弧角变化为 $\Delta\gamma$，则 $b' = b + \Delta b$，$\gamma' = \gamma - \Delta\gamma$，式（3-3）可改写成

$$\Delta\gamma = \frac{\Delta b}{b + \Delta b}\gamma \tag{3-4}$$

由式（3-4）可见，要想有较大的位移（即提高灵敏度），应取较小的 b 值（一般 a/b 取

5～6 较好)；应增加 γ，因此有多圈弹簧管等结构；应有较大的 Δb，为此要选择合适的管壁材料，减小管壁厚度，尽可能增加与长轴平行的内表面积，设计恰当的断面形状等。为了在相同的 $\Delta\gamma$ 下得到更大的输出位移 l，还应增大弹簧管的曲率半径 R。当弹簧管内引入负压时，由于管外压力高于管内，则 b 变小，γ 变大，自由端的位移方向与受正压时相反。

3. 波纹管

波纹管是一种有多层同心波纹的薄壁圆筒，亦称波纹筒，一端开口并固定在仪表基座上，为固定端；另一端封闭，为自由端，如图 3-6（a）所示。使用时，压力信号引入筒内或筒外，使自由端产生轴向位移作为输出。当变形不大时，输出特性是线性的。波纹管的灵敏度近似地与波纹数目成正比，与 R_2/R_1 的平方成反比，与管壁厚度的三次方成反比。波纹管的刚度和零位不够稳定，因此常与弹簧组合使用，见图 3-6（b）。这种波纹管的输出特性主要由弹簧决定，而波纹管主要起隔离作用。筒壁上的波纹有多种形式，改变波纹的形状和尺寸可改善输出特性，如灵敏度、线性度等。

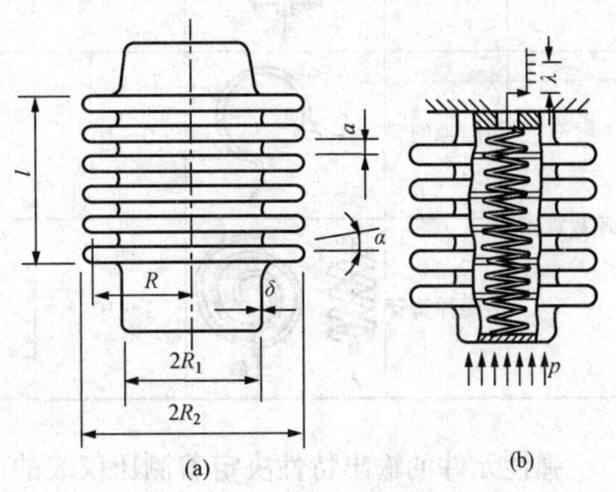

图 3-6 波纹管（筒）结构示意图

（a）波纹筒结构示意；（b）与弹簧组合使用的波纹筒

（二）弹性元件的特性

1. 输出特性

弹性元件在被测压力 p_x 的作用下，产生弹性变形，同时力图恢复原状，产生反抗外力作用的弹性力。当弹性力与作用力平衡时，变形停止。弹性变形与作用力具有一定的关系，这样，变形就反映了作用力的大小，而作用力则反映被测压力的大小。弹性力（平衡时等于作用力）F 或变形位移 x 与 p_x 的关系如下：

$$F = f(p_x) \quad 或 \quad x = f'(p_x)$$

上两式称为弹性元件的输出特性，也称为弹性特性，一般为非线性关系。常用的弹性元件的形式和特性见表 3-4 所示，从输出特性曲线可以求得元件的刚度。

表 3-4 **各种弹性元件的性质**

类 别	名 称	示意图	测量范围（×100kPa）		输出量特性	动态性质	
			最小	最大		时间常数（s）	自振频率（Hz）
	平薄膜		$0\sim10^{-1}$	$0\sim10^{3}$		$10^{-6}\sim10^{-2}$	$10\sim10^{4}$
薄膜式	波纹膜		$0\sim10^{-5}$	$0\sim10$		$10^{-3}\sim10^{-1}$	$10\sim100$
	挠性膜		$0\sim10^{-7}$	$0\sim1$		$10^{-2}\sim1$	$1\sim100$

续表

类别	名称	示意图	测量范围（×100kPa）		输出量特性	动态性质	
			最小	最大		时间常数（s）	自振频率（Hz）
波纹管式	波纹管		$0\sim10^{-5}$	$0\sim10$		$10^{-2}\sim10^{-1}$	$10\sim100$
弹簧管式	单圈弹簧管		$0\sim10^{-3}$	$0\sim10^{4}$			$10^{2}\sim10^{3}$
	多圈弹簧管		$1\sim10^{-4}$	$0\sim10^{3}$			$10\sim100$

弹性元件的输出特性决定着测压仪表的质量好坏。它与弹性元件的结构形式有关，与材料、加工和热处理有关。因此，目前还无法推导出输出特性的完整的理论公式，而是用实验、统计方法得到经验公式。

2. 固有频率

固有频率也叫自振频率或无阻尼自由振动频率。它与材料及元件的结构尺寸有关，对弹性元件的动态影响很大，一般希望固有频率较高。

3. 刚度和灵敏度

使弹性元件产生单位变形所需要的负荷（压力、力），称为弹性元件的刚度；反之，在单位负荷作用下产生的变形（力、位移），称为弹性元件的灵敏度。

刚度大的弹性元件，其灵敏度较小，适用于大量程测压仪表；刚度小的弹性元件，易于制成检测微小波动压力的仪表。对于线性输出特性的弹性元件，其刚度和灵敏度均为常数，这有利于制作高准确度的仪表。

4. 弹性迟滞和弹性后效（不完全弹性）

弹性元件在弹性范围内加负荷与减负荷时，其弹性形变输出特性曲线不重合，这种特性称为弹性迟滞，如图 3-7（a）所示。弹性迟滞特性将使压力计产生变差。

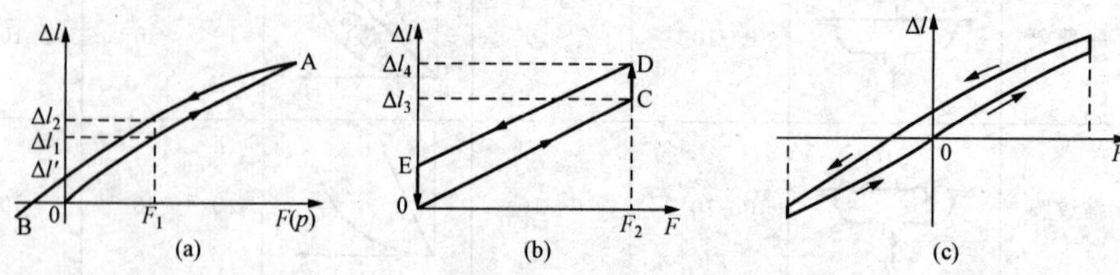

图 3-7 弹性元件的部分特性

（a）弹性迟滞；（b）弹性后效；（c）弹性滞环

当加在弹性元件上的负荷停止变化或被取消时，弹性元件的形变并不是立即就完成，而是要经过一定的时间才完成相应的形变，这种特性称为弹性后效，如图3-7（b）所示。弹性后效特性会影响压力表的动态性能，其仪表示值产生动态误差。

在实际工作中，弹性迟滞和弹性后效往往同时产生，也将使压力计产生变差，如图3-7（c）所示。

弹性迟滞和弹性后效现象与弹性元件材料及加工后的热处理有关，也与压力的最大值有关。在使用中减小弹性迟滞和弹性后效的一种方法，是使弹性元件的工作压力远小于比例极限（即取用线性输出特性范围）。一般工业用弹性压力计由不完全弹性造成的误差约为±(0.2～0.5)%。

5. 蠕变和疲劳形变

弹性元件经过长时间的负荷作用，当负荷取消后，不能恢复原来的形态，这种特性称为弹性元件的蠕变。

弹性元件在频繁交变负荷的作用下，当负荷取消后，不能恢复原来形态，这种特性称为弹性元件的疲劳形变。

蠕变和疲劳形变将会影响压力表的精确度。

6. 温度特性

由于温度变化，弹性元件材料的弹性模量将发生变化，所以弹性元件的刚度发生变化，这将影响弹性元件的输出特性。很容易理解，温度升高，刚度减小，灵敏度增大，压力表示值将会偏高。由于温度对弹性元件输出特性的影响，所以弹性压力表的使用要注意它的适用温度范围。

采用弹性合金材料制作弹性元件或者在使用中进行温漂的实验修正可以减小温度的影响。

二、弹簧管压力表

弹簧管压力表是生产过程中和实验室应用非常普遍的测压仪表。它可以测量压力，也可以测量真空。弹簧管压力表应用最广，测量范围从真空到10^9Pa的高压，准确度等级一般为1.0～4.0级，精密的可达0.1～0.5级。

图3-8所示为单圈弹簧管压力表的结构。它主要由弹簧管、传动放大机构、指示机构及外壳组成。当弹簧管内充压后，自由端位移，通过拉杆带动齿轮传动机构，使指针相对于刻度盘转动。当弹簧管形变产生的弹性力与被测压力产生的作用力相平衡时，形变停止，指针指示出被测压力值。

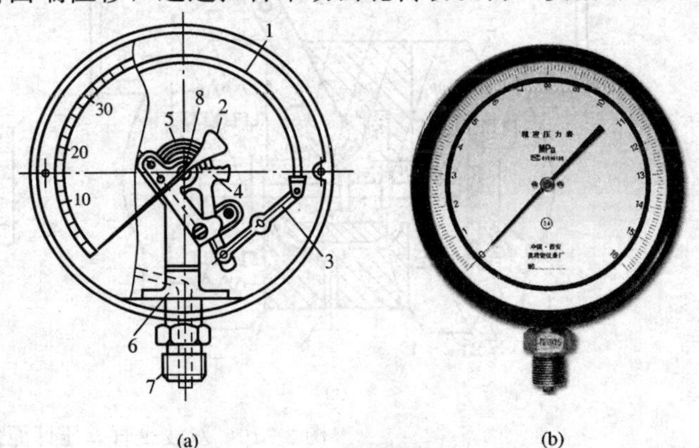

图3-8 单圈弹簧管压力表

(a) 结构图；(b) 表盘

1—弹簧管；2—指针；3—主动拉杆；4—扇形齿轮；5—游丝；6—基座；7—表接头；8—中心小齿轮

扇形齿轮与拉杆相连处有一开口槽，用以调整拉杆与扇形齿轮的铰合点位置，从而改变指针的指示范围。转动轴处装有一根游丝，用来消除齿轮啮合处的间隙。传动机构的传动阻力要尽可能小，以免影响仪表的准确度。

三、膜盒微压计

膜盒微压计的测量范围为150～

40000Pa，准确度等级一般为2.5级，较高的可达1.5级。在火电厂中可用膜盒微压计测送风系统、制粉系统、炉膛和尾部烟道的压力，其结构如图3-9所示。膜盒计的感受件是膜盒，传动机构由一系列连杆机构组成，游丝的作用是消除传动机构的间隙。膜盒在被测压力作用下产生变形，其中心处便发生位移，此位移通过传动机构带动指针转动，平衡时，指针指示出被测压力值。

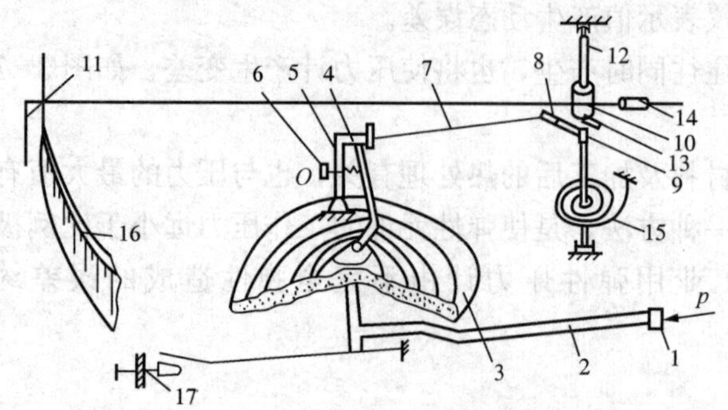

图3-9 膜盒微压计原理结构

1—接头；2—导压管；3—金属膜盒；4，5—杠杆；6—微调螺丝；7—拉杆；8—曲柄；9—内套筒；10—外套筒；11—指针；12—轴；13—制动螺丝；14—平衡锤；15—游丝；16—标尺；17—调零机构

调零机构用于调整膜盒的初始高低位置，以实现仪表的调零；微调螺丝可调整量程的满度值，即起到微调量程的作用；大的量程调整是通过改变各连杆间的连接孔位置来实现的。

四、双波纹管差压计

双波纹管差压计是一种低压及差压测量仪表，其中差压测量仪表主要在测量流量和水位等参数时用于中间变换或显示。一般被测差压不大，但静压力很高。

双波纹管差压计是目前常用的机械位移变换式差压测量仪表，其测量原理见图3-10。当从高、低压引入口引入压力 p_1、p_2 时，由于 $p_1>p_2$，波纹管B1受力大于B2。B1和B2的自由端用连接轴刚性相连，受力后B1压缩，B2伸长，填充液通过阻尼缝隙由B1流向B2（充液和阻尼作用使波纹管受力均匀，移动平稳），量程弹簧7同时被拉伸。当B1、B2和量

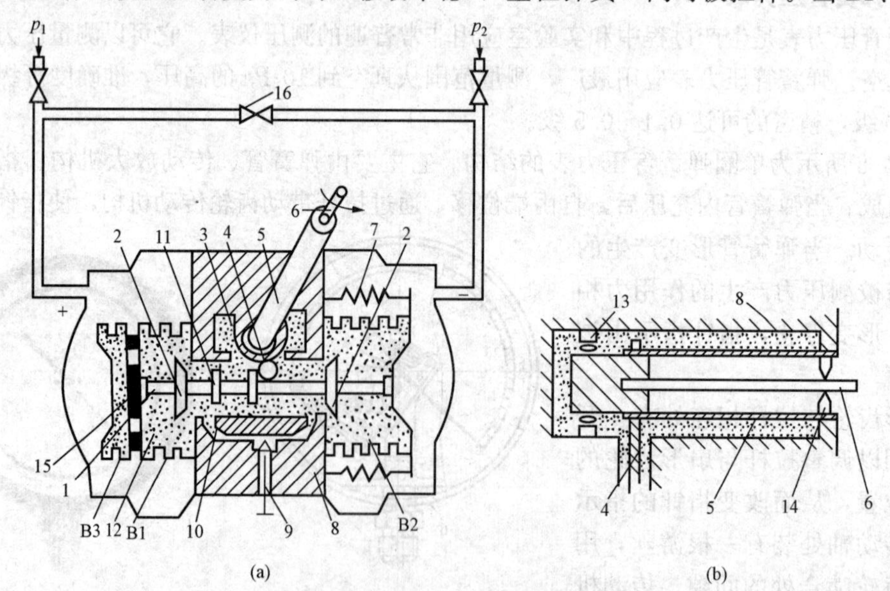

图3-10 双波纹管差压计原理结构

（a）双波管剖面示意；（b）输出轴结构示意

1—连接轴；2—单向受压保护阀；3—挡板；4—摆杆；5—扭力管；6—芯轴；7—量程弹簧；8—中心基座；9—阻尼阀；10—阻尼旁路；11—阻尼环；12—填充液；13—滚针轴承；14—玛瑙轴承；15—隔板；16—平衡阀；B_1、B_2—工作波纹管；B_3—温度补偿波纹管

程弹簧7组成的弹性组件的弹性力与差压（p_1-p_2）形成的作用力相平衡时，连接轴1停止移动，挡板3使摆杆4带着扭力管5扭转一定角度，与扭力管左端固定的芯轴6也转动相同角度［见图3-10（b）］，此角度变化可带动仪表指针显示测量值。波纹管B3起温度补偿作用，当温度变化使充液体积变化时，B3的容积可随之变化，因而减小了对B1、B2的影响。填充液为低膨胀系数液体（一般为50％蒸馏水与50％乙二醇混合液）。

一般差压计，尤其是高静压下工作的差压计，设计时都考虑有单向超压保护装置、温度补偿装置、阻尼装置及安装时采用的三阀组。双波纹管的单向受压保护装置如图3-10（a）中2所示。当差压过大时，单向受压保护阀2将填充液的流动通路封闭，以保护波纹管不致因单向受压而损坏。

芯轴6在全量程范围内的输出角度为0°～8°，为此还需通过四连杆机构和扇形齿轮放大机构将其放大到0°～270°，以便于指针进行指示。

第三节　压力（差压）信号的电变送方法及压力变送器

在需要远传压力信号时，为了安全、方便和减小迟延，广泛采用把压力仪表弹性元件的位移或力就地转换成电信号的电变送方法。常用的电变送方法很多，如电阻式、电感式、电容式、应变式、力平衡式、霍尔式、振弦式、光纤式等。目前工业生产过程中使用的电变送后的压力信号都是标准化的电流或电压信号，其变送器都是定型的产品。本节主要介绍几种常用的压力变送器和压力信号的电变送方法。

一、电感式压力变送器

电感式压力变送器是以电磁感应原理为基础，利用磁性材料和空气的导磁率不同，把弹性元件的位移量转换为电路中电感值的变化或互感量的变化，再通过测量线路转变为相应的电流或电压信号的。常见的电感式压力变送器有气隙式、变压器式及电涡流式三种。

1. 气隙式压力变送器

气隙式压力变送器的结构如图3-11所示。铁芯上的线圈2通以交变电流，这样就在铁芯3及衔铁1回路中产生磁通。衔铁通过非磁性连杆4与弹性膜片5相连。当膜片感受压力或差压信号产生中心位移时，通过连杆带动衔铁，从而改变了衔铁与铁芯的气隙宽度或气隙面积，使铁芯线圈中电感L产生变化。

由电工学可知，线圈电感L可表示为

$$L=\frac{W^2}{R_m} \tag{3-5}$$

式中　W——线圈匝数；

R_m——磁路磁阻。

由于铁芯磁阻比气隙磁阻小得多，所以可认为R_m近似为气隙磁阻，即

$$R_m\approx\frac{2\delta}{\mu_0 A} \tag{3-6}$$

式中　δ——气隙宽度；

A——气隙面积；

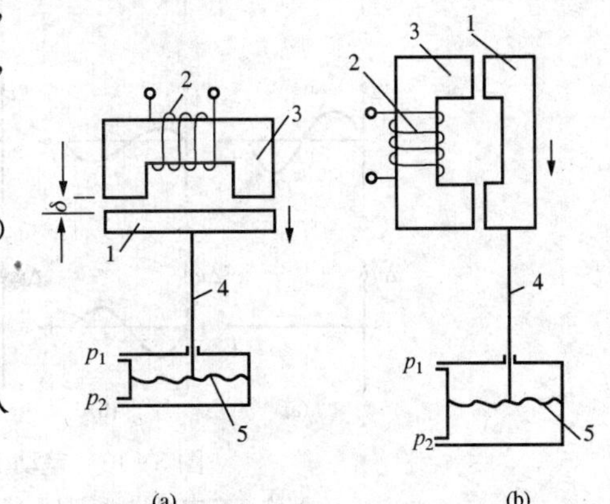

图3-11　气隙式电感压力变送器

（a）变气隙宽度式；（b）变气隙面积式

1—衔铁；2—线圈；3—铁芯；4—连杆；5—膜片

μ_0——真空导磁系数。

因此可得

$$L = \frac{W^2 \mu_0 A}{2\delta} \tag{3-7}$$

由式（3-5）可知，改变气隙面积 A 或气隙宽度 δ 都可以使线圈电感 L 产生变化，其中，改变气隙宽度的变送器灵敏度较高，而改变气隙面积的变送器输出线性较好。

2. 变压器式差压变送器

变压器式差压变送器的结构原理如图 3-12 所示。变压器副边绕组绕制成上、下对称的两组，两组绕组反向串联，即组成差动输出形式。变压器中间的活动铁芯通过连杆与弹性元件自由端相连接。当变压器初级绕组 W 加上交变电压 e 时，其副边绕组 W_1、W_2 将产生感应电势 e_1、e_2

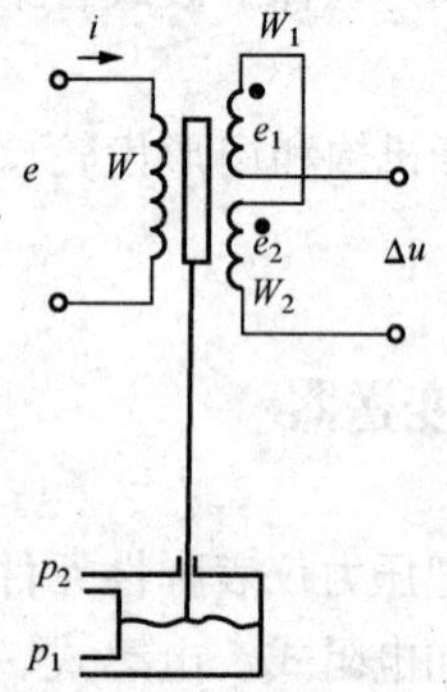

图 3-12 变压器式差压变送器原理结构

$$e_1 = -M_1 \frac{\mathrm{d}i}{\mathrm{d}t}$$

$$e_2 = -M_2 \frac{\mathrm{d}i}{\mathrm{d}t}$$

式中 M_1、M_2——原边绕组 W 分别与副边绕组 W_1、W_2 之互感系数；

i——原边绕组电流。

由于 W_1、W_2 反向串联，所以副边输出电压为

$$\Delta u = e_1 - e_2 = (M_2 - M_1)\frac{\mathrm{d}i}{\mathrm{d}t} \tag{3-8}$$

当差动变压器结构及原边电压 e 一定时，互感系数 M_1、M_2 的大小与可动铁芯的位置有关。当差压信号 Δp 为零时，弹性元件自由端位移为零，铁芯处于中间位置，$M_1 = M_2$，输出电压 $\Delta u = 0$。当有差压信号输入时，弹性元件自由端产生位移，使 $M_1 \neq M_2$，因此有 Δu 电压输出，其输出相位决定于差压的正、负号，幅值决定于差压绝对值的大小。图 3-13 所示为差动输出电压 Δu 与铁芯位移 Δx 的关系曲线及电压波形。

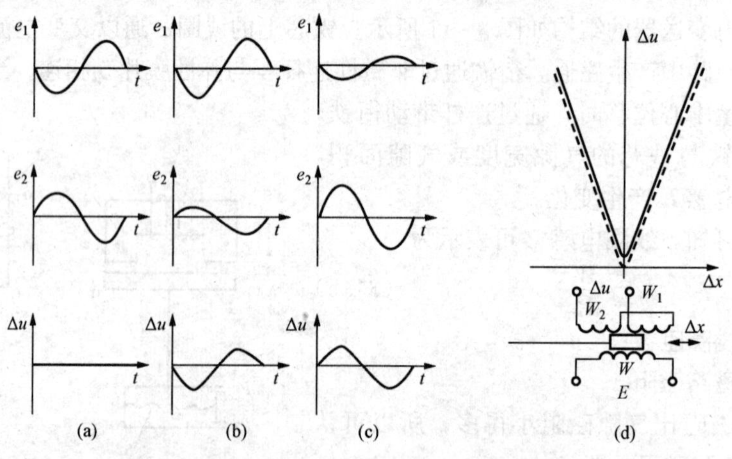

图 3-13 差动变压器的输出特性及波形

(a) 铁芯在中间位置；(b) 铁芯右移；(c) 铁芯左移；(d) 输出特性

3. 电涡流式压力变送器

图 3-14 为电涡流式压力变送器的位移—电感转换示意图。它由弹性元件及传动系统带

动的检测铝片 1 及固定的平面线圈 2 组成。

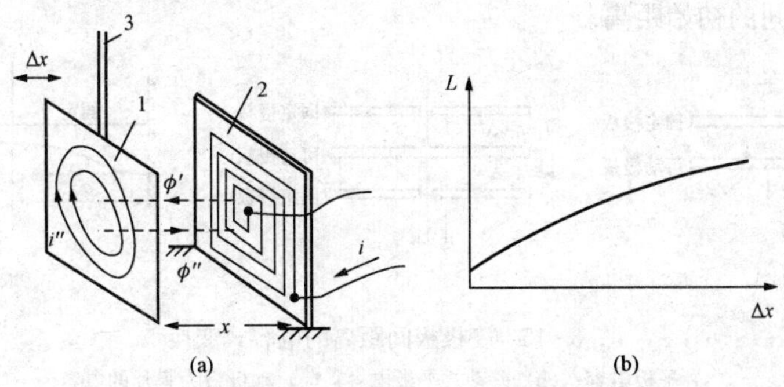

图 3-14 电涡流式变送器原理

(a) 结构原理；(b) 电感—位移关系

1—检测铝片；2—平面检测线圈；3—连杆

当平面线圈中通以高频电流 i 时，线圈产生的磁通将部分地穿过铝片（ϕ'），使铝片产生涡流 i''。涡流所产生的磁通又部分地穿过线圈（即 ϕ''），因而使平面线圈的有效磁通减少。

线圈有效电感 L 与有效磁通 ϕ 的关系为

$$L=\frac{W\phi}{I} \tag{3-9}$$

式中 W——线圈匝数；

I——线圈通过的高额电流有效值；

ϕ——线圈有效磁通。

平面线圈有效磁通 ϕ 的大小同检测铝片与平面线圈之间的距离 x 有关。x 愈小铝片感应的涡流愈大，ϕ''也愈大，有效磁通 ϕ 则愈小，因而平面线圈的有效电感 L 就减小。由于铝片的位移 Δx 是由测压弹性元件自由端位移通过传动装置带动的，因此完成了压力—电感的转换。图 3-14（b）为电感与位移的关系曲线。

电涡流变送器灵敏度高，动态特性好。在 DDZ-Ⅱ型仪表系列中的压力变送器中，就应用了电涡流原理来实现压力信号的转换。

二、电容式压力变送器

电容式压力变送器是利用弹性元件（膜片）输出的弹性位移 Δl 来改变电容器的电容量，再通过测量电路将电容的变化转换成电压或电流的变化，从而实现压力信号变送的仪表。电容式变换方法有改变极板间距离、相对面积等。因电容结构形式不同，具体的电容变换方式也有多种。

1. 平板电容式变换

图 3-15（a）中，可动极板由弹性元件带动，位移为 Δl，电容变化量 ΔC 与 Δl 有确定的关系。

由物理学知，平板电容器的电容

$$C=\frac{\varepsilon A}{l} \tag{3-10}$$

式中 ε——极板间介质的介电常数；

A——极板间的相对面积；

l——极板间的距离，$l=l_0+\Delta l$；

l_0——极板间的初始距离。

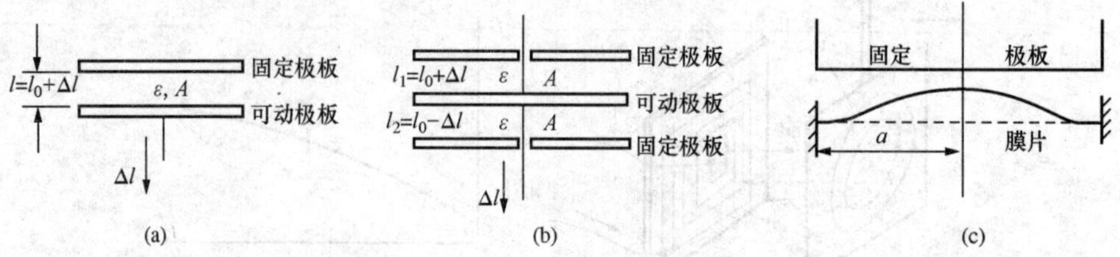

图 3-15　变极板间距离的电容式变换

(a) 平板电容；(b) 差动式平板电容；(c) 动极板为膜片的电容

初始电容

$$C_0=\frac{\varepsilon A}{l_0} \tag{3-11}$$

电容的变化量

$$\Delta C=C-C_0=-\frac{\varepsilon A}{l_0(l_0+\Delta l)}\Delta l \tag{3-12}$$

式中，负号表示 ΔC 与 Δl 的变化极性相反，即板间距离增大时，电容器的电容量减小。由式（3-8）可见，ΔC 与 Δl 是非线性关系。当 $\Delta l\ll l_0$ 时，则有

$$\Delta C=-\frac{\varepsilon A}{l_0^2}\Delta l=-K\Delta l \tag{3-13}$$

式中　K——变换灵敏度，与极板间初始距离、相对面积、极间介质有关。

与电感线圈变换相比具有同样的情况，即提高灵敏度与提高线性度是矛盾的。在工程实际中常采用差动式的电容变换方法，如图 3-15（b）所示。电容器 1 的电容变化量 ΔC_1 与电容器 2 的电容变化量 ΔC_2 数值相等，极性相反，即 $\Delta C_1=-\Delta C_2=\Delta C$。

2. 极板为平面膜片的电容式变换

变换方式如图 3-15（c）所示，常用于压力检测变换。固定极板是平板，可动极板是平面膜片。工作时靠平面膜片的弹性变形而改变极间距离。当被测压力作用于膜片时，膜片产生弹性变形，两极间的距离发生了变化，电容也有变化量。电容的变化量 ΔC 与膜片的变形 Δl 有确定的关系。

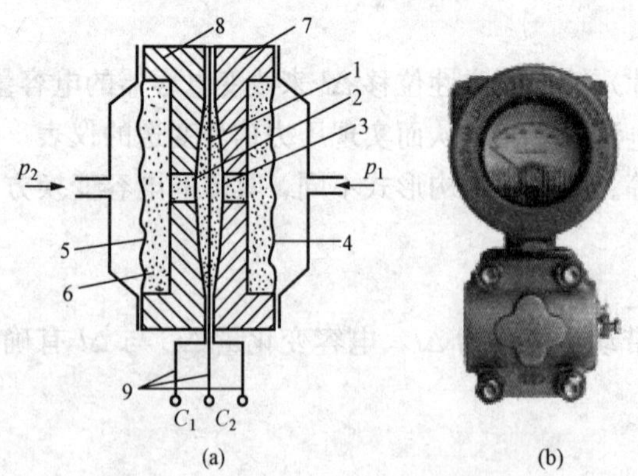

图 3-16　电容式差压变送器

(a) 结构原理图；(b) 1151 电容式差压变送器

1—测量膜片（可动极板）；2、3—固定极板（金属膜）；4、5—隔离膜片；6—硅油；7、8—球面基座；9—引线

当弹性位移 Δl 在较小范围变化时（满足 $\Delta l\ll l_0$），其电容变化量 ΔC 与 Δl 成正比，即

$$\Delta C=\frac{\varepsilon A}{3l_0^2}\Delta l \tag{3-14}$$

为了实现线性转换，在工程实际中也常采用差动式的电容变换方法，如图 3-16 所示。当差压信号由高、低压室引入时，差压产生的力通过隔离膜片及硅油传递，使测量膜片 1 向低压侧凹曲变形，从而使测量膜片 1

与固定极板 2 间距离减小，与固定极板（金属膜）3 距离增大，即电容 C_1 增大、C_2 减小，这样就将差压信号转换为电容值的变化信号。平膜片中心位移 Δl 与电容的关系可近似表达为

$$C_1 = \frac{\varepsilon A}{l_0 - \Delta l} \tag{3-15}$$

$$C_2 = \frac{\varepsilon A}{l_0 + \Delta l} \tag{3-16}$$

式中 l_0——差压 $\Delta p=0$ 时，平膜片与两固定极板的初始中心距离；

ε——极板间介质（硅油）的介电常数；

A——极板的有效面积。

平膜片中心位移 Δl 与被测差压 Δp 的关系可表示为

$$\Delta l = K_1 \Delta p \tag{3-17}$$

式中 K_1——膜片的结构系数。

K_1 与膜片的材料性质、结构尺寸及初始预紧应力等有关。当膜片的中心位移较小时（一般为 0.1mm 左右），K_1 值近似为一常数。

由 C_1、C_2 的关系式（3-15）、式（3-16）及式（3-17）可得

$$\frac{C_1 - C_2}{C_1 + C_2} = \frac{\Delta l}{l_0} = \frac{K_1}{l_0}\Delta p = K_2 \Delta p \tag{3-18}$$

$$K_2 = \frac{K_1}{l_0}$$

式中 K_2——比例系数。

由上式可见，两电容之差与两电容之和的比值与被测差压成正比，而与介电常数 ε 无关，这样当硅油的 ε 值随温度变化而改变时，不会影响输出信号。改变膜片结构系数 K_1（膜片材料、厚度、预紧应力等），即可改变测量范围，从而得到多种不同量程的变送器。

上述电容变换电路与后面的测量电路做成一体，其作用是将差动电容量的变化转换成 4～20mA，DC 的统一信号输出。

三、霍尔式压力变送器

霍尔式压力变送器是利用物理学中的霍尔效应，把压力作用下弹性元件的输出位移信号转换成霍尔电势，通过测电势来测压力。

1. 霍尔电势

在磁场中放入一半导体单晶薄片，如图 3-17 所示。在单晶薄片的纵向端面上通以电流 I，则在单晶薄片的横向端面之间有电势 U_H 产生，这种现象称为霍尔效应，所产生的电势 U_H 称为霍尔电势，半导体单晶体称为霍尔元件（或霍尔片）。

霍尔电势为

$$U_H = K_H I B \tag{3-19}$$

式中 K_H——与霍尔元件材料、结构尺寸有关的系数，称为霍尔元件的灵敏度系数；

B——磁场的磁感应强度。

实际中常用稳压电源供电，则霍尔电势为

$$U_H = \mu \frac{b}{l} U B \tag{3-20}$$

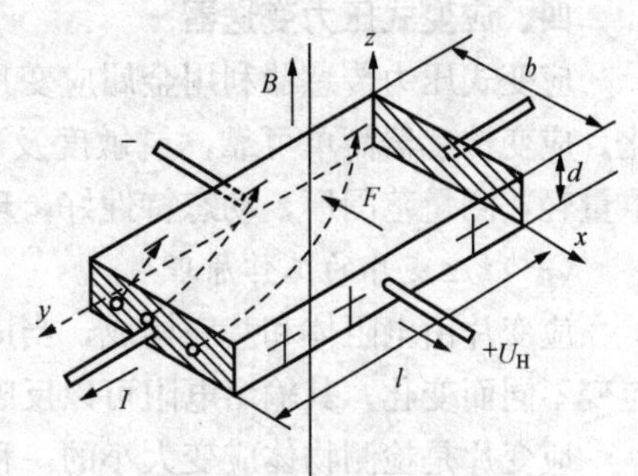

图 3-17 霍尔效应原理图

I—电流；B—磁感应强度；F—磁场力

式中 μ——霍尔元件材料的载流子迁移率；

b——霍尔元件垂直于电流方向的长度；

l——霍尔元件顺电流方向的长度。

由式（3-15）可知，对于结构一定的霍尔元件，当通过的电流 I 一定或施加的电压 U 一定时，其霍尔电势 U_H 与所处磁场的磁感应强度 B 成正比。

2. 霍尔压力变换原理

在霍尔压力变送器中，霍尔元件由弹性元件（弹簧管）的自由端带动，使其在一个随位置线性变化的磁场中移动。霍尔元件所产生的霍尔电势 U_H 与弹性位移 Δl 成正比。其原理如图 3-18 所示。

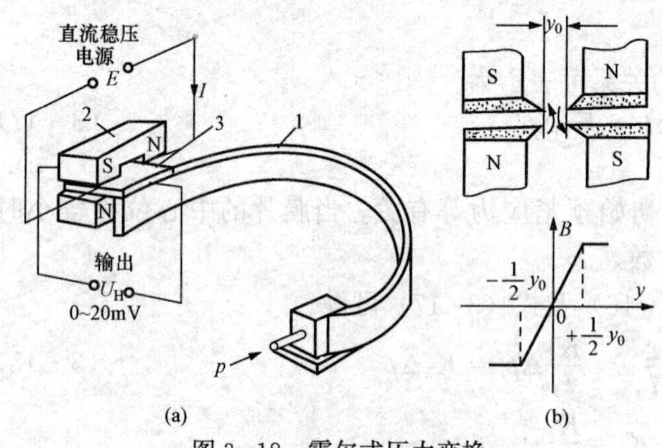

图 3-18 霍尔式压力变换

（a）原理结构；（b）极靴之间磁感应强度特性

1—弹簧管；2—磁钢；3—霍尔片

极靴间的磁感应强度

$$B = Ky \tag{3-21}$$

当霍尔元件处于正中位置时产生的霍尔电势 U_H 为零，即

$$U_H = \int_{-\frac{1}{2}y_0}^{+\frac{1}{2}y_0} \mu \frac{b}{l} UKy\mathrm{d}y = 0$$

当霍尔元件在弹性元件的移动下在 y 方向移动 Δl 时，产生的霍尔电势 U_H 为

$$U_H = \int_{-\frac{1}{2}y_0+\Delta l}^{+\frac{1}{2}y_0+\Delta l} \mu \frac{b}{l} UKy\mathrm{d}y = \mu \frac{b}{l} UK \left. \frac{1}{2}y^2 \right|_{-\frac{1}{2}y_0+\Delta l}^{+\frac{1}{2}y_0+\Delta l} = \mu \frac{b}{l} UKy_0 \Delta l \tag{3-22}$$

由式（3-22）可见，当霍尔片处于极靴间隙的中心位置时，霍尔片两半边所处的磁场方向相反，大小相等，总的霍尔电势输出为零。当霍尔片由弹性元件带动偏离中心位置时，由于两半边所处的磁感应强度不同，霍尔片就有正比于位移的霍尔电势输出。霍尔片位移越大，霍尔电势也越大，反映所测压力越大。

制造霍尔元件的材料一般采用 N 型锗、锑化铟、砷化铟等半导体单晶材料，所以它的输出受环境温度影响较大。克服的办法可以采用恒温措施，也可以采用补偿措施。一般是在测量电路中采用补偿电路，使输出的霍尔电势 U_H 中没有温度的影响。补偿电路通常采用不平衡桥路，桥路输出的补偿电压与霍尔电势按补偿的要求串接起来。

四、应变式压力变送器

应变式压力传感器利用金属应变片或半导体应变片将测压弹性元件的应变转换成电阻变化。应变传感器简单可靠，灵敏度及准确度高（可达±0.1%～0.2%）。应变片的尺寸小，重量轻，测量范围厂，动态特性好，环境适应性较强，能进行多点测量。

（一）应变片的工作原理

应变片由电阻体和基底构成，当应变片受力变形时，电阻体的几何尺寸和电阻率会随着应变不同而变化，其输出电阻可以反映应变和应力。

应变片是检测物体应变大小的一种检测元件。它是依照一定工艺制成的小电阻片，如图 3-19 所示。金属电阻应变片的结构形式有丝绕式、箔式，丝绕式的金属丝直径一般为 0.02～0.04mm。应变片的基底常采用薄纸或浸有酚醛树脂的纸，称为纸基，或者采用有机聚合物薄膜，称为胶基。箔式应变片的电阻是由金属箔采用光刻技术制成，金属箔的厚度一般为0.001～0.01mm。由于光刻技术制造工艺精细、准确，所以箔式应变片可制成很小的尺寸。

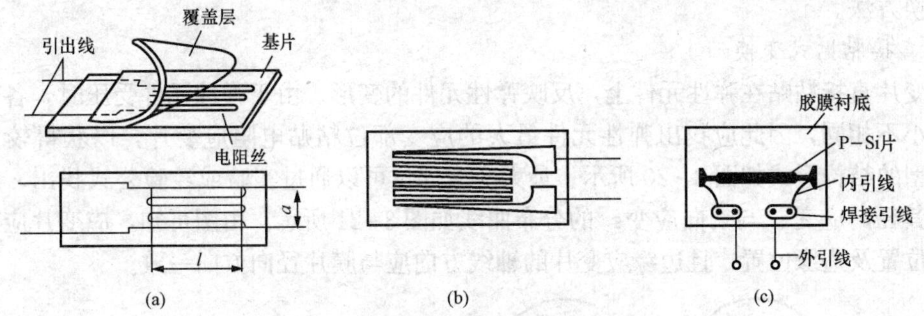

图 3-19　电阻应变片

(a) 丝绕式；(b) 箔式；(c) 半导体

半导体应变片分体型和扩散型。体型应变片是用单晶硅或锗按一定方向割成条形，再把它做到基底上，如图 3-19（c）所示。扩散型的基底是一种半导体材料，用扩散工艺形成一层 P 型或 N 型扩散电阻。基底作为压力测量的弹性元件使用。

测量时，将应变片粘贴在物体上。当物体产生应变时，应变片也跟随物体产生应变，其阻值发生变化。应变片电阻值的变化量 ΔR 与其自身的应变有确定的关系。设金属丝长为 l，截面面积为 A，电阻率为 ρ，则有 $R=\rho l/A$。金属丝受到外力作用时发生应变，长度变化 Δl，截面变化 ΔA。电阻率变化 $\Delta\rho$，所以阻值变化为

$$\frac{\Delta R}{R}=\frac{1}{\rho}\Delta\rho+\frac{1}{l}\Delta l-\frac{1}{A}\Delta A \tag{3-23}$$

其中$\frac{\Delta l}{l}=\varepsilon$ 为纵向应变，如杆的直径为 d，则$\frac{\Delta A}{A}=2\,\frac{\Delta d}{d}$，由力学原理知

$$\frac{\Delta d}{d}=-\mu\,\frac{\Delta l}{l}=-\mu\varepsilon \tag{3-24}$$

式中　μ——泊松系数，与材料有关。

由此，有

$$\frac{\Delta R}{R}=\frac{1}{\rho}\Delta\rho+\varepsilon-2\,\frac{\Delta d}{d}=\frac{1}{\rho}\Delta\rho+\varepsilon+2\mu\varepsilon=\left(\frac{\Delta\rho}{\rho}\,\frac{1}{\varepsilon}+1+2\mu\right)\varepsilon=K\varepsilon \tag{3-25}$$

式中　K——应变片轴向（纵向）相对灵敏度，物理意义是单位轴向应变电阻的变化率。

实验表明，在弹性范围内，$\Delta\rho/\rho$ 与 ε 成正比，显然在弹性范围内 K 为常数。由式（3-25）知，应变片阻值的变化量是由两部分组成的。一部分是由应变引起的阻值变化（应变效应），另一部分是因电阻率的变化而引起的阻值变化（压阻效应）。对于金属应变片来说，应变效应是主要的，但压阻效应不可忽略。如多数金属丝在弹性范围内，$K\approx2$，多数金属材料的泊松系数 $\mu\approx0.3$，显然有

$$\frac{\Delta\rho}{\rho}\,\frac{1}{\varepsilon}\approx0.4$$

对于半导体材料应变片来说，压阻效应是主要的，而应变效应可忽略。半导体应变片相对灵敏度 K 值大都在 100 以上。

(二)应变式压力变换的类形

应用应变片测量弹性元件变形的方法有两种,一种是直接粘贴式变换方法,另一种是组合式变换方法。

1. 直接粘贴式变换

应变片直接粘贴在弹性元件上,反映弹性元件的变形。由于弹性元件受压时,各部位的应变大小不相同,因此应找出弹性元件最大的应变部位粘贴电阻应变片,以获得较大的输出。典型的结构形式如图 3-20 所示。最大应变部位可以通过实验或经验公式找出,对于平膜片,其径向应变 ε_r 与切向应变 ε_t 的分布曲线如图 3-21 所示。由图可知,应变片应贴在膜片中心位置及边缘位置,且边缘应变片的轴线方向应与膜片径向方向一致。

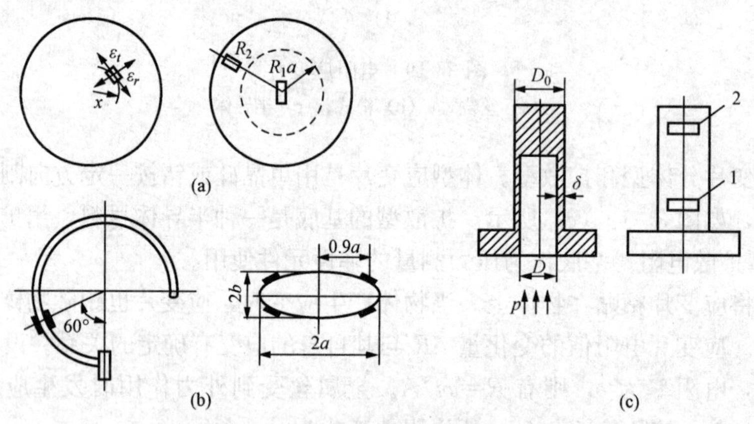

图 3-20 直接式应变压力变换形式

(a)平面膜片;(b)弹簧管;(c)应变压力测量筒

1—测量应变片;2—温度补偿应变片

2. 组合式变换

电阻应变片不直接贴在弹性元件上,而是贴在由弹性元件所带动的弹性悬臂梁上(见图 3-22)。当弹性元件感受压力时,其自由端通过连杆带动悬臂梁,使梁产生弯曲变形,由电阻应变片将梁的应变转变为应变电阻的阻值变化。应变片应粘贴在最大应变位置,如悬臂梁的基部,以得到较高的灵敏度。

应变片电阻通过引线接成电桥(见图 3-23)。通常采用四块应变片,其中两块承受拉应力(图 3-23 中 R_1、R_3),另两块承受压应力(R_2、R_4)。若四个应变片粘贴位置的应变量 ε 的绝对值相等或相近,则电桥输出电压与应变 ε 的线性关系较好,灵敏度较高,而且可以补偿环境温度变化使应变电阻阻值变化而产生的测量误差。

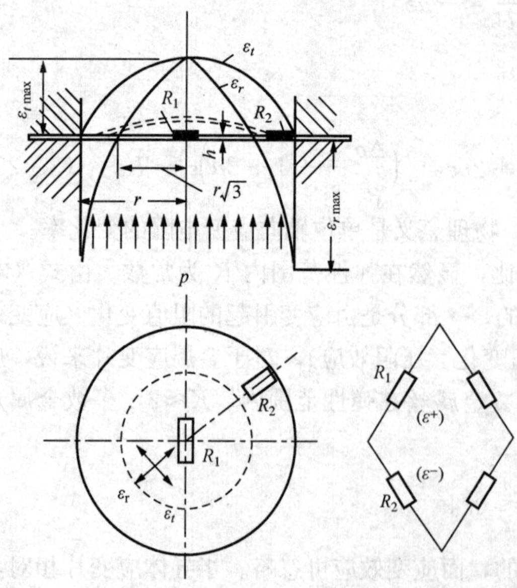

图 3-21 平膜片受压应变曲线及应变片粘贴位置

应变式压力变送器的动态特性好,耐冲击,测量准确度高,但其输出信号较小,较易受电磁干扰。另外，应变片的电阻受温度影响很大，其电阻值会随温度的变化而变化。弹性元件和应变片的线膨胀系数很难完全一样，但它们又粘贴在一起，温度变化时就产生附加应变。因此，应变式压力变送器需要采取温度补偿措施。此外，为保证测量准确度，应变片的粘贴工艺要求很高。

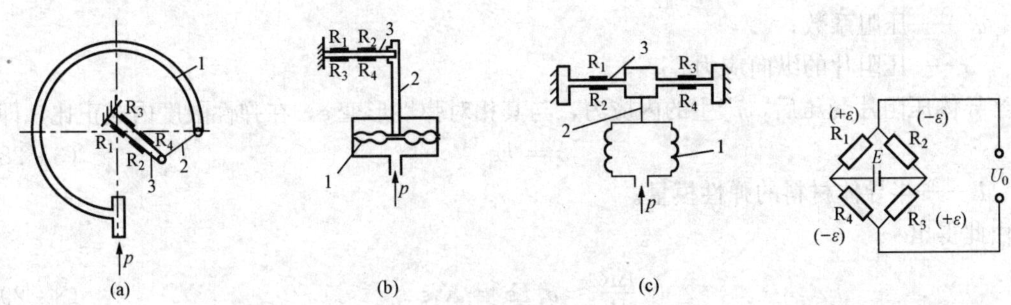

图 3-22 组合式应变压力变换

(a) 弹簧管；(b) 膜盒；(c) 波纹筒

1—感压元件；2—拉杆；3—悬臂梁；R_1、R_2、R_3、R_4—应变片

图 3-23 应变电阻的测量电路

五、扩散硅式压力变送器

物质受外力作用，其电阻率发生变化的现象叫压阻效应。利用压阻效应测量压力的变送器叫压阻式压力变送器。自然界由很多物质都具有压阻效应，尤以半导体材料的压阻效应较为明显，常用的压阻材料是硅和锗。一般意义上说的压阻式压力变送器可分两种类型：一类是利用导体或半导体材料的体电阻做成粘贴式的应变片，作为测量中的变换元件，与弹性敏感元件一起组成粘贴型压阻式压力变送器，或叫应变式压力变送器，如前所述；另一类是在单晶硅基片上用集成电路工艺制成的扩散电阻，此基片既是压力敏感元件，又是变换元件，这类传感器叫扩散型压阻式压力传感器，通常也简称作压阻式压力传感器或扩散硅压力传感器，它的集成度较高，可将电源电路及输出线性放大器等部分制做在同一半晶片上，从单一型向集成化、多功能方向发展。

扩散硅压力变送器敏感元件是由单晶硅制成的（常称为硅杯），它把感受压力及将压力转换成电信号的双重功能在一个组件上完成，即采用集成电路技术直接在硅杯上制成应变电阻并接成测量电路以及带有补偿电路、放大电路等。这种应变片由于基底和导电层（敏感元件）互相渗透，结合紧密，即两者基本上是一体，故稳定性好，滞后和蠕变极小。

扩散型单晶硅感压压阻膜片，是在 N 型单晶硅膜片的表面上先用氧化技术生成一层 SiO_2 薄膜覆盖层，然后利用光刻工艺按压阻元件电阻设计图形除去氧化膜，通过扩散工艺在刻蚀后的电阻几何图形处向硅的深处扩散杂质硼，使这形成 P 型区，这 P 型区便是所需的压阻敏感元件，N 型区作基底，P 型区和 N 型区的边界层作为该元件的电气绝缘层，最后在压阻敏感元件之间镀一层金属作电桥的连接导线。四个 P 型硅压阻元件具有同样的矩形几何形状。

对于半导体，当其产生机械变形时，电阻率的相对变化率 $\Delta\rho/\rho$，远大于外形尺寸 l，截面积为 A 的相对变化率，所以半导体的电阻变化率主要由压电效应造成，由式（3-17）得出

$$\frac{\Delta R}{R} \approx \frac{\Delta \rho}{\rho} \tag{3-26}$$

对于简单的纵向拉伸和压缩情况，压阻片的电阻率变化可用下式表示

$$\frac{\Delta \rho}{\rho} = \alpha_L \sigma \tag{3-27}$$

式中 α_L——压阻系数；

σ——压阻片的纵向应力。

半导体压阻片受压后，产生的内应力，与其相对弹性形变 ε，在弹性限度内成正比，即

$$\sigma = E\varepsilon \tag{3-28}$$

式中 E——半导体材料的弹性模量。

由此得出

$$\frac{\Delta R}{R} \approx \alpha_L E\varepsilon = K_1 \varepsilon \tag{3-29}$$

$$K = \alpha_L E$$

式中 K——压阻片的灵敏系数。

当半导体压阻片与弹性元件处于一体，因受压而产生同一应变时，应变量 ε 与被测压力 p 成正比，即

$$\varepsilon = K_2 p \tag{3-30}$$

式中 K_2——结构系数。

因此有

$$\frac{\Delta R}{R} = K_1 K_2 p = Kp \tag{3-31}$$

式中 K——常数。

式（3-31）表明，半导体压阻片的电阻变化率与被测压力成正比，这就是扩散硅压力变送器的基本工作原理。

半导体压阻片的压阻系数 α_L 与材料的性质，扩散电阻的形状及环境温度等因素有关。

此外，单晶硅是各向异性材料，即使在同样大小的外力作用下，同一基片在不同晶向上的压阻系数也是不同的，即使在同样大小的外力作用下，同一基片在不同晶向上的压阻系数也是不同的。一般应沿压阻系数最大的晶向扩散电阻，以提高变送器的灵敏度。在制造扩散硅压阻元件时，为了把电阻的变化方便地转变为电压或电流的变化，通常在基片上扩散四个电阻，组成一个不平衡电桥，都达到了尽量提高电桥灵敏度的目的。目前使用较多的是在A型单晶硅膜片上扩散四个P型电阻的压阻元件，它在变送器中既是压阻元件，又是弹性元件，如图3-24所示。

扩散硅固体压力变送器的测量线路原理如图3-25所示，R_1、R_2、R_3、R_4 为四个半导体压阻敏感电阻，R_f 是负反馈电阻，用以稳定整机工作。电桥以1mA恒流源供电，整机输出为4～20mA。

六、振弦式压力变送器

弹性元件在力或压力的作用下，其谐振频率（固有频率）会发生变化，利用此变化来测量压力的仪表叫弹性振动式压力仪表，振弦式压力变送器是其中的一种，它将被测压力变换成频率信号，通过测量钢弦的谐振频率来测量压力或差压。这样不仅抗干扰性能强，也便于

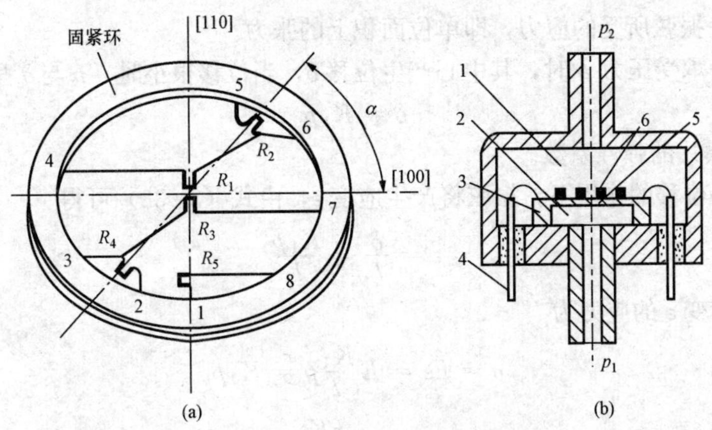

图 3-24　半导体压敏电阻压力变送器

(a) 单晶硅膜片；(b) 压阻式压力变送器（硅杯）

1—低压腔；2—高压腔；3—硅杯；4—引线；5—硅膜片；6—扩散电阻

远距离传送，且便于用数字显示。

如图 3-26 所示，振弦式压力变送器的振弦由钢丝制成，两端由支撑拉紧。上支撑固定，下支撑连在感压膜片上。振弦中间有一小块纯铁，置于磁场缝隙之中。当膜片的下部通入被测压力时，振弦的原始张力（应力）随着被测压力变化而发生变化，振弦的固有频率也随之发生变化。

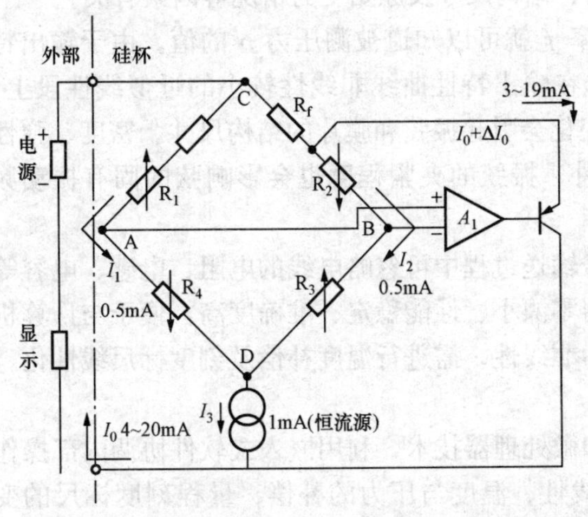

图 3-25　扩散硅固体压力变送器的测量线路原理图

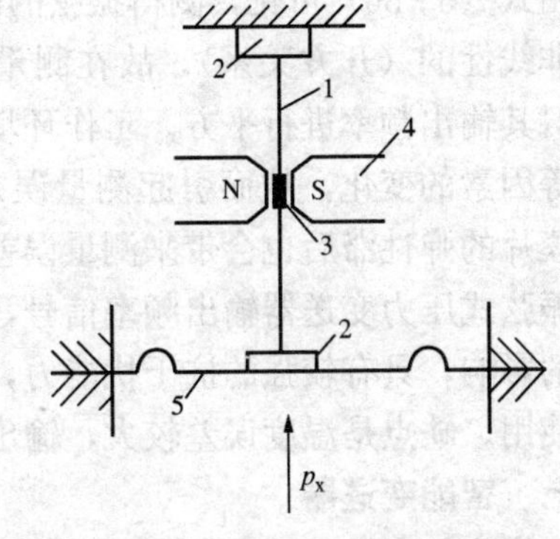

图 3-26　振弦式压力变送器振弦结构图

1—振弦；2—支撑；3—纯铁块；4—磁钢；5—膜片

振弦的固有频率 f 与振弦的几何尺寸、材料性质及其张力（应力）有关，当忽略阻尼时，其关系式为

$$f=\frac{1}{2l}\sqrt{\frac{T}{\rho'}}=\frac{1}{2l}\sqrt{\frac{\sigma}{\rho}} \tag{3-32}$$

式中　l，T——振弦的长度及张力；

ρ'——振弦材料的线密度，即单位弦长的质量；

ρ——振弦材料的密度；

σ——振弦所受的应力，即单位面积上的张力。

当弹性膜片承受压力 p 时，其中心产生位移 δ，当位移很小时，p 与 δ 呈线性关系，即

$$\delta = K_1 p \tag{3-33}$$

式中 K_1——膜片的弹性系数。

在膜片中心位移的作用下，振弦将产生应变 ε，由式（3-33）可得

$$\varepsilon = \frac{\delta}{l} = \frac{K_1 p}{l} \tag{3-34}$$

对应振弦应变 ε 的应力为

$$\sigma = E\varepsilon = E\frac{K_1}{l}p = K_2 p \tag{3-35}$$

$$K_2 = \frac{EK_1}{l}$$

式中 E——振弦材料的弹性模量；

K_2——系数。

将式（3-35）代入式（3-32）可得

$$f = \frac{1}{2l}\sqrt{\frac{\sigma}{\rho}} = \frac{1}{2l}\sqrt{\frac{K_2}{\rho}}\sqrt{p} = K\sqrt{p} \tag{3-36}$$

$$K = \frac{1}{2l}\sqrt{\frac{K_2}{\rho}}$$

式中 K——常数，其值与膜片及振弦的材料、结构尺寸及原始受力情况等因素有关。

由式（3-36）可见，测得振弦的固有频率 f 就可以知道被测压力 p 的值。由于输出特性是非线性的（开方关系），故在测量时宜选在输出特性曲线非线性较小的近似线性段上，或者对其输出频率进行平方。工作环境温度变化会引起振弦和膜片的结构尺寸、密度、弹性模量等因素的变化，从而引起测量误差；另外，振弦的夹紧程度也会影响弦的固有振动频率；膜片的弹性滞后也会带来测量误差。

振弦式压力变送器输出频率信号，在信号输送过程中可忽略电线的电阻、电感、电容等因素的影响，具有较强的抗干扰能力，变送器零漂小、性能稳定、准确度高，便于与计算机配合使用。缺点是温度误差较大，输出特性为非线性，需进行温度补偿及刻度标尺线性化。

七、智能变送器

智能化仪表是指采用超大规模集成电路和微处理器技术，利用嵌入式软件协调内部操作使仪表具有智能功能，在完成输入信号的非线性、温度与压力的补偿、量程刻度标尺的变换、零点调整、错误、故障诊断等基础上，完成对工业过程的控制，使控制系统的功能进一步分散。

智能变送器集成了智能仪表全部功能及部分控制功能，具有高线性度和低温度漂移特性，降低了系统的复杂性，简化了系统结构。智能变送器具有一定的人工智能，可实现自学习功能。其特性如下：①可集成为多敏感元件的变送器，能同时测量多种物理量和化学量，全面反映被测量的综合信息；②精度高，测量范围宽；③采用标准化的通信接口进行信息交换，这是智能变送的关键标志之一。

智能化使变送器由单一功能向多功能和多变量检测发展，由被动进行信号转换向主动控制和主动进行信息处理方向发展，由孤立元件向系统化、网络化发展，智能变送器的通信目

前主要流行的通信协议也就是现场总线通信协议。其是 HART 协议应用较广泛，下述几种智能变送器都支持该协议。

所谓 HART 协议，是通信可寻址远程传感器的数据公路协议（Highway Address able Remote Transducer）的缩写，它是在 Bell 202 标准通信基础上使用频率移相键控（FSK）技术，在 4～20mA 电流上叠加一个频率信号来完成。信号使用 1200Hz 和 2200Hz 两个独立的频率，分别代表数字 1 和 0。

两个频率级组成的一个正弦波叠加在 4～20mA 电流回路上，由于正弦波的平均值为零，无直流部分加到 4～20mA 信号，因此在进行数字通信时，不会造成对过程信号的干扰。HART 协议一般能支持在一根双绞线上最多挂 15 台智能变送器，它使用通用性信息、公用信息和变送器特点信息三种信息级，可对现场变送器进行诊断、标定和组态。

HART 协议是由一个独立的组织维持的一个工业标准，它定义现场智能设备与控制系统通信的方式。全世界超过 105 个制造商支持哈特协议，使用在 170 种不同领域的仪表。

HART 协议具有以下特点：

(1) 得到所有大的过程仪表制造商支持；

(2) 传统的 4～20mA 与数字信号通信并存；

(3) 与传统模拟装置兼容；

(4) 提供仪表安装与维护的重要信息，如制造商信息、标签号、测量值、零点和量程范刚数据、产品信息与诊断信息等；

(5) 节省电缆，使用多节点网络；

(6) 可以通过使用智能仪表网络改善管理，降低运行成本。

HART 协议参考了 ISO/OSI 参考模型的物理层、数据链路层和应用层。

目前市面上智能型变送器大多都采用 HART 通信协议。

(一) ST3000 智能变送器

ST3000 型压力（差压）变送器是美国霍尼威尔公司 20 世纪 80 年代初研制的带有智能功能的一种新型变送器。在 1992 年，霍尼威尔公司向中国推出了 ST3000/900 系列全智能变送器，它具有数字式全智能变送器的全部优越性能，而价格接近传统模拟式常规变送器。

1. 结构组成

ST3000 型变送器主要由测量头和发信部两大部分组成，如图 3 - 27 所示。

(1) 测量头。测量头截面结构如图 3 - 28 所示。

图 3 - 28 中的半导体复合传感器，是在一片 5mm×5mm×0.5mm 的硅片上运用超大规模集成电路的离子注入技术和激光刀修整技术制作了三种传感器，分别检测差压、静压和温度。这里的差压和静压传感器是根据半导体压阻效应原理工作的，而温度传感器则是根据其半导体材料的电阻率随温度变化的特性测温的。

(2) 发信部。发信部的作用是在微处理器的控制下采集传感器送来的复合信号并对其进行补偿、运算，再经 D/A 转换器转换成相应的 4～20mA 信号输出。采样的典型速率为 20s 内差压采集 120 次，静压 12 次，温度 1 次。微处理器根据差压、静压和温度这 3 个信号，查询记录此复合传感器特性的存储器，经运算后得出一个高精确度的信号。

只读存储器 ROM 存储变送器的标准算法和自诊断程序。

PROM 则存储与本台变送器有关的特征数据，如输入/输出特性、周围温度特性、静压

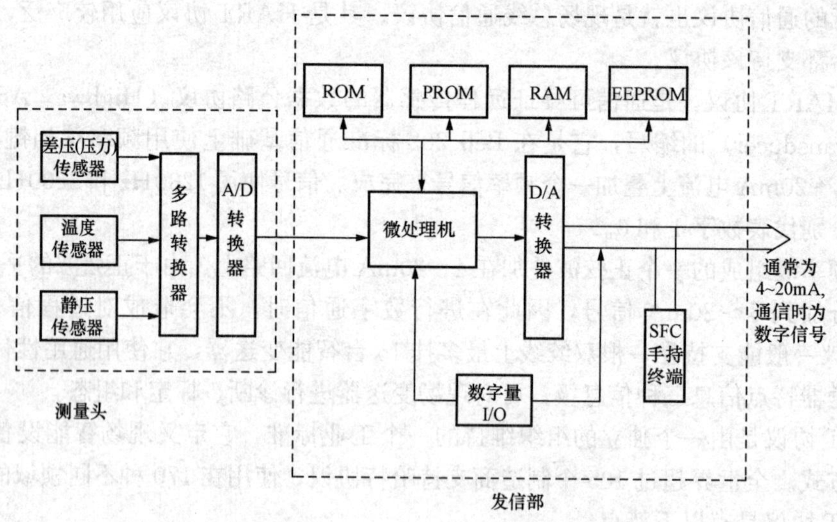

图 3-27　ST3000 型变送器组成方框图

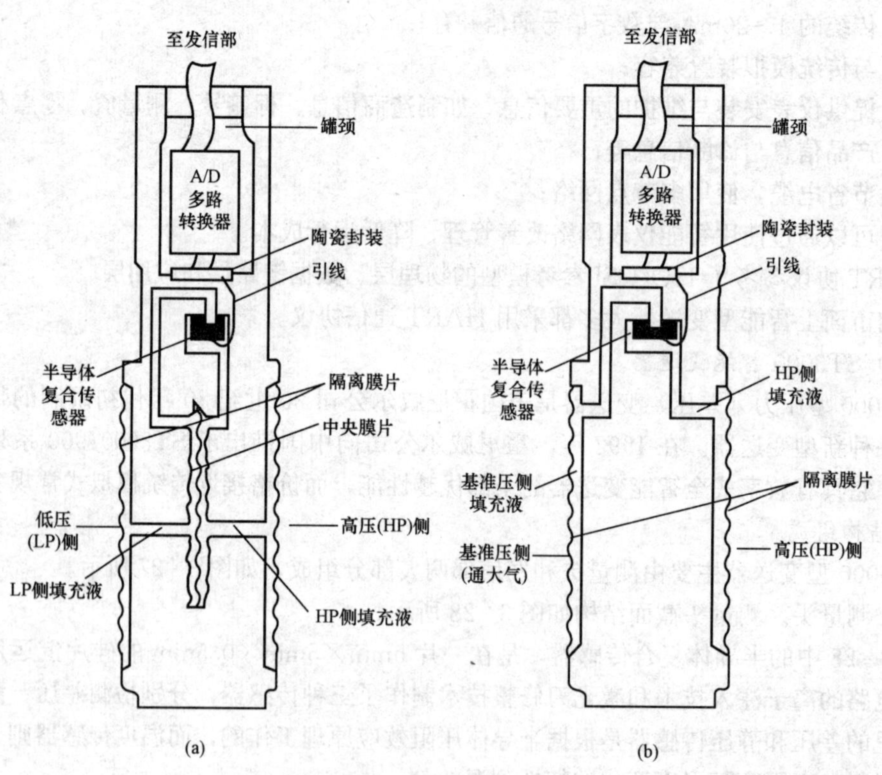

图 3-28　测量头截面结构图

（a）差压测量头；（b）压力测量头

特性、机种型号、测量范围的可设定范围等。这些特性用于实现物理信号的转换，以及温度和静压补偿运算等。其特征数据的获得是在变送器生产时针对本台变送器由生产线上的计算机控制系统进行自动检测和处理得到的，由于这些信息唯一对应于本台变送器，准确可靠，范围宽广，所以 ST3000 型变送器具有测量准确度高、量程比大、重复性好、输出特性优良等特点。

RAM存储由智能现场通信器SFC（手持终端）设定的变送器的诸参数数据，如标（签）号、测量范围、线性/平方根输出的选定、阻尼时间常数、零点和量程校准等。

EEPROM是为了保存RAM中的数据，是不挥发型（非丢失）后备存储器。当仪表工作时，EEPROM存储着与RAM同样的数据，当仪表断电时，RAM中存储着的数据丢失、而EEPROM中存储着的数据则保存。当仪表恢复供电时，存储在EEPROM中的数据会自动地传送到RAM中。由于EEPROM是一种电可擦除的或电可写入的PROM，故不需要后备电池。

SFC是人与变送器之间进行对话的智能通信器，可接在4～20mA回路任意位置上，对智能变送器进行远距离检测和设定，由自身所带电池供电。它的主要功能如下所述。

1）组态。SFC允许远程设定，改变或指示的参数有：①变送器标（签）号；②测量范围；③输出形式（线性或平方根）；④阻尼时间常数。

2）测量范围变更。测量范围变更时，不需要施加任何校准输入压力就能完成。

3）变送器的校验。变送器能用SFC键盘快速、精确地校验而不需要电压表调整，零点和量程调整互不干扰。

4）自诊断。在系统发生不正常状态时，SFC上会显示59种信息，这些信息主要有四方面的内容：①组态检查；②通信检查；③变送器工作检查；④过程异常检查。

有了自诊断，能立即识别问题所在部位，以便迅速地采取措施，使变送器停止工作的时间减至最小。

5）变送器输入输出的显示。以百分数显示变送器的输出；以工程单位显示变送器的输入和输出。

6）恒流输出的设定。可将变送器当作一个恒流源来输出，以使包括装于控制屏上的各仪表在内的整个回路能很方便地被检查和调整。

2. 工作原理

当过程压力或差压通过隔离膜片、填充液传到位于测量头内的复合传感器上时，复合传感器上电阻值就会变化，该阻值的变化由集成于传感器芯片上的惠斯顿电桥检测出来，即获得了压力或差压的测量。与此同时，在传感器芯片上形成的两个辅助传感器即温度传感器和静压传感器检能够测出表体温度和过程静压。这三个过程参量通过多路电子开关切换，分别进行A/D转换，然后送到发信部的微处理机进行数字化处理。

发信部实际上是一个微处理机系统，其核心是微处理机，它负责接收测量头送来的过程压力、表体温度和静压等信号，按预定程序或上位计算机（TDC3000分散控制系统或SFC智能现场通信器）的要求进行处理，其结果以数字量或者经D/A转换以模拟量形式输出。

3. 智能变送器的主要特点

（1）ST3000变送器和通常的扩散硅压力变送器相比有较大的不同，主要是敏感元件为复合芯片，改善了温度和静压特性，因而提高了变送器的再现性和稳定性，延长了校验周期。

（2）装有微处理器及引入了软件补偿。在制造变送器的过程中，每一台变送器的压力、温度和静压特性已被存入变送器的EPROM中，在工作时，由操作人员在控制室或现场操作SFC通信器，通过微处理器对被测信号进行处理。

(3) 精度高。测量精度最高达0.1级。

(4) 量程迁移范围宽，且有自诊断功能。当发生故障或异常情况时，能通过SFC通信器诊断出故障原因。

4. 变送器的维护与安装

(1) 变送器的吹扫与清洗。一旦变送器的压力室中积有沉淀物或异物，就会造成测量误差。为维持变送器的精度，获得满意的性能，必须清扫变送器及配管以保持清洁，其清扫顺序如下所述。

1) 关闭高压侧导管的截止阀及三阀组的高压侧截止阀。

2) 确认均压阀关闭。

3) 关闭低压侧导管的截止阀及三阀组的低压侧截止阀。

4) 慢慢打开排气孔塞，排出压力。

5) 打开三阀组的高压侧截止阀及高压侧导管的截止阀。

6) 打开均压阀，依靠高压侧排气孔塞吹扫管道。

7) 关闭均压阀、三阀组的高压侧截止阀及高压侧导管的截止阀。

8) 打开三阀组的低压侧截止阀及低压侧导管的截止阀。

9) 打开均压阀，依靠低压侧排气孔塞吹扫管道。

10) 关闭所有阀门，然后按正常步骤使仪表投入运行。

(2) 仪表内部清洗。如果仪表内部需要清洗，则按下列顺序进行：

1) 拆去夹紧仪表体容室盖用的六角螺栓，拆卸仪表体容室盖；

2) 用软毛刷及溶剂洗净膜片及容室盖的内部，此时，请小心注意，勿使膜片变形或损伤；

3) 重装容室盖时，可根据需要换上容室盖用的新垫片；

4) 夹紧容室盖用的螺栓，应按规定的旋紧力矩装配。

(3) 变送器安装中磁场的影响。外界磁场会对变送器产生一定的影响，所以在安装时应给予注意。

1) 当变送器安装在强磁场中时，此磁场有时就如用磁性棒一样会影响，改变零点。

2) 变送器应安装在低于10Gs的场所。附近的电机或泵会产生超过10Gs的磁场，在这种场合，请将变送器安装在距电机或泵至少1～2m的地方，在1～2m外，磁场将跌到2～3Gs。

(二) 3051变送器

美国罗斯蒙特公司生产的智能型仪表系列用于压力、温度、液位与流量测量。3051系列智能变送器是广泛应用的变送器，符合基金会现场总线标准。罗斯蒙特智能变送器采用的HART协议可进行数字信号和4～20mA模拟量信号同时传输。

1. 3051的工作原理

3051的工作原理如图3-29所示。工作时，高、低压侧的隔离膜片和灌充液将过程压力传递给灌充液，接着灌充液将压力传递到传感器中心的传感膜片上。传感膜片是一个张紧的弹性元件，其位移随所受压而变化（对于GP表压变送器，大气压如同施加在传感膜片的低压侧一样）。AP绝压变送器，低压侧始终保持一个参考压力。传感膜片的最大位移量为0.004in (0.1mm)，位移量与压力成正比。两侧的电容极板检测传感膜片的位置。传感膜片和电容极板之间电容的差值被转换为相应的电流、电压或数字HART（高速可寻址远程发送器数据公路）输出信号。

3051系列电容式变送器的量程一般可在1：6范围内连续可调。在订货时给出实际或者接近的使用量程，会减小调试工作量，避免了调整后量程系数A的减小引起各项性能误差的增加（A为使用量程与最大量程的比值）。

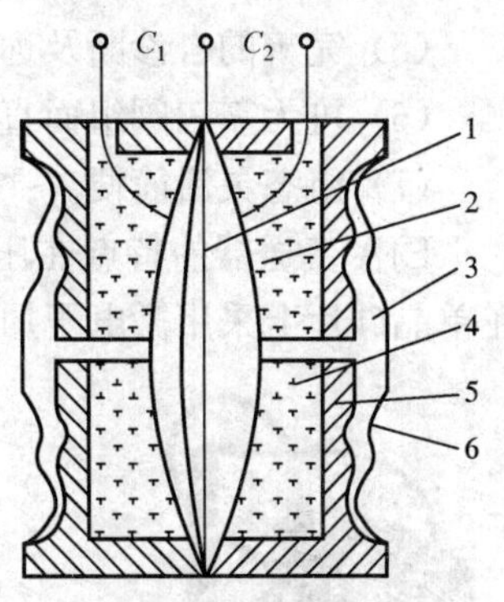

图3-29　3051电容式变送器的工作原理
1—测量膜片；2—电容固定极板；3—灌充油；4—刚性绝缘体；5—金属基体；6—隔离膜片

传感膜的特性如下所述。

（1）工业界高精确的传感器，可达0.075%精度。

（2）快速反应，基金会现场总线的3051型变送器响应比典型的智能压力变送器快高达10倍。

（3）与过程机械隔离，电气隔离及热隔离——传感器安装在外壳的颈部，免受直接心力，这种结构提高了精度和可靠性。

（4）玻璃密封的毛细管和传感器杯体绝热安装，保证了电气绝缘。

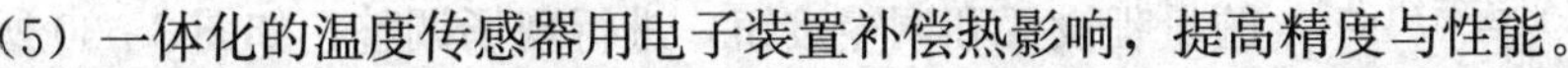

（5）一体化的温度传感器用电子装置补偿热影响，提高精度与性能。

（6）采用在整个变送器量程特性化了的并储存在传感膜头存储器内的温度及压力校正系数可取得在工作期间精密的信号校正。

（7）可编程只读存储器存储分别来自电子线路板的传感膜头信息及校正系数。

2. 3051的输出形式

3051的输出形式可选择模拟放大器，采用模拟电路来实现电容/电流转换和放大作用，并用电位器调整零点和量程。根据变送器类型的不同，模拟放大器有所不同，主要有SF型数字放大器和S型智能放大器。

（1）SF型数字放大器。SF型数字放大器是一种带微处理器和数字显示的电容/电流转换放大器。它采用了数字运算和按键操作，使得精度提高，调整方便，并增加了数字显示、自诊断、输出方式选择（线性或开方）、组态和格式化等功能。带小信号切除的开方功能，解决了现有流量变送器存在的低输出下不稳定现象。

（2）S型智能放大器。S型智能放大器是一种带微处理器和通信功能的智能型电容/电流转换放大器，它与敏感元件组合，构成符合HART通信协议的智能压力变送器。主要用于通信的高频信号叠加在4～20mA输出信号上，通信时不必中断输出，而且不会造成误差。S型智能变送器在远程通信中，可实现自诊断、线性或开方输出切换、组态和格式化等功能。

（三）EJA变送器

EJA智能变送器是川仪引进日本横河电机株式会社九十年代中期推出的技术而生产的智能变送器产品。

1. EJA变送器的特点

使用EJA变送器可测量监控压力、流量及各种液位参数。EJA变送器的特点如下所述。

（1）采用单晶硅谐振式传感器。

（2）采用微电子机械加工技术离心技术（MEMS）。

（3）高精度、高稳定性和高可靠性。

（4）BRAIN/HART/FF现场总线三种通信协议。

（5）完善的自诊断及远程设定通信功能。

（6）可无需三阀组而直接安装使用。

（7）组态灵活简便。

EJA变送器的特点在压力感应元件部分做了改进，采用了单晶硅谐振动传感器技术。在单晶硅片上采用微电子加工技术，分别在其表面的中心和边缘做成两个形状、大小完全一致的H形的谐振梁，两个H形的谐振梁分别感受不同的应变作用，使其具有优良的温度、静压影响特性。该谐振梁处于微型真空中，既不与冲灌液接触，又确保振动时不受空气阻尼的影响，保证了该仪表的高精度测量。好的恢复性能及其结构，使其具有良好的单向过压特性，并保证了零点稳定。

图3-30 手操器对变送器组态

由于该变送器具有数字通信功能，用其专用手操器就可在现场或主控室对其各种参数进行设定、检查、检测。可通过计算机或手操器对变送器组态，也可通过变送器上的量程设置和调零按钮，进行现场调整，如图3-30所示。

2. EJA变送器的工作原理

EJA变送器由膜盒组件与电器转换两部分组成，与常用的电容式等变送器相比，该仪表在这两部分都做了很大的改进。

EJA变送器是由单晶硅谐振式传感器上的两个H形的谐振梁分别将压力信号转换为频率信号，送到脉冲计数器，再将两频率之差直接传递到CPU进行数据处理，经转换器转换为与输入信号相对应的4～20mA的标准信号输出，并在模拟信号上叠加一个BRAIN/HART数字信号进行通信。

采用微电子加工技术（MEMS）在一个单晶硅芯片表面的中心和边缘制作两个形状、尺寸、材质完全一致的H形状的谐振梁，谐振梁在自激振荡回路中作高频振荡。单晶硅片的上下表面受到的压力不等时，将产生形变，导致中心谐振梁因压缩力而频率减小，边缘谐振因受拉伸力而频率增加，如图3-31所示。

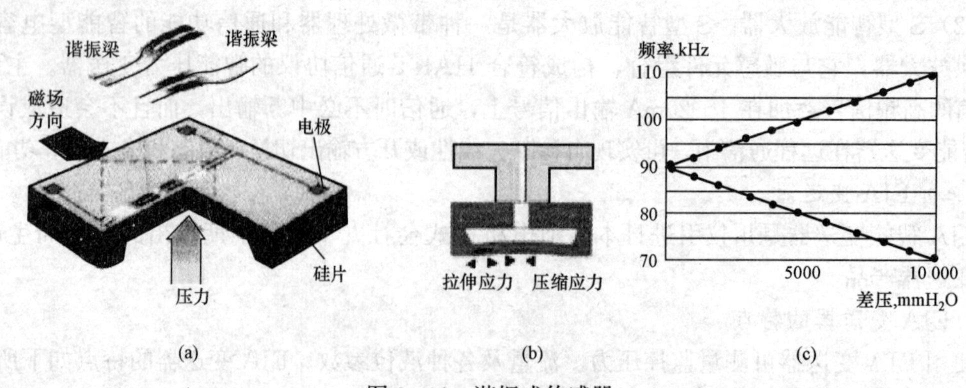

图3-31 谐振式传感器

（a）硅谐振梁的结构；（b）传感器结构示意图；（c）频率输出特性

两频率之差信号直接送到CPU进行数据处理，然后经D/A转换成4～20mA输出信号，通信时叠加Brain或Hart数字信号；直接输出符合现场总线标准的数字信号。谐振式传感频率与压力之间的关系如图 3-31（c）所示。

如静压影响忽略不计，当加有静压（工作压力）时，两形状、尺寸、材质完全一致的谐振梁形变相同，故频率变化也一致，故偏差自动清除（公式和图类似温度影响）。

单向过压特性优异，接液膜片与膜盒本体采用独创的波纹加工技术，使当外部压力增大到某一数值时，接液膜片能与本体完全接触，硅油传递给传感器的压力不再随外力的增加而增加，从而达到对传感器的保护作用。

第四节 压力仪表的选择及安装

一、压力表的选择

压力表的种类、形式、规格很多，压力测量系统中使用的压力表根据被测介质、测量要求、测量环境等进行选择。对于被测介质，主要是指介质的性质（比如是气体还是液体）、介质的温度高低、有无腐蚀性以及介质的流动状态等；对于测量要求，主要是指测量绝对压力还是表压力，是高压测量还是低压测量，是显示记录还是信号输出，是否需要报警功能等；对于测量环境，主要是指压力表安装现场有无振动，温、湿度情况以及是否有可燃性、爆炸性、腐蚀性气体等情况。压力表对于以上要求都有一定的适用范围，除此之外，在选择压力表时，还应考虑到维修管理的方便，使用中的可靠性、经济性等要求。

1. 压力表量程范围和精确度的选择

如果被测压力的测量范围要求已经确定，原则上根据压力表的适用量程范围，再考虑一定的裕度，量程范围即可确定。对于弹性压力表，被测压力的额定值一般选择为压力表满量程的 2/3。比如额定值为 10MPa，压力表的测压范围选为 0～16MPa。如果被测压力经常有脉动变化的情况，被测压力的额定值应选择为压力表量程范围的 1/2 左右为好。

对于压力表精确度的选择除了考虑测量误差要求以外，还应考虑到测压系统各环节以及测量条件的干扰所产生的附加误差的影响。经过适当综合后，选择满足测量要求的压力表的精确度，以使总不确定度符合要求。比如弹性压力表对其环境温度适用的范围就不大，1.0～4.0 级弹性压力表适用的温度范围为 15～25℃。当压力表的环境温度不在 15～25℃范围内时，压力表将产生附加误差。该附加误差是可以计算的。

2. 压力表特殊条件的选择

当前压力表有普通型、耐震型、耐高温型、防爆型、耐腐蚀型等类型。如果测压没有特殊要求，选择普通型压力表即可。如果测量有一定的特殊要求，就按要求选择适合的压力仪表。

测量氧气压力时，应选择有禁油标记的压力表，以防止氧气接触油脂发生氧化反应而引起爆炸。测量变化剧烈的脉冲压力时，应选择带有缓冲装置的压力表，以减少压力表指示机构的磨损和弹性元件的疲劳。

二、压力表的安装

一个测压系统是由导压信号管路、压力仪表及必要的附件等组成的。要准确地测量压力大小，必须考虑系统中的各个环节对压力测量的影响。因此除了根据被测介质、测量环境、测量要求等正确地选择压力表外，对取压口的开取，导压管路的设计、敷设以及必要附件的选择都有一定的要求。

1. 取压口

对于取压口各种情况的实验证明，取压口的形状、口径、取压口轴线与流体流线的垂直度都会影响压力测量的准确性，如图 3-32 所示。要得到理想的测量结果，不可忽视取压口形状、口径大小及取压口轴线的选取。

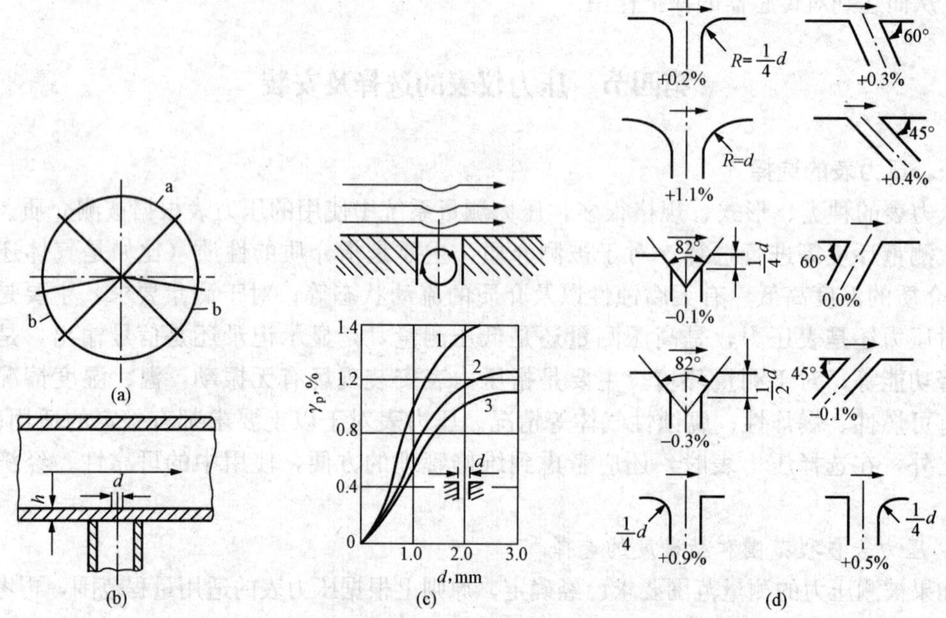

图 3-32 静压取压口位置和形状

(a) 水平或倾斜圆管上取压口的位置；(b) 取压口形状；(c) 取压口对流动的影响及由此造成的误差；(d) 取压口的不同形状引起的测量误差

a—被测介质为气体；b—被测介质为液体；1—空气（$Ma=0.8$）；2—空气（$Ma=0.4$）；3—水和空气（$Ma\approx0$；Ma—马赫数）；γ_p—取压口引起的测量误差

(1) 取压口的直径不宜过大，在压力波动频繁和对动态性能要求高时，取压口的直径可适当加大。当取压口直径为 2mm 时，即使流体的流速较低，测量误差仍可达到 1%。

(2) 取压口轴线最好与流束垂直。测量带有灰尘、固体颗粒或沉淀物等混浊介质的压力时，取源部件应倾斜向上安装，在水平的工艺管道上宜顺流束成锐角安装。

(3) 取压口边缘不能有毛刺或倒角。

(4) 取压口位置应选在介质流速稳定的地方。

(5) 压力取源部件与温度取源部件处在同一管段上时，取压口应设在温度取源部件的上游侧。

(6) 压力取源部件在水平和倾斜的工艺管道上安装时，取压口的位置应符合下列规定［见图 3-32 (a)］：

1）测量气体压力时，取压口应选在工艺管道的上半部，以防止凝结液体造成水塞。

2）测量液体及水蒸气压力时，取压口应处在工艺管道的下半部、与工艺管道的水平中心线成 0°～45°夹角的范围内，以防积气造成气塞。

注：这里所说的取压口位置是指在压力检测点的开口布置。

2. 压力信号导管（导压管）的选择与安装

被测压力信号是由导压管路传输的，导压信号管路会影响压力测量的质量。

(1) 在被测压力变化时，导压管的长度和内径会影响整个测量系统的动态性能。工程上规定导压管的长度一般不超过 60m，测量高温介质时不应短于 3m。导压管的内径一般在 7～38mm 之间。测量的动态性能要求越高、介质的黏度越大、介质越脏污、导压管越长，导压管的内径应越大；反之应小些。导压管内径与其长度及被测介质的关系见表 3-5。

表 3-5 导压管内径与其长度及被测介质的关系 (mm)

被 测 介 质	导压管最小内径		
	长度<16m	长度在 16～45m	长度在 45～90m
水、水蒸气、干气体	7～9	10	13
湿 气 体	13	13	13
低、中黏度的油品	13	19	25
脏液体、脏气体	25	25	38

(2) 导压管的敷设至少要有 3/100 的倾斜度，在测量低压时，最小倾斜度应增大到 5/100～10/100；在测量差压时，两根导压管应平行布置，并尽量靠近，使两管内介质的温度相等。当导压管内为液体时，应在其最高点安装排气装置；当管内为气体时，应在最低点安装排液装置，以免形成气塞或水塞，见图3-33。导压管在靠近取压口处时应装关断阀(一次阀门)，以方便检修。

(3) 当测量温度高于 60℃的液体、蒸汽或可凝性气体的压力时，就地安装的压力表的取源部件应带有环形或 U 形冷凝弯。

3. 导压管路中的附件及其配置

在进行压力或差压测量时，导压信号管路中经常装设的附件有一次、二次阀门，排气、排液阀门，泄压阀门，环形盘管，隔离容器，集气器，沉降器，沉淀器，平衡容器等。对于这些附件的配置如图 3-34 所示。

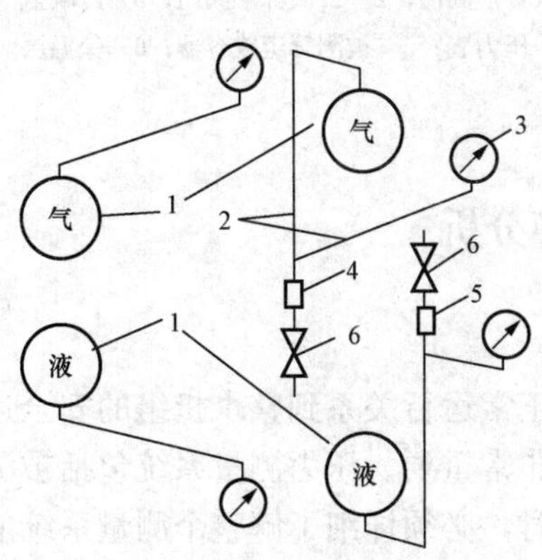

图 3-33 压力信号导管的布置示意

1—被测对象；2—压力信号导管；3—仪表（或变送器）；4—排液罐；5—排气罐；6—排水（气）门

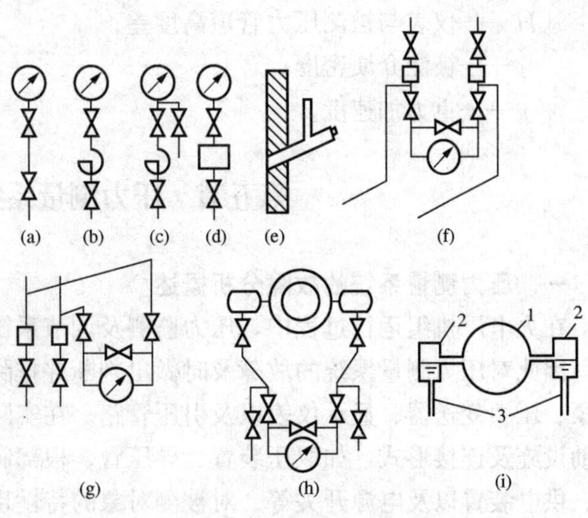

图 3-34 导压信号管路附件的配置

1—被测管道；2—平衡容器；3—信号管道

一次阀门主要用于截断测压系统，二次阀门主要用于截断压力表，见图 3-35（a）；环形盘管见图 3-34（b）、(c)，装在二次阀门之前，主要隔离高温介质，以防其进入压力表；隔离容器安装在一次阀门之后，主要隔离腐蚀性介质或黏度大的介质，以防其进入压力表，见图 3-34（d）；沉淀器安装在取压点处，见图 3-34（e），主要用于混合物的压力测量，防止固相物质对管路的阻塞；当导压管路中的介质为气体、蒸汽时，在导压管路的最低处或可能积液的地方要加装沉降器和排液阀，见图 3-34（g），以防管路系统的液塞；当导压管路中的介质为液体时，在导压管路的最高处或可能积气的地方安装集气器和排气阀门，以防管路系统的气塞，见图3-34（f）；在进行蒸汽差压 Δp 的测量时，在导压信号管路上要加装平衡容器，见图 3-34（h）；由于蒸汽在导压管路中可能会产生凝结水附加的液柱压力而造成测量误差，所以加装平衡容器后应使两个压力管路中的凝结水高度保持相等并为定值，见图 3-34（i），这就克服了信号管路中凝结水的影响。

4. 压力表的安装

（1）测量低压的压力表或变送器的安装高度宜与取压点的高度一致。

（2）就地安装的压力表不应固定在振动较大的工艺设备或管道上。

（3）测量高压的压力表安装在操作岗位附近时，宜距地面 1.8m 以上，或在仪表正面加保护罩。

（4）当取压口与压力表不在同一高度时，应对仪表读数进行高度差的修正（见图 3-35），修正公式如下：

仪表在测点上方　$p_d = p_c - H\rho g$

仪表在测点下方　$p_d = p_c + H\rho g$

式中　p_d——仪表示值；

p_c——被测压力；

H——仪表与被测压力管道高度差；

ρ——被测介质密度；

g——重力加速度。

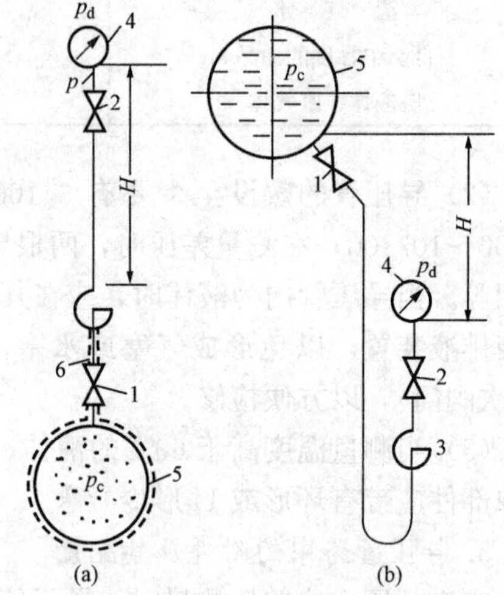

图 3-35　取压管路系统及水柱高度修正

（a）测蒸汽介质，仪表安装在测点上方；

（b）测液体介质，仪表安装在测点下方

1—一次针形阀门；2—二次针形阀门；3—冷凝盘管；4—压力表；5—被测管道或容器；6—保温层

第五节　压力测量系统故障分析

一、压力测量系统的故障分析概述

在火电厂机组运行过程中，压力监测及调节系统能否正常运行关系到整个机组的安全运行，因此对压力测量系统的故障及时做出判断并排除显得非常重要。压力测量系统包括被测对象、压力变送器、显示仪表以及引压管路。在实际应用时，必须详细了解整个测量系统的辅助设施及连接形式，如取压装置、导压管、根部阀、表前阀、放空阀、接线端子排、穿线管、供电装置以及电源开关等。对被测对象的特性也要熟练掌握，如被测介质的物理、化学特性，被测介质的压力源及压力控制方式等。

只有对压力测量系统的各个环节都了解清楚后，才能正确分析系统故障。在生产过程中，压力测量系统的故障都是通过显示仪表的现象判断整个测量系统是否故障，再通过这些现象分析故障原因并判断故障部位。

二、典型故障分析

下面列举一些常见故障现象，并分析其原因。

（一）参数指示值为零

1. 显示仪表指示为零的原因

（1）仪表未接通电源。

（2）显示仪表本身故障。

（3）显示仪表无输入信号或输入信号为零。

（4）压力变送器故障无输出信号。

（5）导压管、根部阀未开或管路堵塞。

（6）仪表之间连接导线断路或接线端子接触不良。

（7）被测对象无压力。

2. 排查故障的顺序

在排查故障原因时，应该以先易后难，先简后繁的原则来进行，排查故障的顺序有四步。

（1）检查仪表电源是否接通。如电源指示灯亮，则说明电源已接通，否则应查明原因，接通电源。

（2）根据相关仪表观察系统内是否应有压力指示。如其他仪表有指示，则检查该仪表有无输入信号（用万用表），如输入信号大于 4mA，则说明该显示仪表本身有故障。

（3）如无输入信号，或输入信号小于或等于 4mA，应检查压力变送器。关闭表前阀或根部阀，打开放空阀（操作时应了解介质特性，是否有毒、有害，温度高低，是否允许就地放空），检查压力变送器是否有 4mA 电流，如没有，检查电源是否正常；如有 4mA 电流指示，说明压力变送器正常，应该检查导压管是否堵塞，根部阀是否开启等。

（4）检查压力变送器若无电源指示，应检查电源及连线是否有断路故障。若有电源指示而无电流指示，说明该变送器故障。

（二）参数指示值到最大值

1. 显示仪表指示最大值主要的原因

（1）对于具有“断路故障指示”的仪表，可能是线路断开。

（2）显示仪表本身故障。

（3）压力变送器故障。

（4）导压管内介质凝固或结冰。

（5）系统压力大于或等于仪表指示最大值。

2. 排查故障的顺序

（1）先观察其他相关仪表指示是否正常，如其他仪表指示正常，则检查该仪表的输入信号。如其他仪表也超压，说明是工艺原因。

（2）检查仪表输入信号，若输入信号不是 20mA 以上，则说明显示仪表故障。

（3）若输入信号大于 20mA，检查压力变送器，关闭表前阀或根部阀，打开放空阀。如有介质放出，变送器仍指示最大，说明变送器故障。

（4）如无介质放出，说明放空阀堵塞以及内部介质凝固或冷冻，应该疏通导压管。具体方法应视现场情况而定。如是冬季，应检查导压管的伴热和保温。如温度正常，则可能是氧化物沉积，如允许放空，可放空处理。如不允许放空，可用压力泵疏通。

（三）参数指示值偏高或偏低

1. 参数指示值偏低主要原因

（1）导压管及阀门泄漏。

（2）连接导线接触不良，线路电阻过大。

（3）变送器或显示仪表量程偏大。

（4）变送器或显示仪表零位漂移，零位迁移偏大。

2. 参数指示值偏高主要原因

（1）变送器或显示仪表量程偏小。

（2）变送器或显示仪表零位漂移。

（3）变送器或显示仪表零位迁移偏小。

3. 排除故障的方法

（1）用代替法更换变送器或显示仪表。

（2）检查仪表或变送器的零位。

（3）检查变送器回路电阻是否超过 250～600Ω。

（4）检查导压管路有无泄漏。

（5）检查变送器零位迁移是否正确。

第六节　压力仪表的检定

工业压力表在使用运行一段时间后或新装压力表在投入使用前都应根据相应的规程进行检定（校验）及调整。压力表的种类较多，各种压力表的检定规程及检定方法也不尽相同。

一般压力表的检定规程中都规定了压力表的检定周期、检定项目、检定方法、数据处理的方法等。根据计量测试的结果最后判定压力表是否符合该压力表要求的精确度。在压力表的检定过程中，允许进行用户可调整部位的调整，以使压力表达到所规定的要求。

压力表的检定一般采用与压力标准器进行比对的方法。检定工业压力表的压力标准器精确度为三等标准，通常为±0.2%。以下仅介绍广泛应用的弹簧管压力表的校验方法。

一、压力标准器——活塞式压力计

对工业弹性压力表使用的标准器可以是活塞式压力计，也可以是精密的弹簧管压力表或液柱式压力计。

活塞式压力计是根据流体静力学平衡原理和帕斯卡定律制成的一种高精度压力测量仪表。它由压力计内活塞筒中具有一定压力的介质（油或气体）作用在已知面积活塞上产生的力与专用砝码重力相平衡，从而测知活塞筒内介质的压力。其原理示意如图 3-36 所示。

活塞式压力计由活塞、活塞筒、压力泵、砝码盘、专用砝码等组成。压力计的油压 p 是通过手轮带动压力泵活塞 5 运动而产生的，压力通过导压管导入活塞 2（有效面积 A_e 已知），并作用在其上产生作用力 $G=pA_e$。当加到砝码盘上的专用砝码和活塞 2 及其砝码盘的重力（m_0g+mg）与 G 相平衡时，有

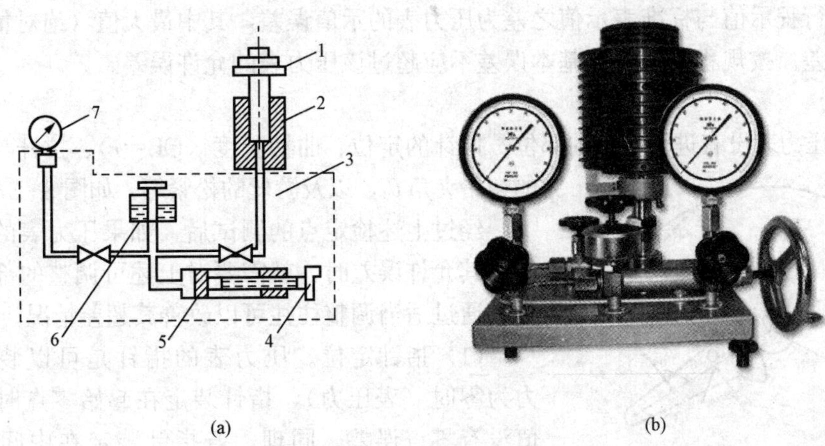

(a)　(b)

图 3-36　活塞式压力计

(a) 结构原理图；(b) 1151 电容式差压变送器

1—专用砝码；2—活塞筒；3—导压管；4—加压手轮；5—油泵活塞；6—油杯；7—压力表

$$p=\frac{m_0g+mg}{A_e} \tag{3-37}$$

式中　m_0——活塞及砝码盘质量；

m——专用砝码质量；

g——重力加速度。

根据式（3-37)，可在专用砝码上直接刻上活塞筒内介质的压力值。活塞压力计根据使用的介质及结构划分，种类较多，有单活塞式、双活塞式、差动活塞式等。在进行工业压力表的检定时，把被检定的压力表安装在活塞筒压力引出接口上。

在压力表的检定过程中也常把活塞压力计用作压力产生器。把它用作压力产生器时就不使用砝码了，而是把精密弹簧管压力表和工业压力表同时安装在活塞压力计的接口上，同时测量活塞筒内介质的压力。

活塞式压力计可以达到很高的测量精确度，它可以用于国家级的基准器、工作基准器或用于精密测试。活塞式压力计作为基准器、工作基准器使用时，其工作条件、使用方法、数据处理等都有较高的要求。

二、工业弹簧管压力表的检定与调整

1. 检定

工业弹簧管压力表的精确度等级一般在 1.0～4.0 级。检定根据计量检定规程 JJG52—1999 弹簧管式一般压力表压力真空表和真空表的要求进行，主要的检定项目有基本误差、变差、零位、指针移动的平稳性、轻敲表示值的变动量、外观检查等。

(1) 检定方法的要求。在一定数量的校定点上（一般为大刻度线、零点、上限点）进行测试。加压时按上、下行程进行。上行程加压或下行程减压到检定点时，要进行两次读数，一次是指针达到检定点时的读数，一次是轻敲仪表外壳后的读数。

(2) 数据处理要求。在检定点上的上、下行程第一次读数之差为压力表的示值变差，其中的最大值（绝对量）为压力表的变差。在检定点上的上行程或下行程的第二次读数之差为压力计示值的轻敲位移值，压力表的变差和轻敲位移值都应满足规程要求。检定点上的上行程示值或下行程示值与标准表示值之差为压力表的示值误差，其中最大值（绝对量）为压力表的基本误差。按规程要求，其基本误差不应超过该压力表的允许误差。

2. 调整

弹簧管压力表没有进行调整的部位：指针的定位、曲柄长度（OB=r）、拉杆与曲柄之间的初始夹角 θ_0，以及游丝的松紧等，如图 3-37 所示。

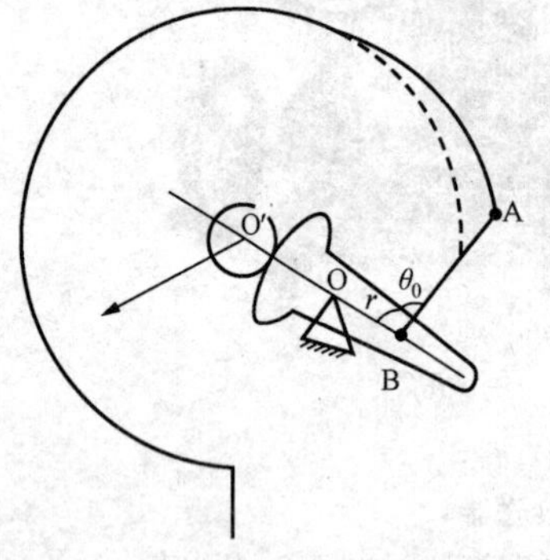

图 3-37 弹簧管压力表结构示意图

经过上述检定点的测试后，如果压力表的基本误差超出其允许误差时，就需要对上述可调整的部位进行调整。通过适当调整往往可以改善其超差情况。

（1）指针定位。压力表的指针是可以装定的。压力为零时（表压力），指针装定在起始零点时压力表示值没有零点误差。同理，若指针装定在中间某压力对应的示值位置上，则压力表在该点上没有示值误差。图 3-38（a）中误差曲线 1 和曲线 2 就分别反映了上述两种情况。

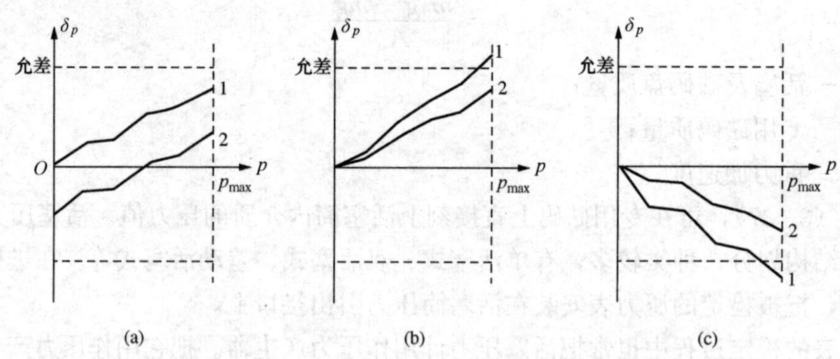

图 3-38 弹簧管压力表调整前后的误差曲线

(a) 指针定位的两种情况；(b) 示值误差呈上升变化而超差；(c) 示值误差呈下降变化而超差

（2）曲柄长度（OB=r）的调整。r 的调整可以改变从 Δl 到指针转角 ϕ 的传动比 i 值。易知指针的偏转角 ϕ 与曲柄的转角成正比。从弹性元件的自由端位移到曲柄转角的关系是非线性的，它与拉杆长度（AB=b）、拉杆与曲柄的夹角 θ，与曲柄的支点 O，与弹簧管自由端在垂直 Δl 位移方向上的距离（偏心距）e 以及曲柄的长度（OB=r）有关。传动比 i 随 θ、r 的变化关系较为复杂，理论与实践表明，在压力传动机构一定的情况下（AB=b，OB=r），传动比 i 随 θ 在 90°附近的变化较为平滑，如图 3-39 所示。

对于实际的压力表，其 θ 角的变化都设定在 i 变化平滑区域内，否则将会引起较大的非线性。

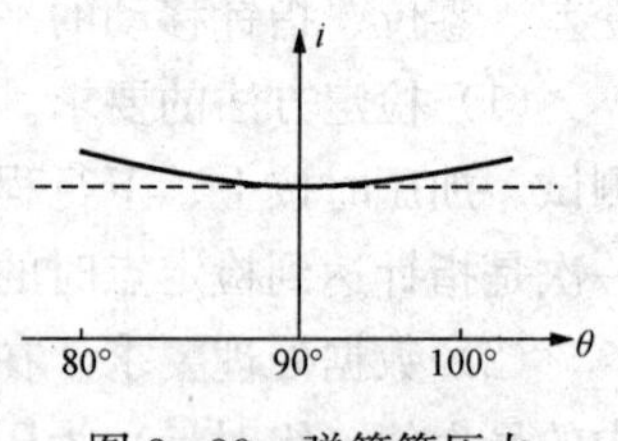

图 3-39 弹簧管压力表传动比 i～θ 特性

由图 3-39 可看出：①曲柄的长度 r 越小，传动比 i 值越大，r 值越大，i 值越小，这从物理意义上很容易理解；②在 i 曲线的前半部分（极值点左侧），θ 值越大，i 值越小，在后半部分（极值点右侧），θ 值越大，i 值越大，在拉杆 AB 长度一定的情况，调整曲柄的长度 r，这实际上改变了 θ 变化的初始角

θ_0，也改变了从 Δl 到曲柄转角的传动关系。

在压力表的检定测试中，如发现压力表的示值误差呈上升变化而且超差时，如图 3-38(b) 的曲线 1 所示，通过减小传动比 i 可以改善压力表的超差情况。所以适当增大曲柄的长度（OB）可以使表的示值误差改善到曲线 2 的情况。如果发现压力表的示值误差呈下降变化而且超差时，如图 3-38（c）中曲线 1 所示，同理，增大传动比 i 可以改善仪表超差情况，适当减小曲柄的长度，可使仪表示值误差改善到曲线 2 的情况。

(3) θ 的调整。θ 角是可调整的。在机芯下底板上松开导向孔中的螺钉，将机芯（中心齿轮、游丝、扇形齿轮、支点 O）相对仪表基座沿导向孔向顺时针或逆时针转动，即实现了 θ 的调整。上述调整改变了初始 θ_0 角，也改变了从 Δl 到曲柄转角的传动关系。这种调整能较大范围地调整 θ 角。在实际压力表的调整工作中，不轻易调动 θ，否则将会给调整工作带来困难，这主要是 φ 的二元（r，θ）影响难以调整。

(4) 游丝的调整。游丝的作用是减小传动间隙造成的误差。当压力表指针因游丝太松（转矩太小）而不回零时，则要调紧游丝，增加游丝转矩。

复 习 思 考 题

3-1 压力测量方法分为哪几类？

3-2 常用的弹性元件有哪些？弹性式压力计的测量原理是什么？

3-3 弹簧管压力表由哪几部分组成？

3-4 什么是智能变送器？简述智能变送器的原理。

3-5 什么是 HART 协议？

3-6 简述压力测量系统的典型故障及处理方法。

3-7 压力表安装时取压口的处理原则是什么？取压口开口方位的选择原则是什么？

3-8 怎样正确选择压力表？

3-9 压力电变送方法有哪些？

3-10 能否用 0.16 级，量程范围为 0～20MPa 的弹簧管压力表检定 1.5 级，量程范围为 0～2.5MPa 的弹簧管压力表？为什么？

第四章　流量测量

第一节　概　述

流量能反映生产过程中物料、工质或能量的产生和传输的量。在热力发电厂中，流体（水、蒸汽、燃料油等）的流量直接反映设备效率、负荷高低等运行情况。因此，连续监视流体的流量对于热力设备的安全、经济运行有着重要意义。表4-1为流量测点举例，表中列举了某火电厂600MW机组部分流量测点、传感元件、变送设备及其形式等参数。

表4-1　　流量测点举例列表

序号	测点名称	数量	单位	设备名称	形式及规范	安装地点
1	锅炉给水流量测量装置	1	套	长颈喷嘴	刻度流量1900t/h，最大流量1900t/h，常用流量1807.9t/h，最小流量158t/h，管道内径416mm，管道外径508mm，节流件材料15NiCuMoNb5，$L1=6000$mm，$L2=12200$mm，$L0=1300$mm，取样孔3对，管道法兰成套供货，对焊，水平安装	就　地
2	锅炉给水流量	3	台	差压变送器	0～60kPa，常用54.34kPa，静压35MPa，带HART协议	保护柜
3	一级过热器减温水流量测量装置	1	套	标准喷嘴		就　地
4	二级过热器减温水流量测量装置	1	套	标准喷嘴		就　地
5	再热器减温水流量	1	台	差压变送器	0～40kPa，静压20MPa，常用0.8163kPa，带HART协议	保护柜
6	A磨煤机入口一次风流量测量装置	2	只	威力巴管	插入式，垂直安装，直管段长度1900mm	就　地
7	层燃烧器固定端二次风流量测量装置	1	只	机　翼	机头直径0.089m，机翼数13，收缩比0.6428，机翼全长0.267m	就　地
8	供油母管流量	1	只	质量流量计		就　地

单位时间内通过管道横截面的流体量，称为瞬时流量q，简称流量，即

$$q=\frac{\mathrm{d}Q}{\mathrm{d}t} \tag{4-1}$$

式中　$\mathrm{d}Q$——流体量，单位取质量或体积的相应单位；

$\mathrm{d}t$——时间间隔，单位为s、min或h。

按物质量的单位不同，流量有“质量流量q_m”和“体积流量q_v”之分，它们的单位分

别为 kg/s 和 m^3/s。当流体的压力和温度参数未知时，体积流量的数据只“模糊地”给出了流量，所以严格地说要用“标准体积流量”（标准 m^3/s）。“标准体积”即指在温度为 20℃（或 0℃），压力为 1.013×10^5 Pa 下的体积数值。在标准状态下，已知介质的密度 ρ 为定值，所以标准体积流量和质量流量之间的关系是确定的，能确切地表示流量。上述两种流量之间的关系为

$$q_m = \rho q_V \tag{4-2}$$

式中 ρ——被测流体密度。

从 t_1 至 t_2 这一段时间间隔内通过管道横截面的流体量称为流过的总量。显然，流过的总量可以通过在该段时间内瞬时流量对时间的积分得到，所以总量又称为积分流量或累计流量。

$$Q = \int_{t_1}^{t_2} q\mathrm{d}t \tag{4-3}$$

质量流量总量的单位是 kg，体积流量总量的单位是 m^3。

总量除以得到总量的时间间隔就称为该段时间内的平均流量。

测量流量的方法很多，各种方法的选用应考虑到流体的种类（相态、参数、流动状态、物理化学性能等）、测量范围、显示形式（指示、报警、记录、积算、控制等）、测量准确度、现场安装条件、使用条件、经济性等。

目前工业上常用的流量测量方法大致可分为容积法、速度法和质量法三类。

1. 容积法

利用容积法制成的流量计相当于一个具有标准容积的容器，它连续不断地对流体进行度量，在单位时间内，度量的次数越多，即表示流量越大。这种测量方法受流动状态的影响较小，因而适用于测量高黏度、低雷诺数的流体。但不宜于测量高温高压以及脏污介质的流量，其流量测量上限较小。椭圆齿轮流量计、腰轮流量计、刮板流量计等都属于容积式流量计。

2. 速度法

由流体的流动连续方程，截面上的平均流速与体积流量成正比，于是与流速有关的各种物理量都可用来度量流量。如果再有流体密度的信号，便可得到质量流量。

速度式测量方法中又以差压式流量测量方法使用最为广泛，技术最为成熟。属于速度式流量计的有节流变压降流量计、转子流量计、涡轮流量计、电磁流量计、超声波流量计等。本章重点介绍节流变压降流量计。

3. 质量法

无论是容积法还是速度法，都必须给出流体的密度才能得到质量流量，而流体的密度受流体状态参数影响，这就不可避免地给质量流量的测量带来误差。解决这个问题的一种方法是同时测量流体密度的变化进行补偿。但更理想的方法是直接测量流体质量流量，这种方法的物理基础是测量与流体质量流量有关的物理量（如动量、动量矩等），从而直接得到质量流量。这种方法与流体成分和参数无关，具有明显的优越性。哥氏力流量计就是质量流量法。

流量仪表的结构和原理是多种多样的，产品型号也较繁多，严格地给予分类比较困难。大致分类如表 4-2 所示。

表 4-2　　某些流量变送器和流量仪表的分类及性能简表（供参考）

方法	类型	名称	输出信号形式	适用流体	流体参数限			简单技术特性						
					压力(MPa)	温度(℃)	雷诺数	量程比	误差(满量程)%	适用管径(mm)	压力损失	是否要过滤	安装位置	直管段要求
速度法	节流式	1. 标准孔板					>5000~8000		±1.5	50~1000	大			
		2. 标准喷嘴					>20000		±1.0~2.0	50~600	中			
		3. 标准文丘利管	差压	液体、气体、蒸汽	32	600	>30000	3∶1	±1.5~4.0	150~400	小	不要	任意	有要求
		4. 小雷诺数节流件					>100		>±2.0	25~250	较大			
		5. 小管径节流件					>400		±2.0~4.0	15~50	较小			
		6. 脏污流体用节流件					>10000		±2.0	50~100	较大			
	测动压式	1. 皮托管 2. 均速管 3. 翼形管	差压	液体、气体	32	600	>2000 ~ >10000	3∶1	±1.5~4.0	100~1600	很小	不要	任意	有要求
	靶式流量变送器		力	液、气、汽	6.4	400	<2000	3∶1	±5.0	15~250	大	不要	任意	有要求
	转子式	1. 金属转子流量计 2. 玻璃转子流量计	浮子位置	液、气	25 1.6	400 120	>10000	10∶1	±2.5	4~150	中	不要	垂直	有要求
		涡轮流量计	转数	液、气	32	150		10∶1	±0.1~0.5	4~600	中	要	水平	有要求
		涡漩流量计	频率	液、气	32	400	$>10^4$ $<10^5$	100∶1~10∶1	±1.5	16~1600	较小	不要	任意	有要求
		电磁流量计	电势	导电液	1.6	60		10∶1	±1.5	25~400	无	不要	任意	不要求
		超声波流量计	电压	液	6.4	120	流速>0.02m/s	不限	±1	>10	无	不要	任意	有要求
容积法	容积式	1. 腰轮流量计 2. 椭圆齿轮流量计 3. 刮板流量计	转数	液、气	6.4	360	不限	10∶1	±0.2~0.5	10~500	中	要	水平	不要求
质量法		热流量计	电阻	液、气	32			10∶1	±3	>1	很小	不要	任意	不要求

第二节　节流变压降流量计

节流变压降流量计是电厂中使用得最多的流量计，它由节流装置、导压管路和差压计（或差压变送器）等组成。

一、测量原理

节流变压降流量计的工作原理是，在管道内装入节流件流体流过节流件时流束收缩，于是在节流件前后产生差压。对于一定形状和尺寸的节流件，一定的测压位置和前后直管段情况，一定参数的流体和其它条件下，节流件前后产生的差压值随流量而变，两者之间有确定的关系。因此可通过测量差压来测量流量。

图 4-1 是流体流经节流件时的流动情况示意图。

截面 1 处流体未受节流件影响，流束充满管道，流束直径为 D，流体压力为 p_1'，平均流速为 $\bar{v}_1$，流体密度为 ρ_1。

截面 2 是节流件后流束收缩为最小的截面，对于孔板，它在流出孔板以后的位置，对于喷嘴，在一般情况下，该截面的位置在喷嘴的圆筒部分之内。此处流束中心压力为 p_2'，平均流速为 $\bar{v}_2$，流体密度为 ρ_2，流束直径为 d'。

进一步分析流体在节流装置前后的变化情况可知以下内容。

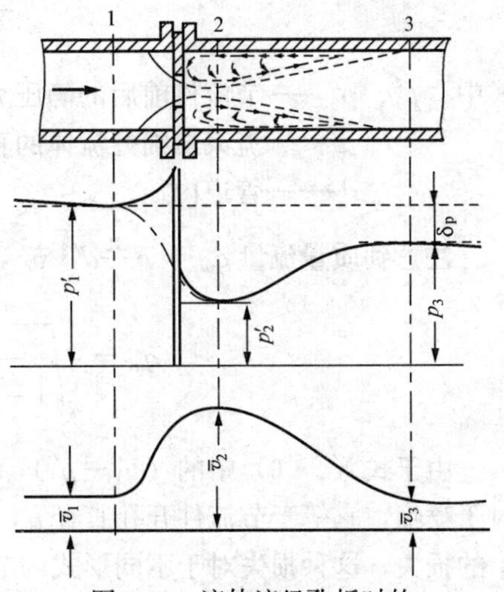

图 4-1 流体流经孔板时的压力和流速变化情况

(1) 沿管道轴向连续地向前流动的流体，由于遇到节流装置的阻挡（近管壁处的流体受到节流装置的阻挡最严重），流体的一部分动压头转化为静压头，节流装置入口端面近管壁处的流体静压力升高，即比管道中心处的静压力大，形成节流装置入口端面处的径向压差。这一径向压差使流体产生径向附加速度 v_r，从而改变流体原来的流向。在 v_r 的影响下，近管壁处的流体质点的流向就与管中心轴线相倾斜，形成了流束的收缩运动。

同时，由于流体运动有惯性，所以流束收缩最严重（即流束最小截面）的位置不在节流孔中，而位于节流孔之后，并且随流量大小而改变。

(2) 由于节流装置造成流束局部收缩，同时流体保持连续流动状态，因此在流束截面积最小处的流速达最大。根据伯努利方程式和位能、动能的互相转化原理，在流束截面积最小处的流体的静压力最低。

流束最小截面上各点的流动方向完全与管道中心线平行，流束经过最小截面后向外扩散，这时流速降低，静压升高，直到又恢复到流束充满管道内壁的情况。

图 4-1 中实线代表管壁处静压力，点画线代表管道中心处静压力。

涡流区的存在，导致流体能量损失，因此在流束充分恢复后，静压力不能恢复到原来的数值 p_1'，静压力下降的数值就是流体流经节流件的压力损失 δp。

从上述可看出节流装置入口侧的静压力 p_1' 比出口侧的静压力 p_2' 要大。前者称为正压，常以“+”标记，后者称为负压，常以“-”标记。并且，流量 q 愈大，流束的局部收缩和位能、动能的转化也愈显著，节流装置两端的差压 Δp 也愈大，即 Δp 可以反映流量 q，这就是节流式流量计的测量原理。

二、流量公式

流量公式就是指差压和流量之间的关系式，可通过伯努利方程和流动连续性方程来推导。但必须指出，要完全从理论上计算出差压和流量之间的关系，目前是不可能的，因为关系式中的各系数只能靠实验确定。

设流经水平管道的流体为不可压缩性流体并忽略流动阻力损失，对截面 1 和 2 可写出下列伯努利方程和流动连续性方程

$$\frac{p_1'}{\rho}+\frac{\overline{v}_1^2}{2}=\frac{p_2'}{\rho}+\frac{\overline{v}_2^2}{2} \tag{4-4}$$

$$\rho\frac{\pi}{4}D^2\,\overline{v}_1=\rho\frac{\pi}{4}d'^2\,\overline{v}_2 \tag{4-5}$$

式中 p_1'、p_2'——节流件前后的静压力；

d'——流束最细处流体的直径；

D——管道内径。

注意到质量流量 $q_m=\rho\frac{\pi}{4}d'^2\,\overline{v}_2$，将式（4-4）、式（4-5）代入该式，可得

$$q_m=\sqrt{\frac{1}{1-\left(\frac{d'}{D}\right)^4}}\frac{\pi}{4}d'^2\sqrt{2\rho(p_1'-p_2')} \tag{4-6}$$

由于式（4-6）中的（$p_1'-p_2'$）不是角接取压或法兰取压所测得的差压 Δp，式中的 d' 对于喷嘴，它等于节流件开孔直径 d，对于孔板，它小于开孔直径 d；也没有考虑流动过程中的损失，这种损失对于不同形式的节流件和不同的直径比 β（d/D）是不同的，所以上式还不是我们要求的流量公式。

式（4-6）中的（$p_1'-p_2'$）用从实际取压点测得的差压 Δp 代替，用节流件开孔直径 d 代替 d'，并引入流出系数 C 或流量系数 α，则

$$q_m=\frac{C}{\sqrt{1-(\beta)^4}}\frac{\pi}{4}d^2\sqrt{2\rho\Delta p} \tag{4-7}$$

或

$$q_m=\alpha\frac{\pi}{4}d^2\sqrt{2\rho\Delta p} \tag{4-8}$$

$$\alpha=\frac{C}{\sqrt{1-(\beta)^4}}$$

α 和 C 由实验决定，但从前面分析可以看出，α 和 C 的值与节流件形式、β 值、雷诺数 Re_D、管道粗糙度及取压方式等有关。

对于可压缩性流体，为方便起见，规定公式中的 ρ 为节流件前的流体密度 ρ_1，C 或 α 取相当于不可压缩流体的数值，而把全部的流体可压缩性影响用一流束膨胀系数 ε 来考虑。当流体为不可压缩性流体时，$\varepsilon=1$，所以流量公式可以写成

$$q_m=\frac{C}{\sqrt{1-(\beta)^4}}\varepsilon\frac{\pi}{4}d^2\sqrt{2\rho_1\Delta p}=\frac{C}{\sqrt{1-(\beta)^4}}\varepsilon\frac{\pi}{4}\beta^2D^2\sqrt{2\rho_1\Delta p} \tag{4-9}$$

$$q_m=\alpha\varepsilon\frac{\pi}{4}d^2\sqrt{2\rho_1\Delta p}=\alpha\varepsilon\frac{\pi}{4}\beta^2D^2\sqrt{2\rho_1\Delta p} \tag{4-10}$$

式中 q_m——质量流量，kg/s；

d、D——直径，m；

ρ_1——密度，kg/m^3；

Δp——差压，Pa。

三、标准节流装置

节流件的形式很多，有孔板、喷嘴、文丘利管、1/4 喷嘴等，如图 4-2 所示。还可以利用管道上的管件（弯头等）所产生的差压来测量流量，但由于差压值小，影响因素很多，

很难测量准确。

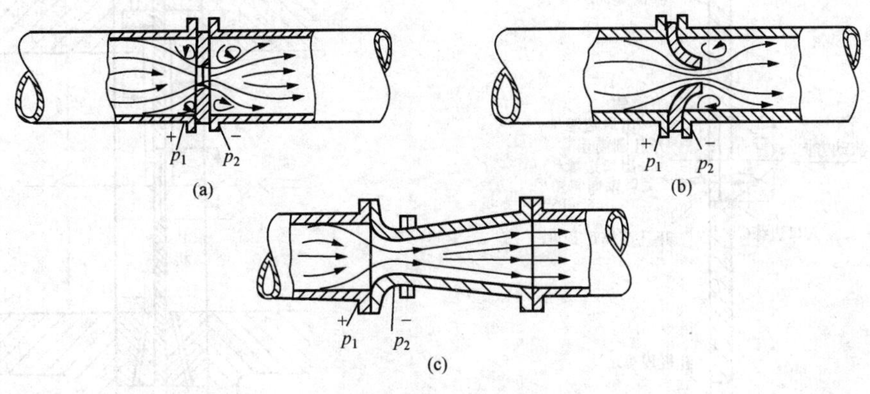

图 4 - 2　常用节流件的形式

(a) 孔板；(b) 喷嘴；(c) 文丘里管

经过长期的研究和使用，孔板和喷嘴节流件目前用得最广泛，数据和资料也比较齐全。这两种形式节流件的外形、尺寸已标准化。还规定了它们的取压方式和前后直管段要求，包括取压装置，总称为“标准节流装置”。

通过大量试验求得标准节流装置的流量与差压的关系，并据此制订“流量测量节流装置国家标准”。凡按照此标准设计、制作和安装的节流装置，不必经过个别标定即可应用，测量准确度一般为±1%～±2%，能满足工业生产的要求。

国际标准 ISO5167（1980）《孔板、喷嘴、文丘利管测量充满圆管的流体的流量》已经执行，我国制定了 GB2624—1981《流量测量节流装置的设计安装和使用》与国际标准无原则的区别。

标准节流装置只适用于测量直径大于 50mm 的圆形截面管道中的单相、均质流体的流量。它要求流体充满管道，在节流件前后一定距离内不发生流体相变或析出杂质现象，流速小于音速，流动属于非脉动流，流体在流过节流件前，其流束与管道轴线平行不得有旋转流。

（一）标准节流件及其取压装置

1. 标准孔板

标准孔板是用不锈钢或其他金属材料制造、具有圆形开孔、开孔入口边缘尖锐的薄板。孔板开孔直径 d 是一个重要的尺寸，其值应取不少于四个单测值的平均值，任意单测值与平均值之差不超过 0.05%。图 4 - 3 为标准孔板的结构图。图中所注的尺寸在“标准”中均有具体规定。

标准孔板的取压方式有角接取压和法兰取压两种。角接取压又分环室取压和单独钻孔取压。图 4 - 4 所示为角接取压装置结构，上半图表示环室取压，下半图表示单独钻孔取压。环室取压的前、后环室装在节流件两边，环室夹在法兰之间，法兰和环室，环室和节流件之间放有垫片并夹紧。节流件前后的压力是从前、后环室和节流件前、后端面之间所形成的连续环隙中取得的，故取压可以得到均匀。单独钻孔取压就是在孔板夹紧环上打孔取压，加工简单，环室尺寸和钻孔尺寸在“标准”中均有规定。

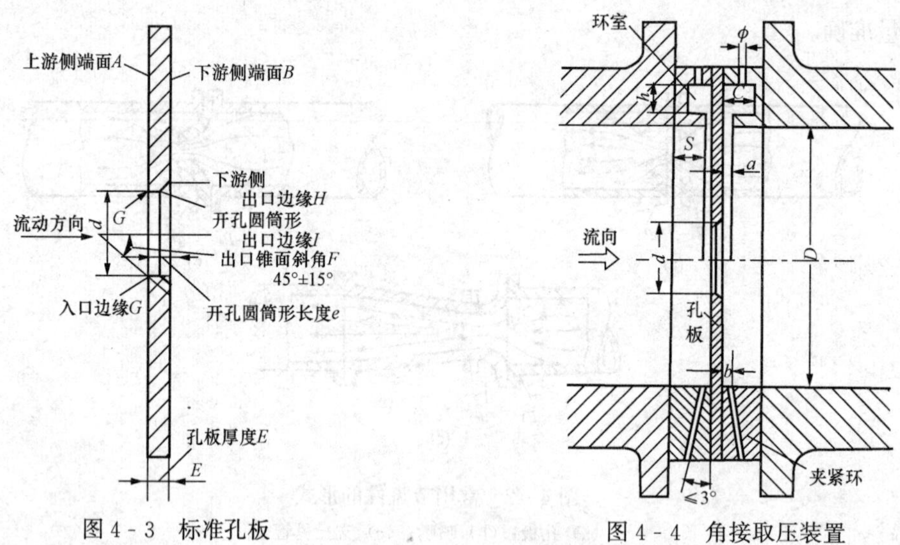

图 4-3　标准孔板　　　　图 4-4　角接取压装置

角接取压的两种取压口中，环室取压有平均压力的效果，压力信号较稳定，但费材料，加工麻烦，一般在 $D<400\sim500$mm 才用，$D>500$mm 时常用单独钻孔，若需改善取压效果，可在圆周上均匀地钻多个孔，引出后用环管（叫做均压环）连通，再引向差压计。

图 4-5 为法兰取压装置，孔板夹持在两块特制的法兰中间，其间加两片垫片，厚度不超过 1mm，取压口只有一对，在离节流件前后端面各为 25.4mm±1mm 处法兰外圆上钻孔取得。

应该指出，采用角接取压和法兰取压时，流量系数 α 和介质膨胀系数 ε 的计算公式是不同的。

2. 标准喷嘴

标准喷嘴是由两个圆弧曲面构成的入口收缩部分和与之相接的圆柱形喉部组成的，如图 4-6 所示。

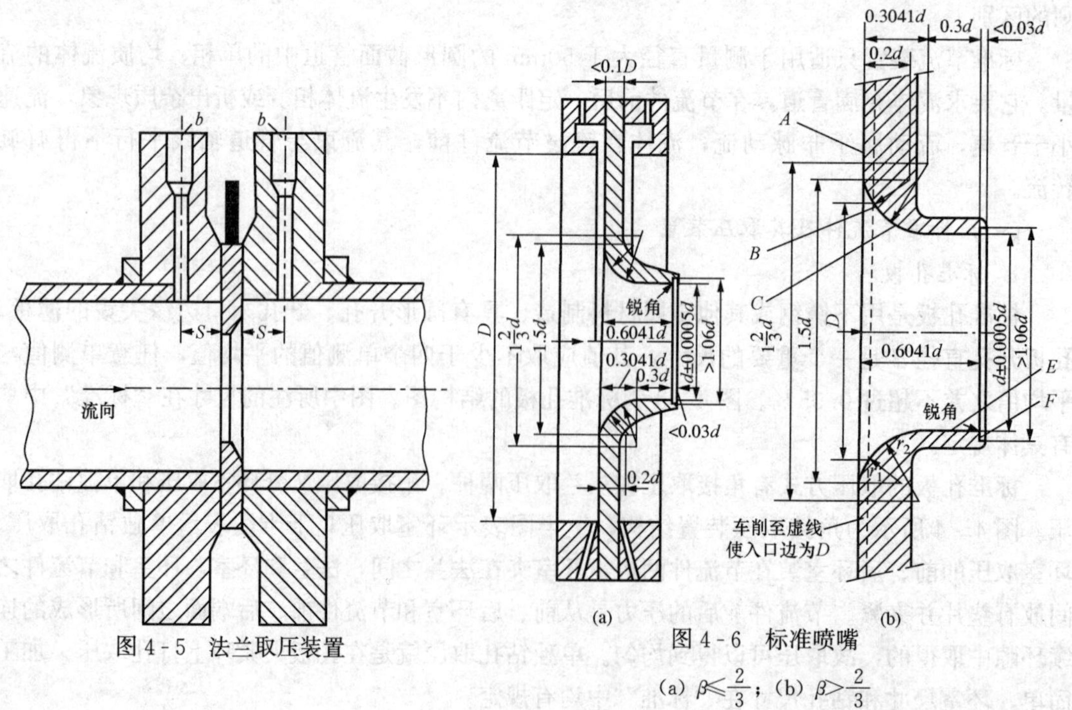

图 4-5　法兰取压装置　　　　图 4-6　标准喷嘴

(a) $\beta\leqslant\frac{2}{3}$；(b) $\beta>\frac{2}{3}$

孔径尺寸 d 是喷嘴的关键尺寸。此外，如尺寸 E、r_1、r_2，端面 A、B 等均须符合标准规定。标准喷嘴的取压仅采用角接取压方式。

标准孔板与标准喷嘴的选用，除了应考虑加工易难，静压损失 δp（孔板比喷嘴大）多少外，尚须考虑使用条件满足与否。表 4 - 3 列出了标准节流装置的使用范围。

表 4 - 3　　标准节流装置的使用范围

节流件型式	取压方式	适用管道内径（mm）	直径比 β	雷诺数 Re_D
标准孔板	角接取压	50～1000	0.22～0.80	$5\times10^3\sim5\times10^7$
	法兰取压	50～760	0.20～0.75	$8\times10^3\sim8\times10^7$
标准喷嘴	角接取压	50～500	0.32～0.80	$2\times10^4\sim2\times10^6$

（二）标准节流装置的安装

标准节流装置的流量系数是在节流件上游侧 1D 处形成流体典型紊流流速分布的状态下取得的。如果节流件上游侧 1D 长度以内有漩涡或旋转流等情况，则引起流量系数的变化，故安装节流装置时必须满足规定的直管段条件。

1. 节流件上下游侧直管段长度的要求

安装节流装置的管道上往往有拐弯、扩张、缩小、分岔及阀门等局部阻力出现，它们将严重扰乱流束状态引起流量系数变化，这是不允许的。因此，在节流件上下游侧必须设有足够长度的直管段。

节流装置的安装管段如图 4 - 7 所示。在节流装置 3 的上游侧有两个局部阻力件 1、2，节流装置的下游侧也有一个局部阻力件 4。在各阻力件之间的直管段分别为 l_0、l_l 和 l_2。

如在节流装置上游侧只有一个局部阻力件 2，就只需 l_l 及 l_2 直管段。直管段必须是圆形截面的，其内壁要清洁，并且尽可能是光滑平整的。

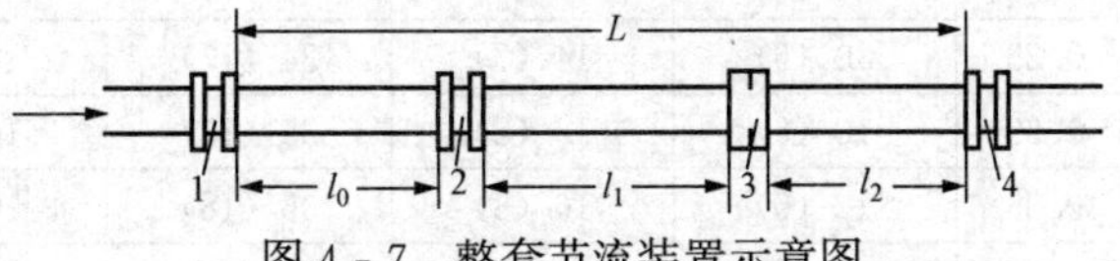

图 4 - 7　整套节流装置示意图

1—上游侧第二个局部阻力件；2—上游侧第一个局部阻力件；3—节流件；4—下游侧第一个局部阻力件

节流件上下游侧最小直管段长度与节流件上游侧局部阻力件形式和直径比 β 有关，表4 - 4中所列直管段长度栏中的数字，为管道直径 D 的倍数，无括号的数字可以直接引用，引用有括号的数字时，要附加±0.5%的流量极限相对误差。如果实际直管段长度与 D 的比值大于括号内的数值，而小于括号外的数值时，仍须附加±0.5%的流量极限相对误差。

节流件上游侧如有两个阻力件，在阻力件之间直管段长度为 l_0，则按第二个局部阻力件形式和 β=0.7 选取表中所列数值的二分之一。但是，如果两个阻力件都是 90°圆弯头。例如表 4 - 4 中的 3、4 栏所示布置时，可以不设置 l_0 直管段，因为流束基本未被扰乱。

节流件上游侧与敞开容器或直径大于 2D 的容器直接相连时，由容器至节流装置的直管段应大于 30D（15D）。节流件前如安装温度计套管时，此套管也是一个阻力件，此时确定 l_1 的原则是：当温度计套管直径＜0.03D 时，l_1＝5D（3D）；当套管直径为 0.03D～0.13D 时，l_1＝20D（10D）。

在节流件前后 2D 长的管道上，管道内壁不能有任何凸出的物件，安装的垫圈都必须与管道内壁平齐，也不允许管道内壁有明显的粗糙不平现象。

在节流件上游侧管道的 0D、1/2D、1D、2D 处取与管道轴线垂直的 4 个截面，在每个截面上，以大致相等的角距离取 4 个内径的单测值，这 16 个单测值的平均值即为设计节流件时所用的管道内径。任意单测值与平均值的偏差不得大于±0.3%，这是管道圆度要求。在节流件后的 l_2 长度上也是这样测量直径的，但圆度要求较低，只要任何一个单测值与平均值的偏差在±2%以内就可以。

在测量准确度要求较高的场合，为了满足上述要求，应将节流件、环室（或夹紧环）和上游侧 10D 及下游侧 5D 长的测量管先行组装，检验合格后再接入主管道，这种组装的节流装置目前我国已有生产厂可供订购。

表 4-4　　节流件上下游侧的最小直管段长度

β	节流件上游侧的局部阻力件形式和最小直管段长度 l_1						节流件下游侧最小直管段长度 l_3
	一个 90°弯头或只有一个支管流动的三通	在同一平面内有多个 90°弯头	空间弯头（在不同平面内有多个 90°弯头）	异径管（大变小，2D→D，长度≥3D；小变大，1/2D→D，长度≥1/2D）	全开球阀	全开闸阀	（左面所有局部阻力件形式）
1	2	3	4	5	6	7	8
≤0.2	10 (6)	14 (7)	34 (17)	16 (8)	18 (9)	12 (6)	4 (2)
0.25	10 (6)	14 (7)	34 (17)	16 (8)	18 (9)	12 (6)	4 (2)
0.30	10 (6)	16 (8)	34 (17)	16 (8)	18 (9)	12 (6)	5 (2.5)
0.35	12 (6)	16 (8)	36 (18)	16 (8)	18 (9)	12 (6)	5 (2.5)
0.40	14 (7)	18 (9)	36 (18)	16 (8)	20 (10)	12 (6)	6 (3)
0.45	14 (7)	18 (9)	38 (19)	18 (9)	20 (10)	12 (6)	6 (3)
0.50	14 (7)	20 (10)	40 (20)	20 (10)	22 (11)	12 (6)	6 (3)
0.55	16 (8)	22 (11)	44 (22)	20 (10)	24 (12)	14 (7)	6 (3)
0.60	18 (9)	26 (13)	48 (24)	22 (11)	26 (13)	14 (7)	7 (3.5)
0.65	22 (11)	32 (16)	54 (27)	24 (12)	28 (14)	16 (8)	7 (3.5)
0.70	28 (14)	36 (18)	62 (31)	26 (13)	32 (16)	20 (10)	7 (3.5)
0.75	36 (18)	42 (21)	70 (35)	28 (14)	36 (18)	24 (12)	8 (4)
0.80	46 (23)	50 (25)	80 (40)	30 (15)	44 (22)	30 (15)	8 (4)

2. 节流件的安装要求

安装节流件时必须注意它的方向性，不能装反。例如孔板以直角入口为"+"方向，扩散的锥形出口为"−"方向，安装时必须使孔板的直角入口侧迎向流体的流向。

节流件安装在管道中时，要保证其前端面与管道轴线垂直，偏斜不超过1°；还要保证其开孔与管道同轴，不同心度不应超过 0.015D (1/β−1)。

夹紧节流件用的垫片，包括环室或法兰与节流件之间的垫片，夹紧后不允许凸出管道内壁。

在安装之前，最好对管道系统进行冲洗和吹灰。

四、节流式流量计的显示仪表

节流式流量计的显示仪表，就是测量差压的仪表——差压计和差压变送器。差压计已在第三章中作了介绍，形式很多。

工业上流量测量用差压计的标尺一般都是以流量分度的，并刻出最大流量处的差压值。如前所述，流量标尺与节流件是相配套的。改变节流件的型式和尺寸或者改变被测介质的种类和参数，都必须重新分度标尺。

由于流量与差压之间为平方关系，因此差压计标尺上的流量分度是不均匀的，愈接近标尺上限，分格愈大，这造成读数困难。对于要进行流量积算求得累计流量或者要输入调节系统的流量信号，必须对流量信号进行线性化，也就是对差压计输出信号进行开方，使差压与流量成线性关系。

开方器有电子开方器和开方模块两种形式。电子开方器是通过电子元件或电路所构成的开方电路进行开方；开方模块则是用软件的方法进行开方运算，在智能变送器及 DCS 的数据处理时应用。

另外，为了求得累计流量，还必须将经过开方的信号通过电子积算线路或积分模块进行累计。

五、节流式流量计的压力温度补偿

当被测流体参数与节流装置设计时的数值不一致时，流量公式中的 α、ε、d_t 和 ρ_1 等量都会发生变化，产生很大的流量测量误差。在发电厂等工业测量中，α、ε 等变化的误差，在设计时已经考虑。运行中被测介质压力、温度的变化尤其是机组滑参数运行过程中介质温度和压力的变化将引起密度 ρ_1 较大的变化，进而使同一 Δp 反映不同的 q_m，产生了测量误差。这时对指示值或积算值应乘以修正系数 K_ρ，才能反映真实的流量，这就是压力温度补偿问题。

变工况下的流量与设计（额定）工况下流量的关系为

$$q_{ms} = \alpha\varepsilon\,\frac{\pi}{4}d_t^2\,\sqrt{\rho_{1s}\Delta p} = \sqrt{K_\rho}\alpha\varepsilon\,\frac{\pi}{4}d_t^2\,\sqrt{\rho_{1J}\Delta p} = \sqrt{K_\rho}q_{mJ} \tag{4-11}$$

$$K_\rho = \frac{\rho_{1s}}{\rho_{1J}}$$

式中 d_t——节流件在温度 t 时的孔径；

ρ_{1J}——流体设计时密度；

ρ_{1s}——流体在温度 t 时的实际密度；

K_ρ——密度修正系数。

对于液体，密度基本只与温度有关，其修正系数与温度的关系可表示为

$$K_\rho = \frac{\rho_{1s}}{\rho_{1J}} = \frac{\dfrac{m}{V_{20}[1+\mu(t_s-20)]}}{\dfrac{m}{V_{20}[1+\mu(t_J-20)]}} = \frac{1+\mu(t_s-20)}{1+\mu(t_J-20)} \tag{4-12}$$

式中 m——流体质量；

V_{20}——质量 m 的流体在 20℃时的容积；

μ——液体的体膨胀系数，1/℃；

t_s、t_J——液体实际温度及额定工况温度。

给水流量测量信号可以只采用温度校正，原理方框图如图 4-8 所示。

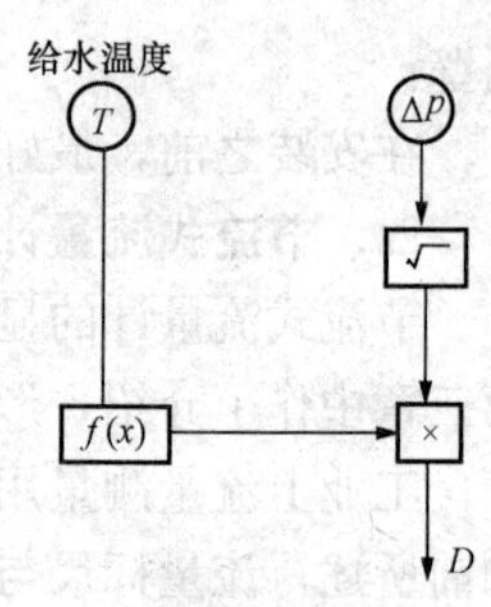

图 4-8 给水流量的温度校正

对于近似的理想气体其修正系数为

$$K_\rho=\frac{p_s/(gRT_s)}{p_J/(gRT_J)}=\frac{p_sT_J}{p_JT_s} \tag{4-13}$$

式中 p_J、p_s——设计工况压力和实际压力（绝对压力），MPa；

T_J、T_s——设计工况温度与实际温度（热力学温度），K；

g——重力加速度；

R——气体常数。

由于高压蒸汽的性质与理想气体差别很大，使用上述理想气体的补偿公式有很大误差，因此有必要找到一个既简单而有足够准确度的高压蒸汽密度与温度、压力之间的关系式。可按下列方法分段建立高压蒸汽密度与温度、压力之间关系的经验公式，即

$$\left.\begin{aligned}\rho&=\frac{k_m p}{t-c_m p+d_m}\\ k_m&=\frac{712}{1-\dfrac{p_m}{921}\left(\dfrac{1000}{t_m+300}\right)^{4.53}}\\ c_m&\approx\frac{k_m}{712}\left(\frac{1000}{t_m+300}\right)^{3.53}\\ d_m&\approx k_m\left(\frac{t_m+300}{219}\right)-t_m\end{aligned}\right\} \tag{4-14}$$

式中 t_m、p_m——式（4-14）适用的温度、压力变动范围的中心值。

当温度、压力变动范围小时，可用算术平均值作中心值；当变动范围大时，可用几何平均值作中心值。变动范围确定后，t_m，p_m 为常数，k_m、c_m、d_m 也为常数，可求出此变动范围内的蒸汽密度，从而实现对蒸汽流量的温度补偿。但当温度、压力变动范围较大时，用一个公式计算 ρ 往往准确度达不到要求，可将整个压力、温度变化范围分成几段小范围，根据不同 t_m，p_m 求出不同的 k_m、c_m、d_m，在不同的范围内，较准确地实现对蒸汽密度 ρ 的补偿。

当过热蒸汽的压力为 2.94～14.7MPa，温度为 400～550℃范围内，可采用式（4-15），即

$$\rho=\frac{1857p}{t-5.61p+166} \tag{4-15}$$

当过热蒸汽的压力为 0.098～23.52MPa，温度为 100～580℃范围内，可采用式（4-16），即

$$\rho=\frac{10.2p}{4.17\times10^{-3}T-1.36\times10^{-3}p+1.35\times10^{-4}Tp} \tag{4-16}$$

式中 p——过热蒸汽压力，MPa；

t——过热蒸汽温度，℃；

T——过热蒸汽温度，K。

式（4-15）的计算误差为1%左右，式（4-16）的计算误差也为1%左右。

实现上述过热蒸汽密度修正的原理方框图如图4-9所示。

六、节流变压降式流量计的安装

节流装置的安装，除了正确安装节流件和取压装置外，在敷设差压信号管路时，应注意的事项如下所述。

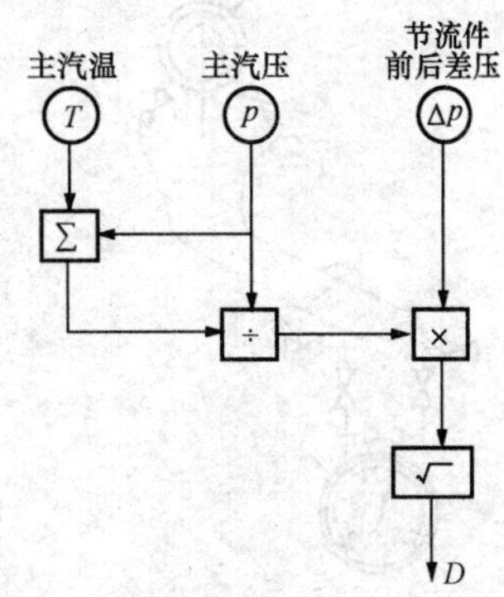

图4-9 采用节流件测量过热蒸汽流量的压力、温度校正

(1) 信号管路（导压管）应按最短的距离敷设，其长度最好在16m以内，一般不应超过50m，其内径应大于6mm。信号管路越长，其内径应越大。对于清洁的气体、水蒸气和水，内径可小一些，测黏性流体，尤其是测脏污介质时，导压管内径应大一些。

(2) 导压管可垂直或倾斜安装，但其倾斜度不得小于1∶10，以便能及时排出气体（测液体时）或凝结水(测气体时)。对于粘性流体，其倾斜度还应增大。当差压信号传送距离大于30m时，导压管应分段倾斜，并在各最高点和最低点分别装设集气器（或排汽阀）和沉降器（或排污阀）。

(3) 信号管路应带有阀门等必要的附件。以便能在主设备运行的条件下冲洗信号管路，现场校验差压计以及在故障情况下能使仪表与主设备隔离。

(4) 应防止有害物质（如高温介质、腐蚀性介质等）进入差压计。在测高温蒸汽时应使用冷凝器，在测腐蚀性介质时应使用隔离容器。若信号管路中的介质有可能凝固和冻结，则要沿信号管路设置保温或加热装置。应特别注意防止两信号管路加热不均匀或内部工质局部汽化而造成测量误差。

(5) 被测介质为液体时，要防止气体进入导压管；被测介质为气体时，应防止水或脏污物进入导压管。对于水平或倾斜设置的主管道，取压口位置应符合规定（见压力取压口设置)；对垂直设置的主管道，取压口位置在节流装置取压平面上可以任意选择。

由于被测介质不同，安装要求也有所不同，以下对被测介质为液体、蒸汽和气体时的具体要求如下所述。

1. 测量液体流量时的信号管路

主要是防止被测液体中有气体进入并存积在信号管路内，造成两信号管路中介质密度不等而引起误差。因此取压口最好在节流装置取压室的中心线下方45°的范围内，以防止气体和固体沉积物进入。

为了能随时从信号管路中排出气体，管路最好向下斜向差压计。如差压计比节流装置高，则在取压口处最好设置一个U形水封。信号管路最高点要装设气体收集器，并装有阀门，以便定期排出气体，如图4-10所示。

2. 测量蒸汽流量时的信号管路

为保持两信号管路中凝结水的液位在同样高度，并防止高温蒸汽直接进入差压计，在取压口处一定要加装凝结容器，容器截面要稍大一些（直径约75mm左右）。从取压室到凝结容器的管道应保持水平或向取压室倾斜，凝结容器上方两个管口的下缘必须在同一水平高度上，以使凝结水液面等高。其他如排气装置等要求同测量液体时相同，具体管路布置见图4-11。

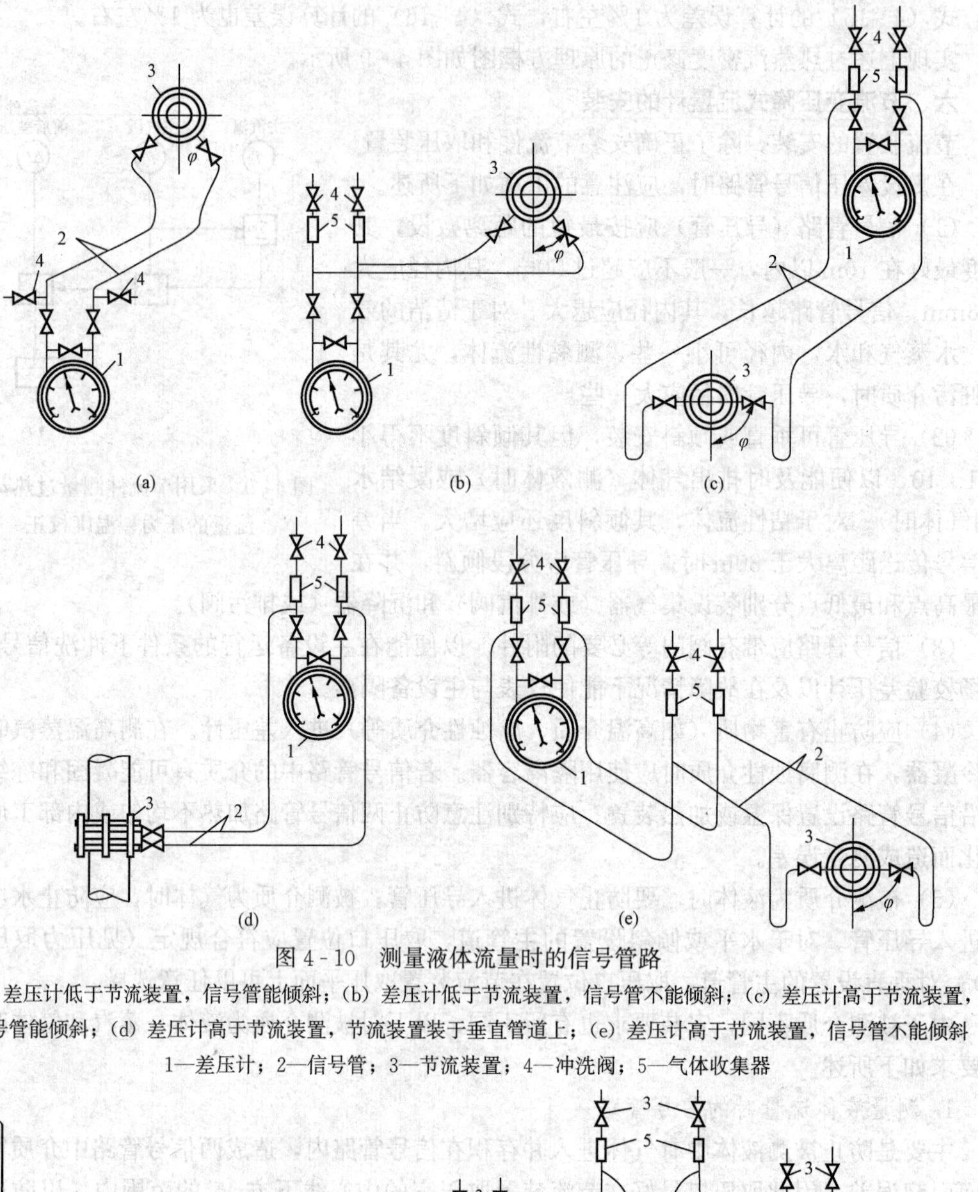

图4-10 测量液体流量时的信号管路

(a) 差压计低于节流装置，信号管能倾斜；(b) 差压计低于节流装置，信号管不能倾斜；(c) 差压计高于节流装置，信号管能倾斜；(d) 差压计高于节流装置，节流装置装于垂直管道上；(e) 差压计高于节流装置，信号管不能倾斜

1—差压计；2—信号管；3—节流装置；4—冲洗阀；5—气体收集器

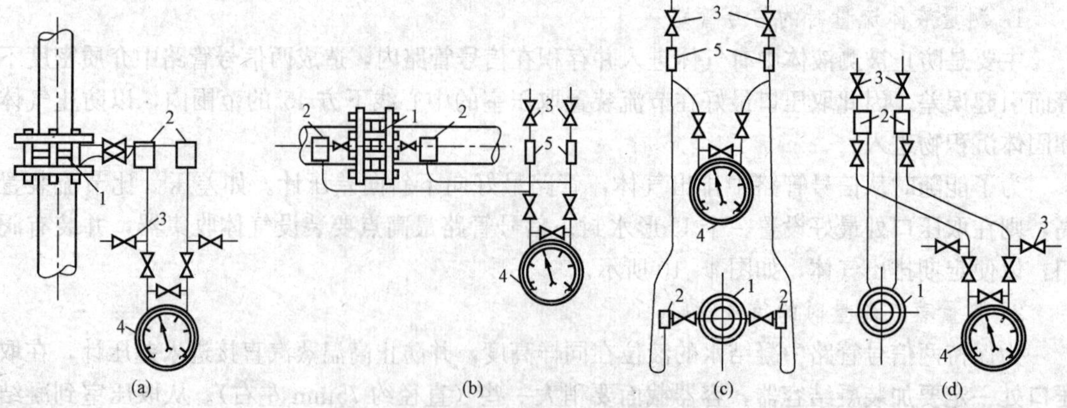

图4-11 测量蒸汽流量时的信号管路

(a) 垂直管道，差压计在下；(b) 水平管道，差压计在下；(c) 水平管道，差压计在上；
(d) 水平管道，差压计与节流装置高度相近

1—节流装置；2—平衡凝结容器；3—冲洗阀；4—差压计；5—气体收集器

3. 测量气体流量时的信号管路

测量气体流量时，为防止被测气体中存在的凝结水进入并存积在信号管路中，取压口应在节流装置取压室的上方，并希望信号管路向上斜向差压计。如差压计低于节流装置，则要在信号管路的最低处装设集水器，并设置阀门，以便定期排水，如图 4-12 所示。

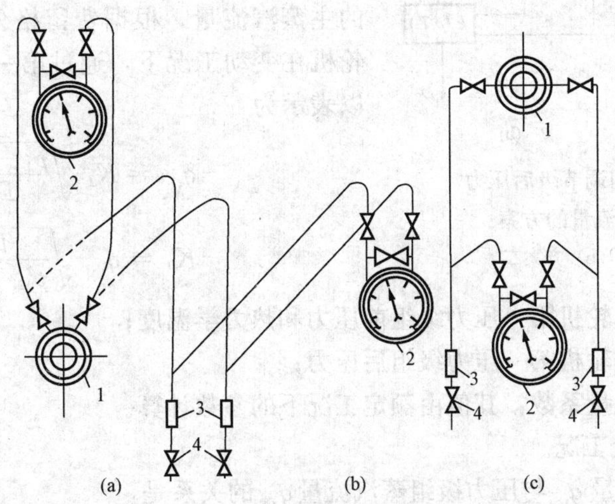

图 4-12　测量气体流量时的信号管路

(a) 差压计在上；(b) 差压计与节流装置等高；(c) 差压计在下

1—节流装置；2—差压计；3—液体收集器；4—冲洗阀

第三节　无节流元件的主蒸汽流量测量

大容量高参数锅炉出口主蒸汽流量的测量，过去通常采用标准节流装置。但大口径的主蒸汽管所配用的节流装置体积庞大，价格昂贵，安装时所要求的直管段长度往往不能得到满足，影响了测量准确度；主蒸汽流量通过节流元件造成的压力降使机组增加热耗，很不经济。无节流元件的主蒸汽流量测量技术近几年得到了推广。

1. 采用汽轮机调节级后压力测量主蒸汽流量

采用汽轮机调节级后压力测量主蒸汽流量的基本理论公式是费留格尔公式，即

$$q = K\frac{p_1}{T_1}$$

式中　q——蒸汽流量；

K——比例系数，由汽轮机类型和设计工况确定；

p_1、T_1——调节级后的汽压与汽温。

上式成立的条件是：调节级后流通面积不变；在调节级后通流部分的汽压均正比于蒸汽流量；在不同流量条件下，流动过程相同，通流部分效率相同。

实际汽轮机运行中不能完全满足上述条件，同时不易直接测量调节级后汽温，即使测得也不能代表调节级组后的平均汽温，因此，一般采用主汽参数相关的量推算级后温度。

通常采用调节级后压力测量主蒸汽流量的方案，如图 4-13 所示。

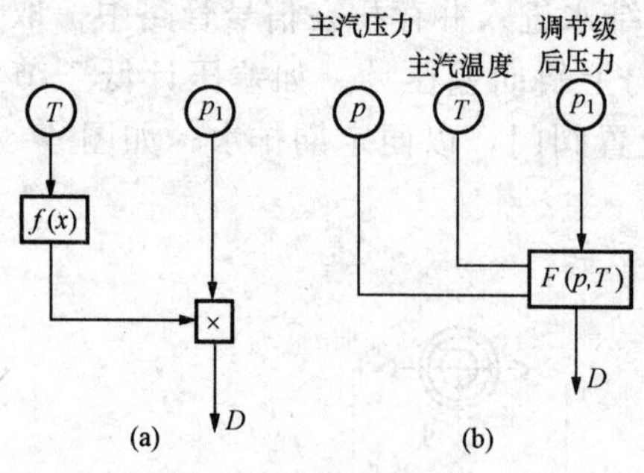

图 4-13 采用调节级后压力测量主蒸汽流量的方案
(a) 方案一；(b) 方案二

2. 采用压力级组前后压力测量主蒸汽流量

根据单元机组锅炉出口主蒸汽流量等于进入汽轮机的主蒸汽流量的特点，利用汽轮机第一压力级组前后的压力信号及汽温信号可以测量相应的主蒸汽流量。根据费留格公式的导出形式，汽轮机在变动工况下，通过第一压力级的流量 q_{V1} 可以表示为

$$\left.\begin{aligned} q_{V1} &= K_1\sqrt{\frac{p_1^2-p_2^2}{T_1}} \\ K_1 &= q_{1N}\sqrt{\frac{T_{1N}}{p_{1N}^2-p_{2N}^2}} \end{aligned}\right\} \tag{4-17}$$

式中 p_1、T_1——汽轮机第一压力级组前压力和热力学温度；

p_2——汽轮机第一压力级组后压力；

K_1——流量系数，其值由额定工况下的参数计算。

下标 N 表示额定工况。

汽轮机主蒸汽流量 q_V 与压力级组蒸汽流量 q_{V1} 的关系是

$$q_V = q_{V1} + q_{V2} + q_{V3} \tag{4-18}$$

式中 q_{V2}——汽轮机高压轴封漏汽量，约占负荷的 1%～2%（不同机组其值略有不同）；

q_{V3}——主汽门和调速汽门阀杆的漏汽量，约占负荷的 0.25%。

式（4-18）可以简化为 $$q_V = kq_{V1}\ (k>1) \tag{4-19}$$

第一压力级的进汽调整门沿圆周分布，当负荷变化时，因各调整门的开度不相同，进汽时，混合在第一压力级前的主汽温度 T_1 沿圆周也不相同，为此改用汽轮机第一压力级后的混合蒸汽温度 T_2（实际取第一段抽汽温度来代替）表示。

$$T_1 \approx K_T T_2 \tag{4-20}$$

变工况下，温度系数 K_T 近似为常数。

将式（4-20）代入式（4-17），再代入式（4-19），得

$$\left.\begin{aligned} q_V &= kK_1\sqrt{\frac{p_1^2-p_2^2}{K_T T_2}} = K\sqrt{\frac{p_1^2-p_2^2}{T_2}} \\ K &= k\frac{K_1}{\sqrt{K_T}} \end{aligned}\right\} \tag{4-21}$$

式中 K——待测定的流量系数。

由式（4-21）可知，测取第一压力级前后的压力值和第一段抽汽温度 T_2，即可测知汽轮机的主蒸汽流量。式（4-21）中，压力代入表压力 p_1'、p_2'，温度代入摄氏温度，即

$$p_2 = p_2' + p_a,\quad p_1 = p_1' + p_a,\quad T_2 = t_2 + 273.15$$

则式（4-21）可改写为

$$q_V = K\sqrt{\frac{(p_1'+p_2'+2p_a)(p_1'-p_2')}{t_2+273.15}} \tag{4-22}$$

式中 p_a——大气压力，可近似取 9.81×10^4 Pa。

利用压力级组前后压力测量主蒸汽流量的方案如图 4 - 14 所示。

待测定的流量系数 K 通常用现场试验来标定。一般采用汽水流量平衡的方法来求得，水流量从汽轮机凝结水流量计或给水流量计得知；也可以利用原来装有的主蒸汽流量计通过读数比较来求得。

实践证明，采用汽轮机第一压力级组压力、温度为信号的主蒸汽流量表可以长期连续运行。当机组运行参数偏离额定值时，同样可保持测量准确度。当标定系统的准确度控制在±0.4%以内时，此法的在线标定误差可在±1%以下。流量系数在试验期间的最大离散度不超过 1.57%，基本上可以视为常数。

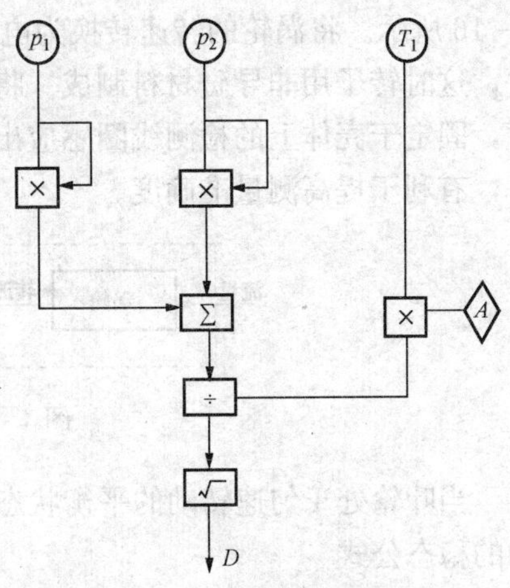

图 4 - 14 采用调节级前后压力测量主蒸汽流量的方案

第四节 其他流量测量方法

一、涡轮流量计

1. 涡轮流量计的构造和工作原理

涡轮流量计的结构如图 4 - 15 所示。当被测流体通过流量计时，冲击涡轮叶片，使涡轮旋转，在一定的流量范围内、一定的流体黏度下，涡轮的转速与流体流速成正比。当涡轮转动时，涡轮上由导磁不锈钢制成的螺旋形叶片轮流接近处于管壁上的检测线圈，周期性地改变检测线圈磁电回路的磁阻，使通过线圈的磁通量发生周期性变化，这时检测线圈产生与流量成正比的脉冲信号。此信号经前置放大器放大，整形电路整形，一方面转换为电流输出，供指示表指示瞬时流量，另一方面供积算电路显示总量。涡轮流量计的工作原理方框图如图

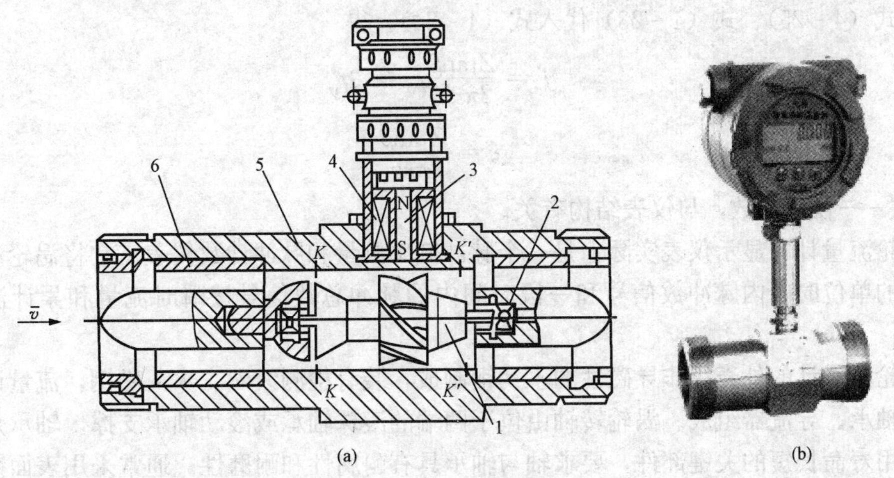

图 4 - 15 涡轮流量计

(a) 结构原理图；(b) 涡轮流量计

1—涡轮；2—支撑；3—永久磁钢；4—感应线圈；5—壳体；6—导流器

4-16 所示。将涡轮的转速转换为电脉冲信号的方法，除上述磁阻方法外，也可采用感应方法，这时转子用非导磁材料制成。将一小块磁钢埋在涡轮的内腔，当磁钢在涡轮带动下旋转时，固定于壳体上的检测线圈感应出电脉冲信号。磁阻方法比较简单，并可提高输出脉冲频率，有利于提高测量准确度。

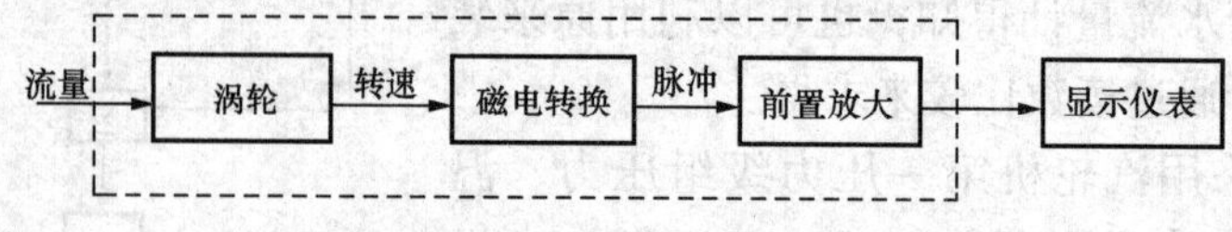

图 4-16　涡轮流量计原理方框图

当叶轮处于匀速转动的平衡状态，并假定涡轮上所有的阻力矩均很小时，可得到涡轮运动的稳态公式

$$\omega = \frac{v_0 \tan\beta}{r} \tag{4-23}$$

式中　ω——涡轮的角速度；

v_0——作用于涡轮上的流体轴向速度；

r——涡轮叶片的平均半径；

β——叶片对涡轮轴线的倾角。

此时检测线圈感应出的电脉冲信号的频率为

$$f = nZ = \frac{\omega}{2\pi} Z \tag{4-24}$$

式中　n——涡轮的转速；

Z——涡轮上的叶片数。

管道内流体的体积流量 q_V 为

$$q_V = v_0 F \tag{4-25}$$

式中　F——流量计的有效通流面积。

将式（4-25）、式（4-23）代入式（4-24），得

$$f = \frac{Z\tan\beta}{2\pi r F} q_V = \xi q_V \tag{4-26}$$

$$\xi = \frac{Z\tan\beta}{2\pi r F}$$

式中　ξ——仪表常数，与仪表结构有关。

涡轮流量计的显示仪表实际上是一个脉冲额率测量和脉冲计数仪表，它将涡轮流量变送器输出的单位时间内脉冲数信号和一段时间内的脉冲总数信号按瞬时流量和累计流量显示出来。

涡轮流量计的外壳用非导磁性的不锈钢制成，装有检测线圈、永久磁钢，流量计内部由涡轮、轴承、导流器组成。涡轮转轴由位于两端的滚珠轴承或滚动轴承支撑。轴承是影响流量计使用寿命长短的关键部件，要求轴与轴承具有耐腐性和耐磨性。通常采用表面镀硬铬处理的导磁不锈钢材料制作，并经过淬火工艺处理。此外，涡轮轴体制成斜锥形形状，可利用流体差压造成的反推力来减小涡轮所受的流体冲动轴向推力，从而减轻轴与轴承的负荷，提高变送器的寿命和准确度。

导流器对流体产生导直作用，避免回流体自旋而改变流体与涡轮叶片的作用角，从而保证仪表的测量准确度。导流器又用来支撑涡轮，保证涡轮的转动轴中心和壳体的中心相重合。

2. 仪表的使用特点和要求

(1) 仪表的结构紧凑，体积小，有较高的准确度，可达 0.5 级，不超过 1.0 级。可作为其他流量仪表的标准表。

(2) 静压损失小，适于 6.3MPa 和 120℃以下的流体。

(3) 动态响应快，时间常数不大于 0.05s，可用于测量脉动流量的瞬时值。

(4) 显示仪表采用数字仪表，便于信号远传，且刻度为线性的，量程较宽，最大与最小流量之比可达 6∶1～10∶1。

(5) 由式 (4-26) 可知，仪表常数 ξ 仅与仪表结构有关，但实际上 ξ 值受很多因素的影响。例如：轴承摩擦、电磁阻力矩变化、流体黏度变化等。涡轮流量计在低流量、小口径时，受流体黏度的影响更大。因此，应对涡轮流量计进行实液标定，给出仪表用于不同流体黏度范围时的流量测量下限值，以保证测量的准确度。涡轮流量计测量燃油流量时，要保持油温不变，目的是使黏度不变，以减少对测量的影响。

3. 使用流量计时需满足的要求

使用流量计除应满足仪表的使用要求外，还应满足下列要求：

(1) 被测流体必须洁净，以防止涡轮叶片被卡和减少轴与轴承的磨损。必要时，仪表前的管道上应加装过滤器。

(2) 被测流体的黏度和密度必须与仪表刻度标定时的流体密度和黏度相同，否则必须重新标定。

(3) 仪表的安装方式要求与校验情况相同。变送器的进出口方向不能装反，仪表一般应水平安装。仪表除了有导流器外，其前后必须保证有足够的直管段，通常入口直管段长取内径的 15 倍以上，出口取 5 倍以上，必要时加装整流器。

二、靶式流量计

在管道中插入一个阻力件——圆形靶，它对流动的流体造成阻力，测取此靶的受力来得出管内流体的速度，从而得知流量，这种变送器称为靶式流量变送器。

靶式流量变送器由检测部分和力平衡转换器组成，输出信号为 0～10mA 直流电流，其准确度可达±1%（用实际介质标定），口径系列范围为 15～200mm，流量测量范围为 0.8～400m^3/h（介质为水），也适用于高黏度、低雷诺数的流量测量。

流体流动时，质点冲击在靶上，使靶产生微小的位移，此微小的位移（或流体对靶的作用力）反映了流量的大小。流体对靶的作用力有以下三种：

(1) 流体对靶的直接冲击力，在靶板正面中心处，其值等于流体的动压力；

(2) 靶的背面由于存在“死水区”和旋涡而造成“抽吸效应”，使该处的压力减小，因此靶的前后存在静压差，此静压差对靶产生一个作用力；

(3) 流体流经靶时，由于流体流通截面缩小，流速增加，流体与靶的周边产生黏滞摩擦力。

在流量较大时，前两种力起主要作用，于是将流量信号转变成了力的信号。实际上，靶式流量变送器中除靶体以外，主要是一套力电或力气转换装置。

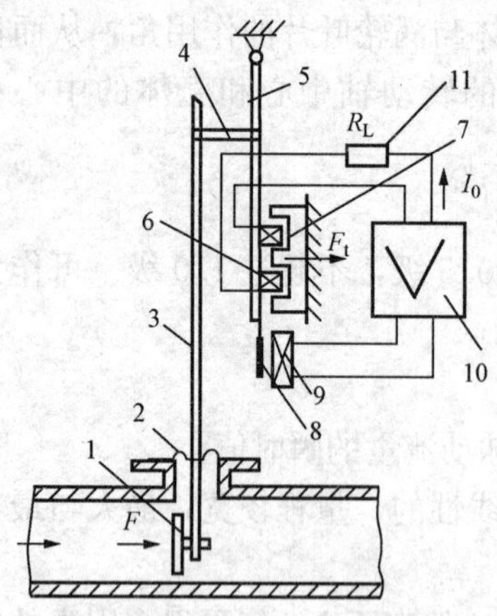

图4-17 双杠杆力平衡式靶式流量变送器

1—靶；2—密封膜片；3—输出杠杆；4—传力簧片；5—副杠杆；6—反馈圈；7—磁钢；8—检测铝片；9—检线圈；10—放大器；11—负载

测量装置包括靶板和测量管。力转换器分电动和气动两种结构型式。具有力——电（电流）转换器的称电动靶式流量变送器；具有力——气（气压）转换器的称气动靶式流量变送器。图4-17所示为双杠杆力平衡式靶式流量变送器，它是电动靶式流量变送器中的一种。

靶式流量计的安装与使用。

（1）为了保证测量准确度，流量计前后应有必要的直管段。

（2）要保证靶中心线与管道中心线重合。

（3）流量计是按水平位置校验和调整的，故一般应水平安装。若必须安装在垂直管道上，由于重力影响，会产生零点漂移，安装后必须进行零点调整，另外，安装时要注意流体的流动方向应由下向上。

（4）为了维修方便，流量计的安装处需加装旁路管道。

（5）仪表刻度是按一定流体介质标定的，用于其他流体时，读数需修正。

三、转子流量计

转子流量计（又称浮子流量计）具有结构简单、直观，压力损失小且恒定，测量范围较宽，工作可靠且有线性刻度，对仪表前后直管段长度要求不高，适用性广，维护方便等优点，它适用于直径 $D<150$mm 管道的流体流量测量，其测量准确度为2%左右。

转子流量计分为玻璃管转子流量计和金属管转子流量计两大类。玻璃管转于流量计结构简单、成本低，多用于透明流体的现场测量。金属管转子流量计一般多用于远传信号。

转子流量计由一根自下向上直径逐渐扩大的垂直锥管和管内的转子组成，如图4-18所示。

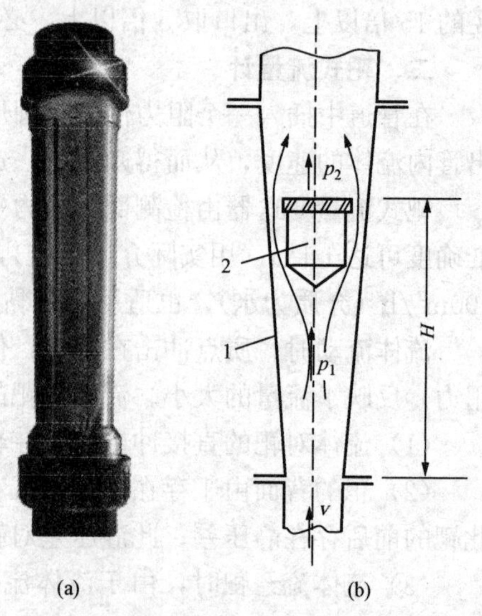

图4-18 转子流量计

（a）转子流量计；（b）原理结构图

1—锥形管；2—转子

当流体自下而上流经锥形管时，由于受到流体的冲击，转子被托起并向上运动。随着转子的上移，转子与锥形管之间的环形流通面积增大，此处流体流速减低，直到转子在流体中的重量与流体作用在转子上的力相平衡时，转子停在某一高度，保持平衡。当流量变化时，转子便会移到新的平衡位置。由此可见，转子在锥形管中的不同高度代表着不同的流量。将锥形管的高度用流量值刻度，转子上边缘处对应的位置即为被测流量值。

根据流体的连续性方程和伯努利方程，可导出转子流量计的测量公式，即

$$q_V = \alpha A_0 \sqrt{\frac{2\Delta p}{\rho}} \qquad (4-27)$$

$$\Delta p = p_1 - p_2$$

式中 A_0——转子与锥管内壁间的环形流通面积；

α——流量系数；

Δp——节流差压；

ρ——流体密度。

当转子位置不变时，依据受力平衡原理，可求出转子下面和上面的节流差压 Δp 的大小，即

$$A_f \Delta p = V_f(\rho_f - \rho)g \tag{4-28}$$

$$\Delta p = \frac{V_f}{A_f}(\rho_f - \rho)g \tag{4-29}$$

式中 A_f、V_f——转子的横截面积及体积；

ρ_f，ρ——转子材料的密度和流体密度。

转子与锥形管之间的环形流通截面 A_0 与转子上升高度 H 有确定的几何关系，一般转子直径与锥形管标尺零点处直径 d_0 相同，由此得出

$$A_0 = \frac{\pi}{4}[(d_0 + 2\tan\theta H)^2 - d_0^2] = \pi(\tan\theta H d_0 + \tan^2\theta H^2) \tag{4-30}$$

式中 θ——锥形管的锥度。

将 Δp 及 A_0 代入式（4-27），可得

$$q_V = 2\pi(\tan\theta d_0 H + \tan^2\theta H^2)\sqrt{\frac{2gV_f(\rho_f - \rho)}{\rho A_f}} \tag{4-31}$$

由上式可看出，被测流量 q_V 与转子高度 H 的关系并非线性的。但由于锥角 θ 一般很小，在 12′～11°30′之间，故锥度 $\tan\theta$ 值很小，$\tan^2\theta$ 数值就更小，可忽略，所以

$$q_V = 2\pi\tan\theta d_0 H\sqrt{\frac{2gV_f(\rho_f - \rho)}{\rho A_f}} \tag{4-32}$$

此时，与 H 有近似线性关系。由上式可见，当被测介质一定时，q_V 与 H 的关系取决于流量系数 α。α 与转子形状、流体的流动状态及其物理性质有关。转子流量计在实际使用时，采用了即使流动状态和流体的性质变化，而 α 值几乎不变的浮子形状。一般说来。可认为是雷诺数的函数，其中流体黏度是影响 α 的主要因素。实验证明，当被测流体黏度超过一定界限值，致使雷诺数低于一定值时，流量系数 α 不等于常数。这样 q_V 与 H 就不呈线性关系，从而影响测量准确度。所以，对于被转子流量计测量的流体，其黏度被规定了严格的范围。

四、涡街流量计

涡街流量计是依据涡街方面的理论面发展起来的一种流量计。它具有如下一些特点：其输出为频率信号且与流量成比例变化，便于实现数字化测量及与计算机联用；仪表内部无机械可动部件，构造简单，使用寿命长；可以测量气体、液体及蒸汽的流量，在一定雷诺数范围内，不受流体组成、压力、密度、黏度等因素的影响；与节流式流量计相比，它的压力损失小，量程比宽（线性测量范围宽达 30∶1），测量准确度达±1%。

1. 测量原理

涡街流量计实现流量测量的理论基础是流体力学中的“卡门涡街”原理。在流动的流体中放置一根其轴线与流向垂直的、有对称形状的非流线形柱体（如圆柱、三角柱等，如图

4－19 所示)，该柱体称漩涡发生体。当流体沿漩涡发生体绕流时，在漩涡发生体下游产生如图 4－19 所示的两列不对称、但有规律的漩涡列，这就是卡门涡街。

经研究发现。当两漩涡列之间的距离 h 和同列的两个漩涡之间的距离 l 满足 $h/l=0.281$ 时，所产生的涡街是稳定的。此时漩涡的分离频率 f 与漩涡发生体处流体的平均流速 $\overline{v}_1$ 及柱宽 d 有下述关系

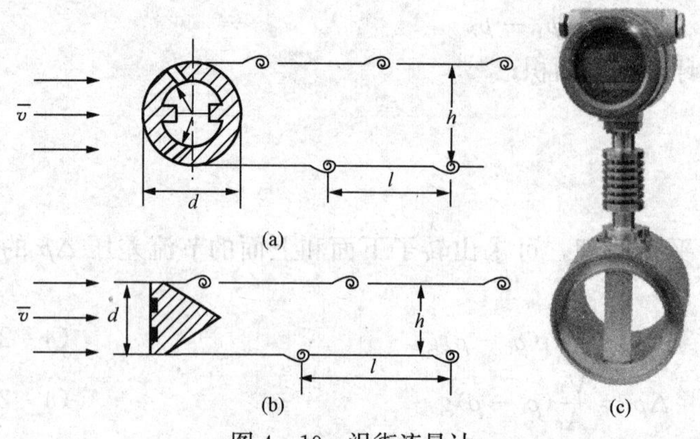

图 4－19 涡街流量计

(a) 圆柱体发生“涡街”情况；(b) 等边三角形体发生“涡街”情况；(c) 涡街流量计

$$f = Sr\frac{\overline{v}_1}{d} \tag{4-33}$$

式中 f——漩涡分离频率，Hz；

Sr——斯特劳哈尔数 (Strouhal 数)；

$\overline{v}_1$——漩涡发生体处的流体平均流速，m/s；

d——漩涡发生体的宽度，m。

斯特劳哈尔数 Sr 与漩涡发生体形状及雷诺数有关。实验得到，当雷诺数 Re_D 为 $3\times10^2\sim2\times10^5$ 范围内时，Sr 是个常量。对于三角柱漩涡发生体，$Sr=0.16$；对于圆柱漩涡发生体，$Sr=0.20$。

对于涡街流量计，由于管道内插有漩涡发生体，所以漩涡发生体处的平均流速与管道内的平均流速不同，根据流体连续性方程有

$$\overline{v}A = \overline{v}_1A_1 \tag{4-34}$$

式中 $\overline{v}$、$\overline{v}_1$——分别为管道内流体的平均流速、漩涡发生体处的流体平均流速；

A，A_1——分别为管道截面积、漩涡发生体处管道截面积（两个弓形面积之和）。

设 $A_1/A=m$，当 $d/D=0.3$（D 为管道直径）时，可近似认为

$$m = 1-1.25\frac{d}{D} \tag{4-35}$$

整理式（4－33），式（4－34）及式（4－35），得到圆管中漩涡发生频率 f 与管内平均流速 $\overline{v}$ 的关系为

$$f = \frac{Sr}{\left(1-1.25\dfrac{d}{D}\right)}\frac{\overline{v}}{d} \tag{4-36}$$

所以，体积流量 q_V 与频率 f 之间的关系为

$$q_V = \frac{\pi D^2}{4}\overline{v} = \frac{\pi D^2}{4}\left(1-1.25\frac{d}{D}\right)\frac{d}{Sr}f \tag{4-37}$$

由式（4－37）可知，流量 q_V 与漩涡脱离频率 f 在一定雷诺数范围内成线性关系，因此，也将这种流量计称为线性流量计。

2. 漩涡频率的检测方法

由涡街流量计的测量原理可知，实现流量测量的关键是准确地检测出漩涡的发生频率

f。漩涡发生体的形状不同，测量频率信号所采用的检出元件及方法也不一样，下面以用热敏电阻作为检出元件的三角柱涡街流量计为例，介绍漩涡频率的检测方法。如图4-20所示，在三角柱体的迎流面中间对称地嵌入两个热敏电阻，因三角柱表面涂有陶瓷涂层，所以热敏电阻与柱体是绝缘的。在热敏电阻中通以恒定电流，使其温度在流体静止的情况下比被测流体高 10℃左右。在三角柱两侧未发生漩涡时，两只热敏电阻温度一致，阻值相等。当三角柱两侧交替发生漩涡时，在发生漩涡的一侧因漩涡耗损能量，流速低于未发生漩涡的另一侧，其换热条件变差，故这一侧热敏电阻温度升高，阻值变小。用这两个热敏电阻作为电桥的相邻臂，电桥对角线上便输出一列与漩涡发生频率相对应的电压脉冲。经放大、整形后得到与流量相应的脉冲数字输出，或用转换电路转换为模拟量输出。

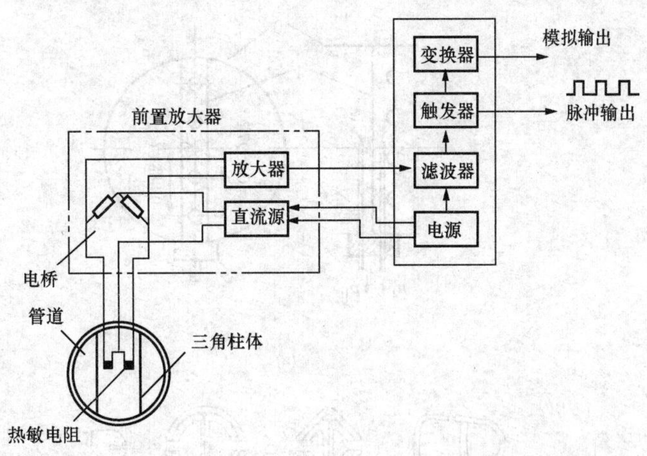

图 4-20　三角柱漩涡流量计框图

3. 使用与安装

(1) 流量测量范围应与流量计的流量测量范围相符合。涡街流量计的上下限测量范围，除了与 Re_D 范围（Sr 稳定）有关外，其下限还取决于频率测量准确度满足不了要求时的最低流量值。

(2) 测量介质温度变化时，应对流量公式进行修正。

(3) 为了保证测量准确度，漩涡发生体下游直管段应不小于 $5D$，上游直管段要求如表 4-5 所示。

表 4-5　涡街流量计要求的上游直管段

上游管道方式及阻流件形式	直管段长度	
	无整流器	有整流器
90°弯管	$20D$	$15D$
两个同平面的 90°弯管	$25D$	$15D$
两个不同平面的 90°弯管	$30D$	$15D$
管径收缩	$20D$	$15D$
管径扩大	$40D$	$20D$

(4) 涡街流量计可以水平、垂直或任意角度安装，但测液体时若垂直安装，流量应自下向上。安装漩涡发生体时，应使其轴线与管道轴线相互垂直。

五、动压测量管

(一) 动压平均管

动压平均管（均速管），又称阿纽巴（Annubar）管或笛形管，它由一根中空的金属杆（杆上迎流方向钻有成对的测压孔）以及静压管组成，如图 4-21 所示。

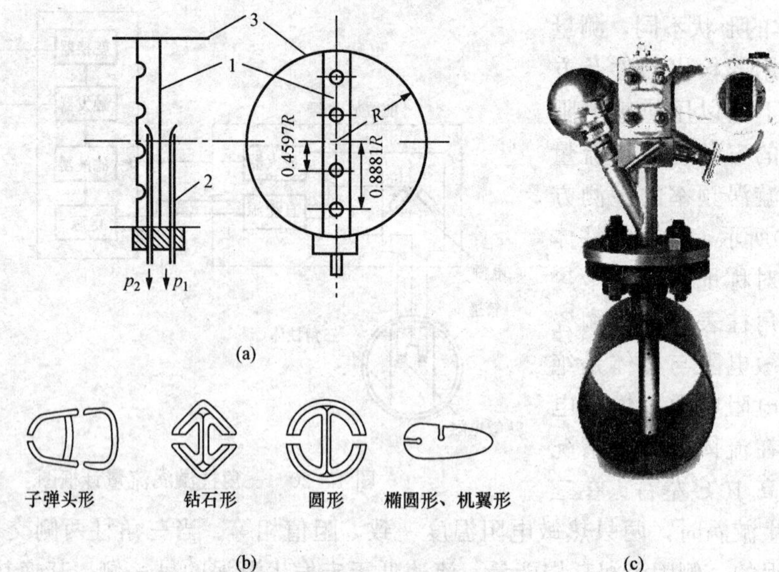

图 4-21　动压平均管

(a) 动压平均管结构；(b) 均速管截面类型；(c) 阿纽巴管流量计

1—总压平均管；2—静压管；3—管道

1. 动压平均管的特点

(1) 结构简单，安装维护方便，制造成本及运行费用低。

(2) 压损小，能耗小。动压平均管使用中造成的永久压力损失仅占差压信号的 2%～15%，而孔板流量计的永久压力损失却占差压信号的 40%～80%。长期运行时动压平均管的节能效果非常明显。

(3) 适用范围广。除不适用于污秽、有沉淀物的流体外，可适用于气体、液体及蒸汽等多种流体；适用的管径范围为 ϕ25mm～ϕ9m，而且管径越大，其优越性越突出，适用于测量高温高压介质的流量。

(4) 稳定性和准确度高。流量系数长期稳定不变，测量准确度可达 1.0 级以上。

(5) 动压平均管的缺点是与皮托管相比，仅适用于圆形管道，另外使用时量程比较小，输出的差压信号较小，给选用差压变送器带来困难。

2. 动压平均管的流量公式

动压平均管是一只沿管道直径插入管道内的细圆管，在对着来流方向的管壁开一些圆孔，以测量总压。各孔测得的总压由于开孔位置不同而不同，在管内平均后得到平均压力 p_2 并导出，在插入管的中间位置背着来流方向开一圆孔测静压 p_1，其流量测量公式如下

$$q_V = A\overline{v} = \alpha A\sqrt{\frac{2\Delta p}{\rho}}$$

$$\overline{v} = \alpha\sqrt{\frac{2\Delta p}{\rho}} \tag{4-38}$$

式中　A——管道横截面积；

$\overline{v}$，α——分别为平均流速和流量系数；

ρ、Δp——分别为被测流体密度及总压与静压之差，$\Delta p = p_2 - p_1$。

由于测得的 Δp 是总压的平均值与静压之差，故可按式（4-38）求得平均流速 $\overline{v}$。在

此，关键问题是动压平均管的总压取压孔的位置和数目，它与紊流流动在圆管截面上的流速分布有关，流速分布不同，开孔位置也不同。流量系数 α 与被测介质及其流动状态（Re_D）以及动压平均管的结构等因素有关，其值一般通过实验确定。

均速管流量计按检测杆的截面外表可分成圆形、菱形、椭圆形和子弹头形见图 4-21（b）。子弹头形均速管流量计商品名为威力巴（Verabar）管，其测量杆截面形状的独特设计使得能产生精确的压力分布和固定的流体分离点，位于测杆后两边、流体分离点之前的低压测压孔可以产生稳定差压信号，在连续工作的情况下克服了阿纽巴等流量测杆易堵塞的弊病。

（二）翼形动压管

翼形动压管也是基于皮托管测速原理发展而来的一种流量计，其结构形式如图 4-22 所示。为了克服动压管输出差压小（尤其在流速较低时）的弱点，翼形动压管改变了传统的静压测取方式，通过设置机翼形装置来增大静压取压孔处的流速，减小静压输出值，使得在管道内平均流速不变的前提下增大了输出差压值。下面根据理想流体绕圆柱体流动时的圆柱体表面压力分布情况，分析其测量原理图如图 4-22（a）所示，在 $0°\leqslant\theta\leqslant90°$ 和 $270°\leqslant\theta\leqslant360°$ 范围内，翼形管头部所受压力为

$$p = p_1 + \frac{1}{2}\rho v_1^2(1 - 4\sin^2\theta) \tag{4-39}$$

式中 p_1，v_1——分别为未受翼形管影响时流体的静压和速度。

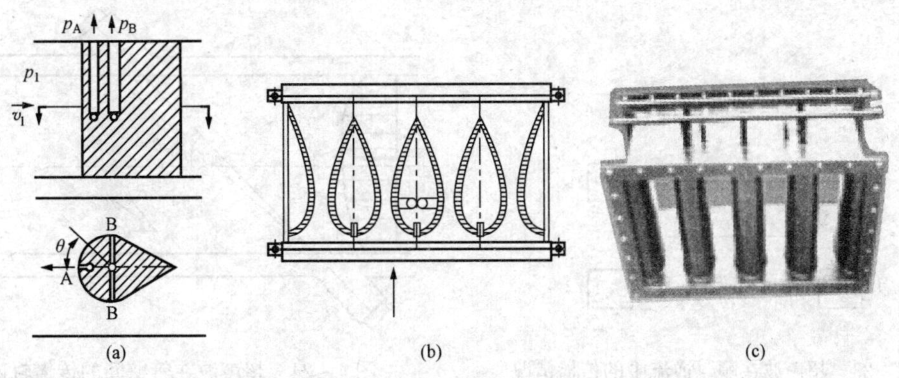

图 4-22 翼形动压管

（a）翼形动压管的基本型；（b）翼形动压管的变形；（c）翼形动压管

由上式可知，$\theta=0°$时，$p_A= p_1+\frac{1}{2}\rho v_1^2$，$A$ 点就是驻点，p_A 为总压，B 点流速最大，$\theta=90°$其静压 $p_B=p_1-\frac{3}{2}\rho v_1^2$。此时输出差压为

$$\Delta p = p_A - p_B = 2\rho v_1^2$$

或

$$\Delta p = 4 \times \frac{\rho v_1^2}{2} \tag{4-40}$$

将式（4-38）与式（4-40）进行比较，可见翼形管的灵敏度提高了 4 倍。翼形动压管也可以按动压平均管的方式取压，从而使输出差压反映平均流速。图 4-22 中（b），（c）是目前火电厂锅炉上矩形送风道内常用的翼形动压管示意图，它结构简单，制造方便，体积大，一般是根据使用工况而具体设计安装的。

六、超声波式流量计

超声波流量计与一般流量计比较有以下特点：

（1）非接触测量，这就不会扰动流体的流动状态，不产生压力损失。

（2）不受被测介质物理，化学特性的影响，不受黏度、混浊度、导电性等特性的影响。

（3）输出特性呈线性。

超声波流量计的测量原理是，超声波在流动介质中传播时，其传播速度与在静止介质中的传播速度不同，其变化量与介质的流速有关，测得这一变化量就能求得介质的流量。图4－23所示为超声波在顺流和逆流中的传播情况。图中F为发射换能器，J为接收换能器，u为介质流速，c为介质静止时的声速。顺流中超声波的传播速度为$c+u$，逆流时的速度为$c-u$。顺流和逆流之间的速度差与介质的流速u有关。测得这一差别就可求得流速，进而经过换算而测得流量值。测量速度差的方法很多，常用的有时间差法，相位差法和频率差法。图4－24所示为超声波在管壁间的传播轨迹，F和J分别为发射和接收换能器。介质静止时的超声轨迹为实线，它与轴线之间的夹角为θ，当介质的平均流速为u时，传播的轨迹为虚线所示，它与轴线间夹角为θ'，速度c_u，为两个分速度（c和u）的矢量和，为了使问题简化，认为$\theta \approx \theta'$（因为一般情况下$c \gg u$），这时可得$c_u = c + u\cos\theta$。下面推导各种超声波流量计的基本公式时用的就是这一结论。

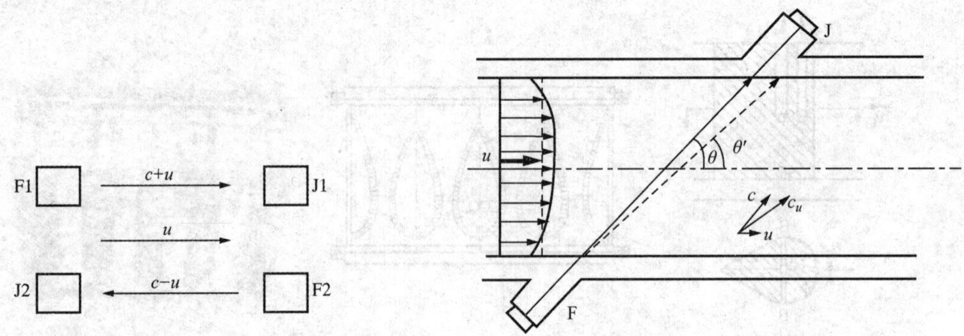

图4－23 超声波在顺、逆流中的传播情况　　图4－24 超声波在管壁间的传播轨迹

1. 时间差法

时间差法可测量超声脉冲在顺流和逆流中传播的时间差，图4－25所示为时间差法超声波流量计的原理方框图。如果安装在管道两侧的换能器交替地发射和接收超声脉冲波，顺流传播时间为t_1，逆流传播时间为t_2，则有下列关系式：

$$t_1 = \frac{\dfrac{D}{\sin\theta}}{c + u\cos\theta} + \tau$$

$$t_2 = \frac{\dfrac{D}{\sin\theta}}{c - u\cos\theta} + \tau$$

式中 D——管道直径；

τ——超声脉冲在管壁厚度内传播所需要的时间。

它们之间的差值为

$$\Delta t = \frac{2D\cos\theta}{c^2}u$$

$$u = \frac{c^2\tan\theta}{2D}\Delta t \tag{4-41}$$

对于已安装好的换能器和已定的被测介质。式中的 D、θ 和 c 都是已知的常数，所以体积流量 $q_V = Au$ 与 Δt 成正比。A 为流体管道面积。

图 4-25 所示为单通道时间差法超声波流量计的一例，主控振荡器以一定的频率控制切换器，使两个换能器以一定的重复频率交替发射和接收超声脉冲波。接收到的信号由接收放大器放大，发射与接收的时间间隔由输出门获得，由输出门控制的锯齿波电压发生器输出的是有良好线性特性的锯齿波电压，其电压峰值与输出门所输出的方波宽度成正比。由于顺流和逆流传播超声脉冲时所获得的输出方波宽度不同，相应产生的锯齿波电压峰值也不相等，顺流时锯齿波电压的峰值低于逆流时锯齿波电压的峰值，利用受主控振荡器控制的峰值检波器分别将顺流和逆流的锯齿波电压峰值检出后送到差分放大器中进行比较放大，当流量为零时，两个峰值检波器输出相等，相当于两个相等的直流电压送进差分放大器的输入端，这时差分放大器没有输出；当流量不等于零时，差分放大器的输出将与两个峰值检波器输出的差，即 $\Delta t = t_2 - t_1$，成正比，从而与流量成正比，这个差值信号送到显示器中，去显示流量值。

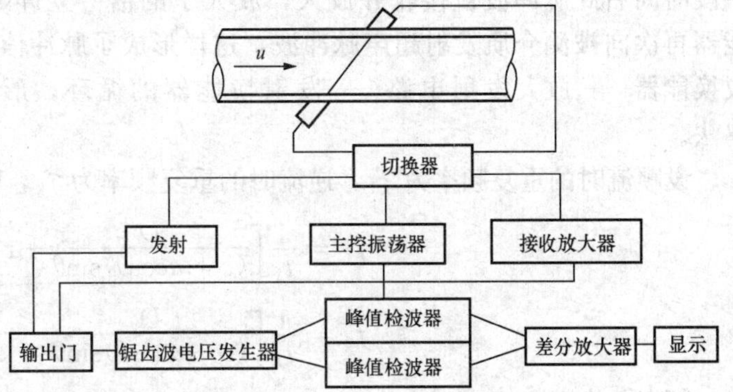

图 4-25 单通道时间差法超声波流量计原理

2. 相位差法

连续超声波振荡的相位可以写成 $\varphi = \omega t$，这里角频率 $\omega = 2\pi f$，f 为超声波的振荡频率。如果换能器发射连续超声波或者发射周期较长的脉冲波列，则在顺流和逆流时所接收到的信号之间就产生了相位差 $\Delta\varphi$。$\Delta\varphi = \omega\Delta t$，$\Delta t$ 就是前面所说的时间差，因此，可根据时间差法的流速公式，写出相位差法流量计的基本公式，即

$$u = \frac{c^2\tan\theta}{2\omega D}\Delta\varphi \tag{4-42}$$

图 4-26 所示为相位差法超声波流量计的方框图。换能器采用双通道形式，振荡器发出的连续正弦波电压激励发射换能器发射出连续超声波，经一定时间后此超声波被接收换能器（J1 和 J2）接收，调相器用来调整相位检波器的起始工作点及校正零点，两个放大器把接收换能器送来

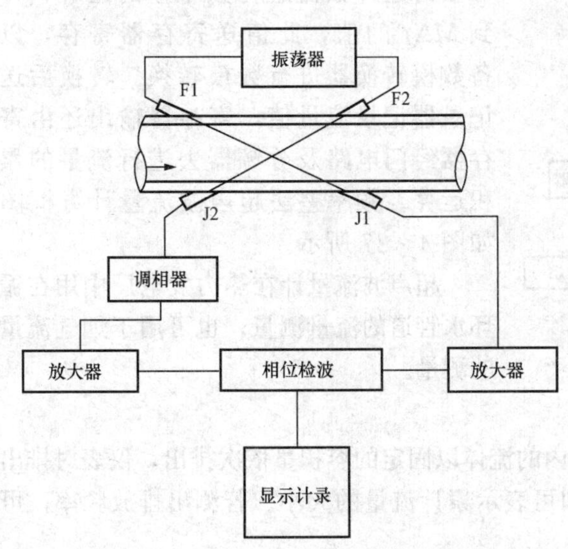

图 4-26 相位差法超声波流量计方框图

的信号放大后送到相位检波器，相位检波器输出的直流电压信号与相位差 $\Delta\varphi$ 成正比。即与被测介质流量成正比，直流电压信号送显示记录单元进行流量显示，相位差法的测量精确度比时间差法高。

3. 频率差法

频率差法超声波流量计的工作原理是，超声换能器向被测介质发射超声脉冲波，经过一段时间后此脉冲波被接收并放大，放大了的信号立即返回去触发发射电路，使发射换能器再次向被测介质发射超声脉冲波，这样形成了脉冲信号按发射换能器——介质——接收换能器——放大发射电路——发射换能器的循环，形成一串回转发射过程，称为回鸣法。

设顺流时的重复频率为 f_1，逆流时的重复频率为 f_2，则有，

$$f_1=\frac{1}{t_1}\left[\frac{D}{(c+u\cos\theta)\sin\theta}+\tau\right]^{-1}$$

$$f_2=\frac{1}{t_1}\left[\frac{D}{(c-u\cos\theta)\sin\theta}+\tau\right]^{-1}$$

频率差为

$$\Delta f=f_1-f_2=\frac{\sin2\theta}{D\left(1+\frac{\tau c\sin\theta}{D}\right)^2}u$$

$$u=\frac{D\left(1+\frac{\tau c\sin\theta}{D}\right)^2}{\sin\theta}\Delta f \tag{4-43}$$

则交替发射超声脉冲波，由收发两用电路来发射及接收信号，顺流和逆流的重复频率分别选出后经倍频器进行 M 倍频，倍频器输出 Mf_1 及 Mf_2 的频率信号去可逆计数器进行频率差的运算，得到 $M\Delta f$ 的值，此值送寄存器寄存，以备数模转换器进行数模转换。转换后送记录器记录流量值，寄存器输出还由寄存器经门电路及分频器去进行流量的累积运算。频率差法超声波流量计方框图如图 4-27 所示。

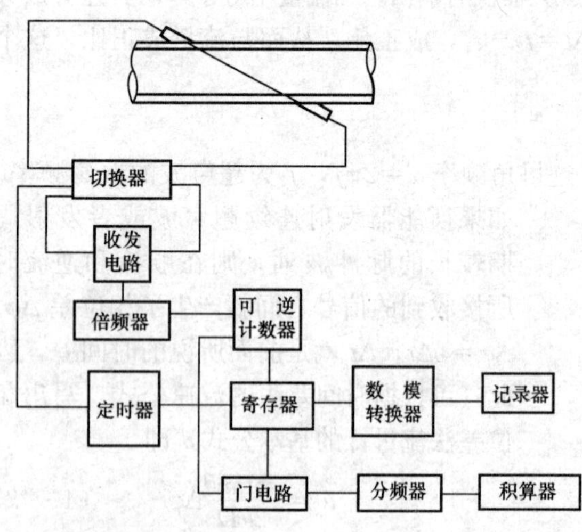

图 4-27 频率差法超声波流量计方框图

超声波流量计在热力发电厂中用在循环水管道的流量测量，也可用于烟气流量的测量。

七、容积式流量计

容积式流量计的原理是，流经测量仪表内的流体以固定的容积量依次排出，仪表对排出的流体固定容积 V 的数目进行计数，该数即可表示累计流量的大小。若测出排放频率，可显示流量。

容积式流量计种类很多，现介绍腰轮流量计及椭圆齿轮流量计的工作原理。它们的结构

如图4-28及图4-29所示。流量计的腰轮或椭圆齿轮在流体压力作用下转动，其转动方向如图所示，每转一周，由出口排放出图中明影部分V容积的流体四次。若腰轮（或齿轮）的转速为n，则排放频率为$4n$，那么流量为

$$q_V = 4nV \tag{4-44}$$

或

$$n = \frac{q_V}{4V}$$

若某一时间间隔内，经仪表排出流体的固定容积数目为N，则被测流体的累计流量（总量）可用下式表达

$$Q_V = NV \tag{4-45}$$

由连接于转轴的转速表及积算器（计数器）指示流体的流量q_V及总量Q_V。

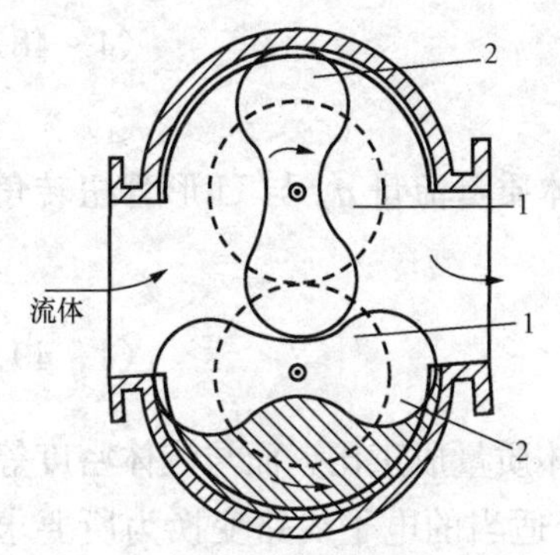

图4-28 腰轮流量计原理图

1—互相啮合的齿轮；2—精密啮合的腰轮

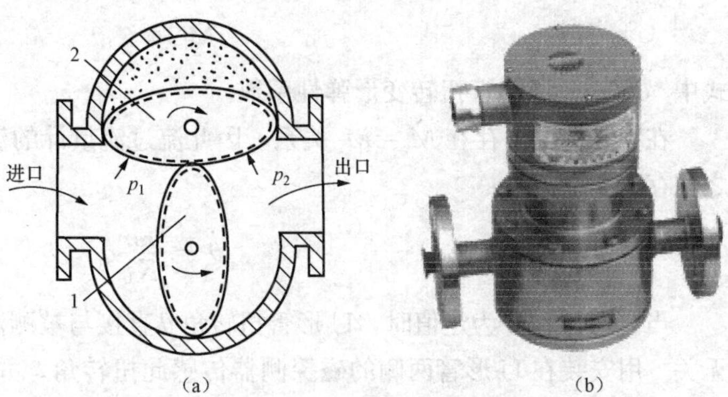

图4-29 椭圆齿轮流量计

(a) 原理图；(b) 椭圆齿轮流量计

1、2—互相啮合的椭圆齿轮

八、哥氏力流量计

在工业生产中，不论是生产过程控制还是成本核算，通常需要准确地获知流体的质量流量q_m，因此需要有能直接测定流体质量流量的质量流量计。哥氏力流量计是利用被测流体在流动时的力学性质，直接测量质量流量的装置。它能直接测行液体、气体和多相流的质量流量，并且不受被测流体的温度、压力、密度和黏度的影响，测量准确度高，可达0.2%～1.0%。

弯管哥氏力流量计的结构如图4-30所示。图4-30中，一根（或者两根）U形管在驱动线圈的作用下，以约80Hz的固有频率振动，其上下振动的角速度为ω。被测流体以流速v，从U形管中流过，流体流动方向与振动方向垂直。若U形管半边管内流体质量为m，则半边管上所受到的哥氏力F_c为

$$F_c = 2mv\omega \tag{4-46}$$

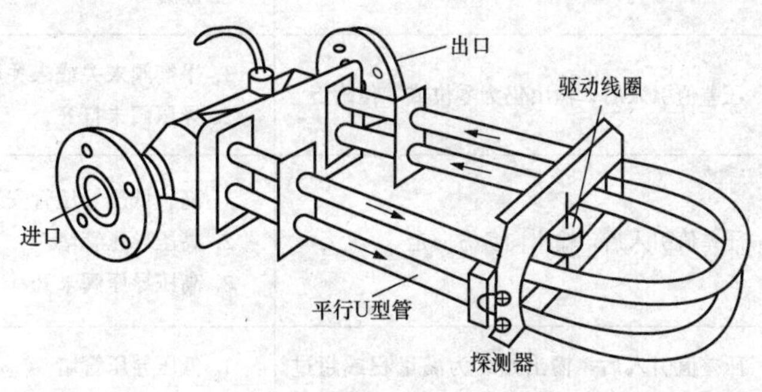

图4-30 弯管哥氏力流量计

力的方向可由右手螺旋法则决

定。由于两半管中流体质量相同，流速相等而流向相反，故U形管左右两半边管所受的哥氏力大小相等、方向相反，从而使金属U形管产生扭转，即产生扭转角 θ。当U形管振动处于由下向上运动的半周期时，扭转角方向如图4-31所示，当处于由上向下运动的半周期时，由于两半管所受的哥氏力反向，U形管扭转角方向与图中方向相反。F_c 产生的扭转力矩 M_c 为

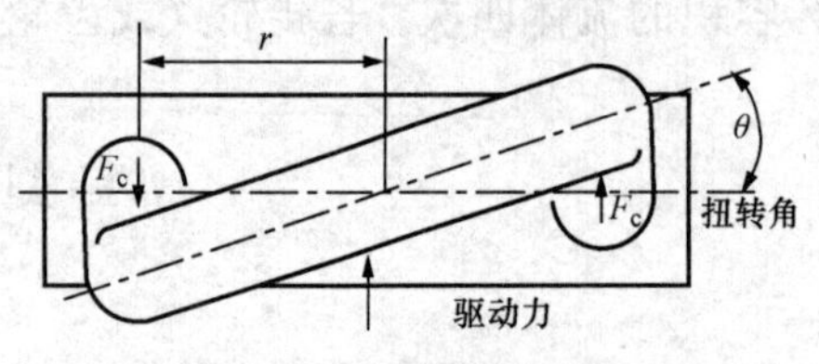

图4-31 U形管扭转原理图

$$M_c = 2rF_c = 4rmv\omega = 4\omega rq_m \tag{4-47}$$

式中 r——U形管两侧肘管至中心的距离；

U形管扭转变形后产生的弹性反作用力矩为

$$M_f = K_f\theta \tag{4-48}$$

式中 K_f——U形管扭转变形弹性系数。

在稳态情况下存在 $M_c=M_f$ 关系，因此流过流量计的流体质量流量 q_m 与U形管扭转角之间存在如下关系：

$$\theta = \frac{4\omega r}{K_f}q_m \tag{4-49}$$

当 r、K_f 和 ω 为定值时，U形管扭转角 θ 直接与被测流体质量成正比，而与流体密度等无关。用安装在U形管两侧的磁探测器传感此扭转角，并经适当的电子线路变换为所要求的输出信号，从而直接指示质量流量值。

第五节 流量测量系统的故障排除

差压式流量测量系统的常见故障现象与排除方法见表4-6。

表4-6 差压式流量测量系统的常见故障及排除方法

故障现象	产生原因	排除方法
输出值小或反映不出被测值的变化	导压管密封不良	消除不密封现象
变送器输出在机械零位	1. 仪表未送电 2. 断线	1. 给仪表送电 2. 检查线路并接通断点
压差值引入后，输出仍为零位或零位附近	1. 平衡阀未关或未关严 2. 导压阀未打开	1. 关紧平衡阀 2. 依次打开导压阀
压差值引入后，输出向负方向走	1. 高、低压导压管安装反了 2. 高压导压管堵 3. 高压导压阀未开	1. 检查并纠正导压管 2. 清通高压导压管 3. 打开高压导压阀
压差值引入后，输出始终为满量程或超过满量程	1. 低压导压管堵 2. 低压导压阀未开	1. 清通低压导压管 2. 打开低压导压阀

复习思考题

4-1 流量测量方法有哪几种？请举例说明。

4-2 节流式流量计的工作原理是什么？

4-3 什么是标准节流装置？电厂常用的节流件是什么？其取压方式有何规定？

4-4 简述超声波流量计的工作原理。其有什么特点？

4-5 节流式流量计为什么要进行压力温度补偿？

4-6 试述无节流元件的主蒸汽流量测量原理。

4-7 简述哥氏力流量计的测量原理。

4-8 简述流量测量系统的典型故障及处理方法。

第五章　水　位　测　量

汽包水位是指锅炉汽包内汽水分界面的位置，是火电厂中需要监视和控制的一个重要参数。汽包水位是否正常，直接关系到机组的安全运行。锅炉汽包水位测量对于锅炉的安全运行极为重要，水位过高、过低都将引起蒸汽品质变坏或水循环恶化，甚至造成干锅，引起严重的设备故障。尤其在机炉启停过程中，炉内参数变化很大，水位变动也很大，水位的及时监视就更为重要了。所以在一个汽包上常要装设多套测量水位的仪表，以便直接监视水位、控制水位在正常范围内，并在水位越限时报警。

锅炉汽包水位的测量，最简单的是采用云母双色水位计，它是根据连通管原理制作的，就地安装在汽包上，指示直观、准确、可靠；但监视不便。大型锅炉上都采用闭路工业电视来远距离监视双色水位计的水位。

为了远距离监视水位，以及为调节给水控制系统提供水位信号，控制室采用平衡器把水位信号转换为差压信号，用差压计测量水位。差压水位计的指示受汽包压力变化的影响较大，特别是在锅炉启停过程中，只有对差压式水位计的指示值进行汽包压力补偿，才能比较准确地反映汽水位。

电接点水位计目前应用较广泛，并能方便地远传水位信号，现代化电厂还采用闭路工业电视监视汽包水位。

第一节　云母水位计和双色水位计

一、云母水位计工作原理

云母水位计是锅炉汽包一般都装设的就地显示水位表。它是一种连通器，结构简单，显示直观，如图 5 - 1 所示。显示部分用云母玻璃制成。根据连通器平衡原理可得

$$H\rho_w g + (L - H)\rho_s = H'\rho_1 g + (L - H')\rho_s \tag{5 - 1}$$

式中　ρ_s——汽包内饱和蒸汽密度；

ρ_w——汽包内饱和水密度；

ρ_1——云母水位计测量管内水柱的平均密度；

H——汽包内重量水位；

H'——显示值。

由式（5 - 1）可知，云母水位计的指示水柱高度 H' 与汽包重量水位高度 H 的关系为

$$H = \frac{\rho_1 - \rho_s}{\rho_w - \rho_s} H' \tag{5 - 2}$$

由于云母水位计温度低于汽包内温度，因此云母水位计的指示水柱高度 H' 低于汽包重量水位高度 H。

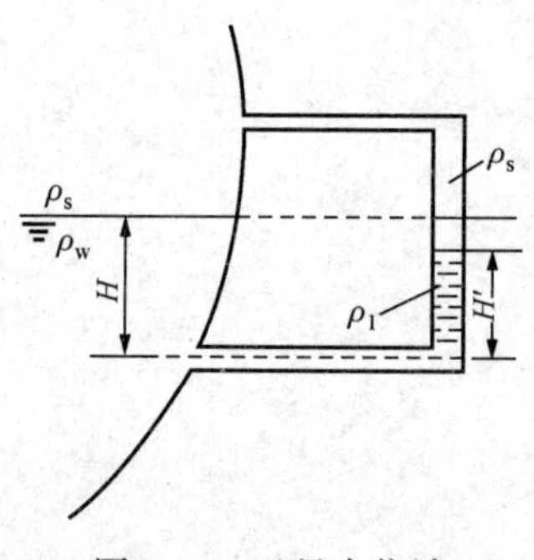

图 5 - 1　云母水位计

二、云母水位计的误差

因云母水位计的温度低于汽包内温度而产生的示值误差，即

$$\Delta H = H' - H = \frac{\rho_w - \rho_1}{\rho_w - \rho_s} H' \tag{5-3}$$

从式（5-3）中可以看出：ΔH 不但与云母水位计的温度有关（根本原因），而且还与云母水位计的测量基准线位置及汽包内重量水位有关。

分析表明：汽包内的重量水位 H 值一定时，压力越高，$|\Delta H|$ 值越大，压力越低，$|\Delta H|$ 值越小；汽包工作压力一定时，汽包内重量水位 H 值越大，$|\Delta H|$ 值越大，H 值越小，$|\Delta H|$ 值越小。

如果汽包的正常水位设计在 $H_0=300$mm，而且设计时重量水位就在正常水位线上，则云母水位计的示值误差在压力 $p=4.0$MPa 时，$\Delta H=-59.6$mm；在压力 $p=10$MPa时，$\Delta H=-97.0$mm；在压力 $p=14$MPa 时，$\Delta H=-122.3$mm；在压力 $p=16$MPa时，$\Delta H=-136.9$mm。可见，压力每升高 1MPa 时，云母水位计的示值误差平均为−6.5mm 左右。

三、双色水位计

云母水位计和双色水位计是按连通器原理测量水位的就地式水位计，云母水位计实际上就是一根连通管，对低、中压锅炉，可以用玻璃作水位计观察窗，对高压锅炉，炉水对玻璃有较强的腐蚀性，会使玻璃透明度变差而不利于水位监视，故常用优质云母片作观察窗，因而称为云母水位计。无论玻璃板还是云母片，都因汽水界面不易分清，水位的观察都相当困难。后来对云母水位计加以改进研制成功了双色水位计，它是利用光学系统改善了显示清晰度，使观测者看到的汽水分界面是红绿两色的分界面，非常清晰。

从显示的误差角度看，连通管式液位计共同的主要问题是当液位计中与被测容器中的液温有差别时，液位计显示的液位不同于容器中的液位，此误差还会随着容器内压力的改变而变化。尤其在启、停过程中，误差总是变化的。

根据经验，在额定工况时，对高压锅炉的水位示值误差达 40～60mm。中压锅炉的水位示值误差达到 25～35mm。为了减小这项误差，常需采取保温补偿等措施。

近年来，双色水位计在汽包炉上使用得越来越多，因为它显示清晰，结构简单，水位图像还可用电视远传到操作盘（台），并且有的型号还增加了蒸汽加热的补偿措施，使误差大为减小。这种按连通器原理工作的水位计利用光学系统改善了显示的清晰度，使汽柱显红色，水柱显绿色，分界面十分醒目。

双色水位计的结构及工作原理如图 5-2 所示。图 5-2（a）中光源 8 发出的光经过红色和绿色滤光玻璃 10、11 后，只有红色和绿色光达到组合透镜 12。在组合透镜 12 的聚光和色散作用下形成红、绿两股光束射入测量室 5。测量室由钢座和两块光学玻璃 13 及垫片、云母片等构成。两块光学玻璃板与测量室轴线呈一定角度，使测量室中的有水部分形成一段“水棱镜”。由于入射到测量室的绿色光折射率较红光折射率大，在水棱镜作用下绿光偏转大，正好射到观察窗口 14 上，红光则因折射角度不同，不能达到窗口而被侧壁、保护罩遮挡，观察色见到水柱呈绿色，如图 5-2（b）所示。在测量室中，汽侧部分棱镜效应极弱，使得红光束正好达到观察窗口，绿光则被保护罩挡住，如图 5-2（c）所示，因此，观察者看到汽柱呈红色。

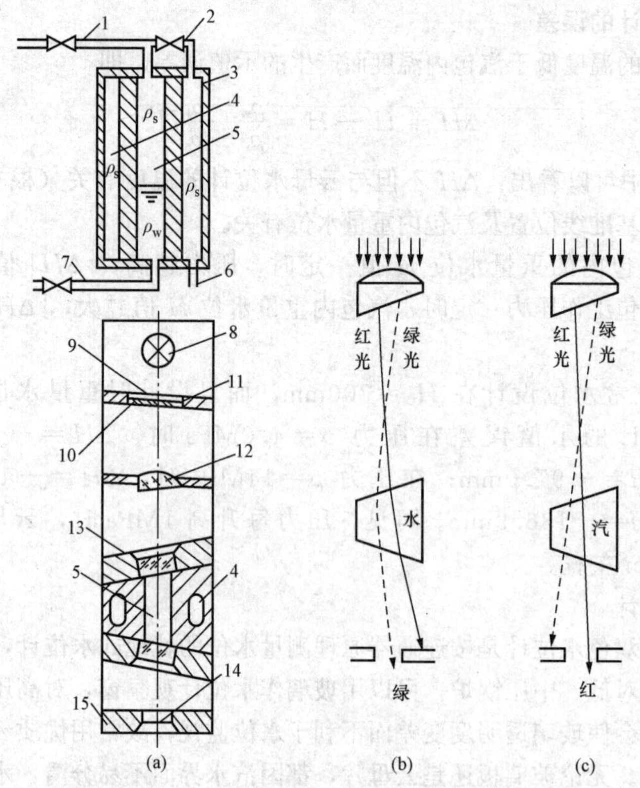

图 5-2 双色水位表的结构和测量原理

1—汽侧边通管；2—进汽管；3—水位表本体；4—加热室；5—测量室；6—出汽管；7—水侧连通管；8—光源；9—毛玻璃；10—红色滤光玻璃；11—绿色滤光玻璃；12—组合透镜；13—光学玻璃板；14—观查窗；15—保护罩

用于超高压锅炉上的水位计，考虑其强度，窗口玻璃不做成长条形，而是沿水位计高度上开多个圆形窗口，每个窗口的直径约为22mm，窗口中心距为72mm，称为多窗式双色水位计，其缺点是两窗口之间一段是水位指示的盲区。采用云母板作显示窗，侧可消除盲区，做成长条形。

为减小水位计内水柱温降带来的测量误差，有时在水位计本体内加装蒸汽加热夹套，由水位计汽侧连通管引入蒸汽（凝结水排入锅炉下降管），以使水柱温度接近于锅炉汽包工作压力下的饱和温度。为了防止锅炉压力突降时测量室中水柱沸腾而影响测量，从安全方面考虑，测量室内的水柱温度还应有一定的过冷度。

第二节 电接点水位计

电接点水位计由水位发送器与显示部分组成。其突出优点是指示值不受汽包工作压力变化的影响，在锅炉起停过程中准确地反映水位情况。仪表构造简单，迟延小，不需要进行误差计算和调整，应用十分广泛。

一、电接点水位计工作原理

电接点水位计是利用水及水蒸汽的电阻率明显不同的特性实现水位测量的，它属于一种电阻式水位测量仪表。

试验证明，在 360℃以下温度的纯水，其电阻率小于 $10^4\Omega \cdot m$，而蒸汽的电阻率大于 $10^6\Omega \cdot m$。对于锅炉炉水，其水与蒸汽的电阻率相差更大。电接点水位计就是根据这一特点将水位信号转变为一系列电路开关信号的，该水位计由水位容器、电接点及水位显示仪表等构成，如图 5-3 所示。图中显示器内有氖灯，每一电接点的中心电极芯与一相应氖灯组成一条并联支路，电极芯与金属水位容器的外壁绝缘。当某电接点处于蒸汽中时，由于蒸汽电阻很大，电接点的电极芯与水位容器壁面不能形成通路，氖灯不亮。当电接点处于水中时，由于水的电阻小，电极芯通过与水位容器壁面相通，电流由电源通过水位容器壁、水、电接点电极、连接导线及氖灯形成通路，氖灯燃亮，由燃亮氖灯的数量就可以知道水位的高低。

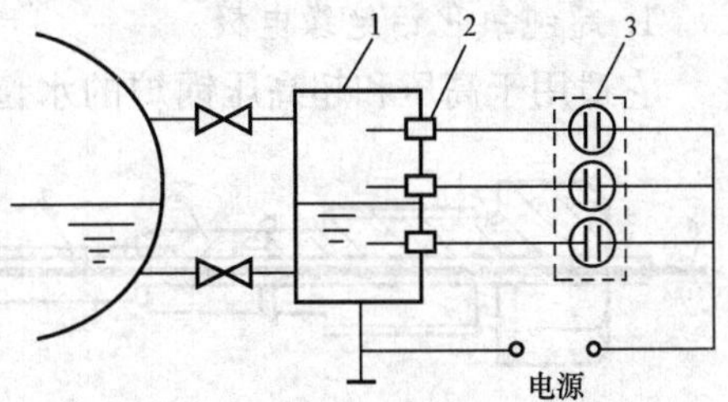

图 5-3 电接点水位计的基本结构

1—水位容器；2—电接点；3—水位显示器

二、电接点式水位发送器

如图 5-4（a）所示，由水位容器、电接点和阀门组成。它的主要作用是将水位高低转变成电极接点接通的多少，然后输送到二次仪表进行水位的测量和显示。

（一）水位容器

由于在汽包上直接装置电接点比较困难，一般都采用水位容器将汽包内的水位引出，电接点装在水位容器中，水位容器通常采用 $\phi76$ 或 $\phi89$ 的 20 号钢无缝钢管制造。其内壁应加工得光滑些，以减少湍流。水位容器的水侧连通管应加以保温。水位容器的壁厚根据强度要求选择，强度根据介质工作压力、温度及容器壁开孔的个数、间距来计算。为了保证容器有足够的强度，安装电接点的开孔，其安排通常呈 120°夹角，在筒体上分三列排列。一般在正常水位附近，电接点的间距较小，沿高度方向上两个电极之间的最小距离为 15mm。以减小水位监视的误差。图 5-4 为水位容器上电接点的布置情况。

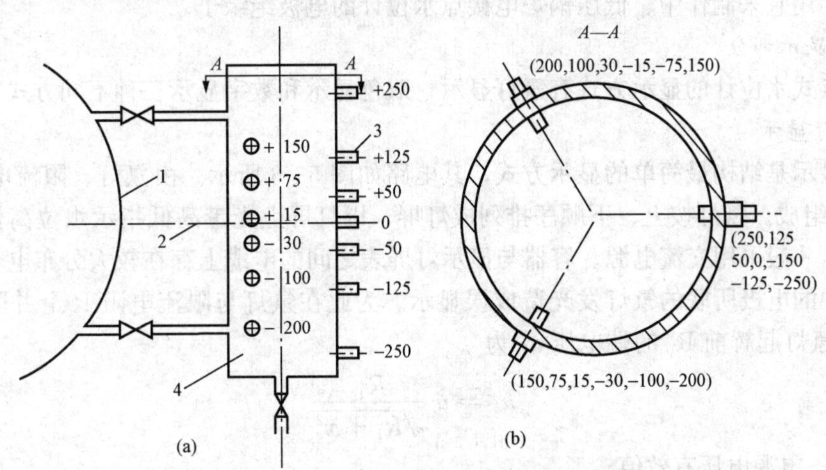

图 5-4 电接点式水位表传感器的结构

（a）外形；（b）放大的 A—A 视图

1—汽包；2—汽包零水位；3—电接点；4—容器

（二）电接点

电接点是电接点式水位发送器的关键部件，它的质量好坏不仅直接影响测量的准确性和可靠性，而且还严重地影响着锅炉的安全运行。在高温、高压下电接点必须有足够的强度、良好的绝缘性能和抗腐蚀能力。

根据使用压力不同，电极可分为两种，即氧化铝绝缘电极和聚四氟乙烯绝缘电极。

1. 超纯氧化铝绝缘电极

它适用于高压和超高压锅炉的水位计，其结构如图 5-5 所示。电极芯杆 6 和瓷封件 1 钎焊在一起作为一个极；电极螺栓 4 和瓷封件 3 焊在一起，作为另一个极（即公共接地极）。两者之间用超纯氧化铝瓷管绝缘子和芯杆绝缘套 5 隔离开。

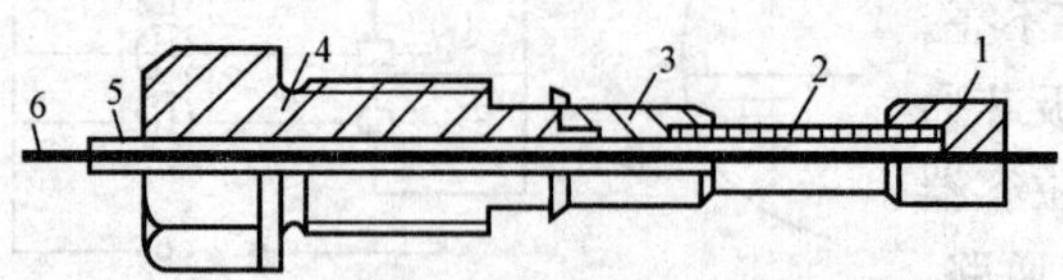

图 5-5 氧化铝绝缘电接点结构

1、3—瓷封件；2—绝缘子；4—电极螺栓；5—芯杆绝缘套管；6—电极芯杆

瓷封件 1 和 3 用铁钴镍合金加工而成，它的膨胀系数与超纯氧化铝瓷管的很相近，两者之间封接起来能承受温度的变化。瓷封件与氧化铝管之间是用银铜合金或纯铜在一定温度下封接而成的。封接前，瓷管两端用金属化浆涂刷，并放在纯氢中烧结，最后在氢气炉中与瓷封件封接成整体。封接质量的好坏对电接点的使用寿命有很大影响。

氧化铝瓷管是由 99.95%超纯氧化铝作原料，以氧化镁作添加剂，经高温烧制而成的，经具有极佳的高温抗酸碱腐蚀能力，优良的绝缘性及机械强度，一般用于炉水品质较好的高压及超高压锅炉，寿命可达一年以上。

在使用这种电接点水位计时，应缓慢预热，以免升温太快而使其破裂，此外拆换电接点时，应避免敲打而震坏。

2. 聚四氟乙烯绝缘电接点

聚四氟乙烯具有很好抗腐蚀性能，即使在较高的温度下它与强酸、强碱和强氧化剂也不发生作用。用它来制作中、低压锅炉电接点水位计的电极绝缘子。

（三）显示部分

电接点式水位计的显示方式有氖灯显示、双色显示和数字显示三种不同方式。

1. 氖灯显示

氖灯显示是结构最简单的显示方式，其电路如图 5-6 所示。由氖灯、限流电阻 R 和并联电阻 R_1 组成。氖灯按上、下顺序排列成灯屏，以灯屏上光带高低指示水位高低。为防止极化现象，一般采用交流电源。容器与显示灯屏表之间的电缆上存在较大分布电容，可能使处于蒸汽中的电极所联的氖灯发光造成误显示。为此在氖灯与限流电阻 R 上并联一个分压电阻 R_1，氖灯起辉前 R_1 的端电压 u_1 为

$$u_1 = u\frac{R_1}{\sqrt{R_1^2 + x_c^2}}$$

式中 u——电源电压有效值；

x_c——电容 C 的容抗。

适当选择 R_1，可使电极处于蒸汽中时保证电路中流过小漏电流使氖灯不点燃。

电接点氖灯式水位计不仅能显示水位，还可利用高灵敏度继电器设置水位高、低报警信

号（二极报警式发出声光信号）。

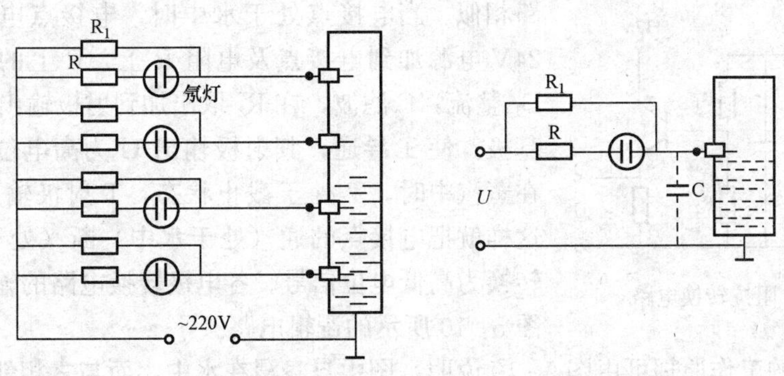

图 5-6　氖灯显示

2. 双色显示

双色显示是以“汽红”、“水绿”的光色的显示屏上所占高度的变化来表示汽包水位变化的，显示效果更加醒目直观。双色水位计电路如图 5-7 所示。每个电极的线路都是相同的，当电极浸没在水中时电阻 R_1 上的交流电压经整流滤波送至三极管 T_1 基极使 T_1 导通，其射极输出又使 T_2 导道，T_3 截止。此时绿灯亮，红灯灭。当电极处于蒸汽中时，R_1 上无电压，所以 T_1 和 T_2 截止，T_3 导通，此时红灯亮，绿灯灭。

显示部分的结构如图 5-8 所示。将一个长方形槽形盒子用隔光片沿垂直方向隔成 19 个暗室（代表 19 个测点）。在每个暗室内并排装有两个指示灯，因指示灯数量较多，考虑散热问题，在槽形盒子背面用厚 15mm 的铝板制成，并将指示灯装在铝板的圆孔中，在圆孔前面盖有红、绿颜色的透光片，以便在指示灯亮时发出红色或绿色的灯光。在槽形盒子最前面的开口部分盖有半圆形的有机玻璃，它能使灯光分散，以便在显示面板上得到光色均匀的光带。

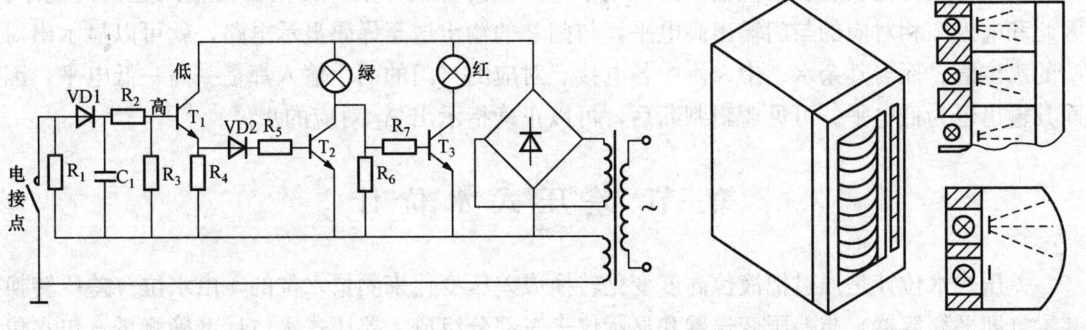

图 5-7　双色显示电路　　图 5-8　双色水位计显示部分结构示意图

如在所需报警的电接点显示电路中采用触点继电器 Jn，则可以利用其他常开或常闭接点，实现灯光、音响报警及联锁保护开关信号输出。

3. 数字显示

电接点工作时，输出的开关信号很便于采用数字方式显示，由各电接点来的输入信号经阻抗变换、整形及逻辑环节之后，译码显示水位数值，并可设置模拟电流输出及报警、保护信号输出。

图 5-9 为每个电接点信号的阻抗转换及整形电路，其原理与双色显示水位计的显示电路相似。当电接点处于水中时，电接点电路导通，交流 24V 电源加到电接点及电阻 R 上，R 上的电压经二极管 D_1 整流，C 滤波，在 R_2 取出加到射极输出器晶体管 T 的基极，使 T 导通，其射极输出 U 为高电位；当电接点处在蒸汽中时，T 处于截止状态，T 射极输出 0V 低电位；这样就把电接点的通（处于水中）断（处于汽中）信号，转换为高低电位信号。各电极转换电路的输出电平都送至图 5-10 所示的逻辑电路。

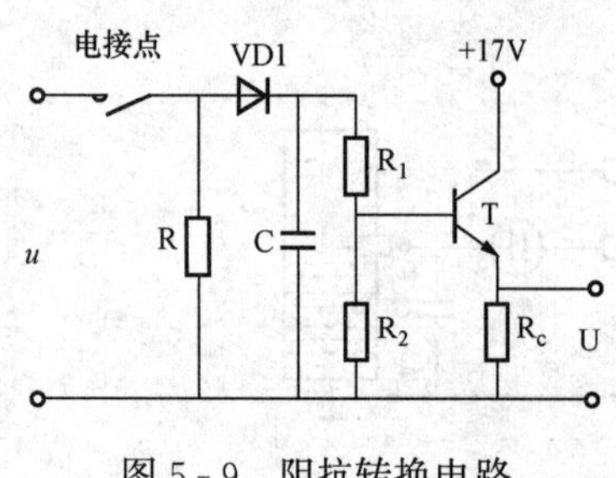

图 5-9 阻抗转换电路

数字显示的工作原理可由图 5-10 说明，图中自身浸在水中，而与之相邻上方的电接点都在蒸汽中的电接点仅有，其余电接点都不具备这个特点，通过逻辑电路即可判断和实现水位的数字显示。

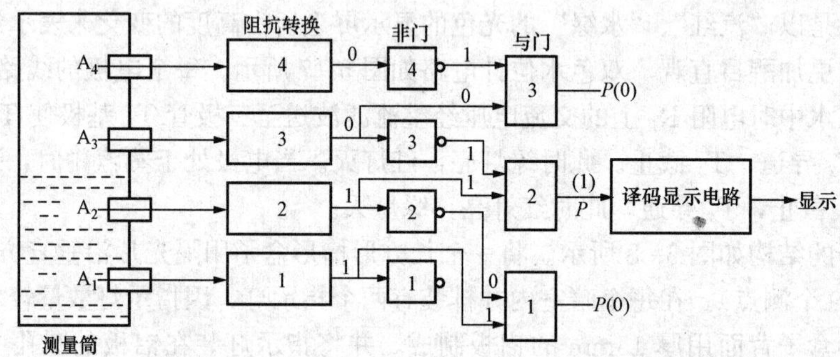

图 5-10 电接点数字式水位计显示原理示意图

如果水位上升到淹没电极 A_2 时相应转换电路输出 V_0 为高电平，送至与门 2，电极 A_3 在蒸汽中与之对应的阻抗转换输出为低电平（0），经非门 3 后，与门 2 另输入也为高电平，因此和电极 2 相对应的与门输出高电平，与门 2 的输出送至译码显示电路，就可以显示出对应的水位值。而与其余水、中、汽中各电接点对应的与门的两个输入都是一高一低电平，因而其输出也为低电平。可见逻辑判断后，可以正确指示出 A_2 对应的水位。

第三节 差压式水位计

差压式水位计是通过把液位高度变化转换成差压变化来测量水位的，由水位—差压转换装置（即平衡容器）与差压变送器和显示仪表三部分组成。差压式水位计准确测量汽包水位的关键是水位与差压之间的准确转换，差压变送器与差压计前面已讨论过。下面着重讨论平衡容器的结构和水位差压转换原理。

一、平衡容器

1. 简单平衡容器

图 5-11（a）所示为一种简单的单室平衡容器，由汽包进入平衡容器的蒸汽不断的结成水，并由于溢流而保持一个恒定水位，形成恒定的水静压力 p_+，汽包水位也形成一个水静压力 p_-，二者相比较，就得到与水位成比例的压差。汽包水位计标尺，习惯以正常水位 H_0

为零刻度，超过正常水位为正水位（$+\Delta H$），低于正常水位线为负水位（$-\Delta H$）。以汽包水侧引出管口作水平线 $A-A$［见图 5-11（a）］为参考标高。对图 5-11（a）的水位—差压关系为

$$\begin{aligned}\Delta p &= p_+ - p_- \\ &= (p_b + L\rho_1 g) - [p_b + (L - H_0 - \Delta H)\rho_s g + (H_0 + \Delta H)\rho_w g] \\ &= L(\rho_1 - \rho_s)g - H_0(\rho_w - \rho_s)g - \Delta H(\rho_w - \rho_s)g \\ &= L(\rho_1 - \rho_s)g - H(\rho_w - \rho_s)g \qquad (5-4) \\ H &= H_0 + \Delta H\end{aligned}$$

式中 g——重力加速度；

ρ_1——平衡容器中凝结水的平均密度；

ρ_w、ρ_s——分别为汽包压力 p_b 时饱和水和饱和蒸汽的密度。

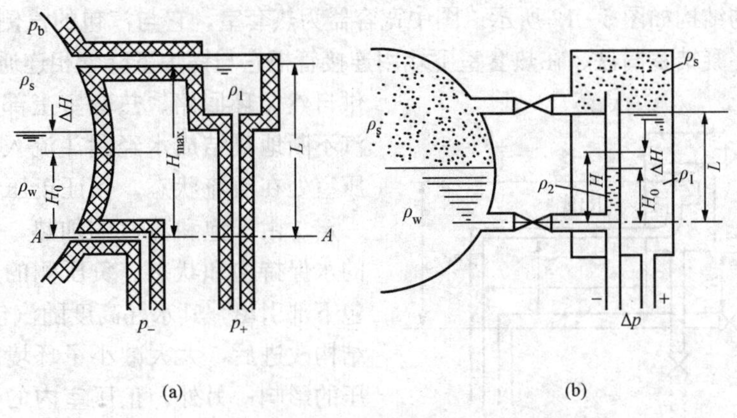

图 5-11 简单平衡容器

(a) 单室平衡容器；(b) 双室平衡容器

由式（5-4）可以看出，要想使 Δp 仅与 ΔH 成比例，必须使 ρ_1、ρ_w、ρ_s 为恒定值。L、H_0、g 可视为常数，但 ρ_1、ρ_w、ρ_s 是随汽包压力变化而变化的，ρ_1 还与环境温度有关。显然密度变化是水位测量误差的主要来源。再者按什么办法确定零水位所对应的压差，也是一个难题。如采用保温和蒸汽加热使 ρ_1 接近 ρ_w 并且稳定，可减小平衡容器温度变化带来的误差，或采用双室平衡容器，但并不能解决压力变化带来的误差。

图 5-11（b）是简单双室平衡容器，正压室是上部与汽包汽侧相通的宽容器，负压室是置于正压室中的汽包水侧连通管。汽包中的饱和蒸汽不断进入正压室并形成凝结水通过溢流保持正压室水位恒定，凝结水密度 ρ_1 一定时，正压值 p_+ 为一定值。负压室与汽包水侧相通，故负压 p_- 大小反映汽包水位高低。

当汽包水位为正常水位 H_0 时，平衡容器输出差压为

$$\Delta p_0 = p_+ - p_- = L\rho_1 g - H_0\rho_2 g - (L - H_0)\rho_s g$$

水位偏离正常水位 ΔH 时，双室平衡容器输出差压为

$$\Delta p = \Delta p_0 - (\rho_2 - \rho_s)g\Delta H$$

当 ρ_1、ρ_w、ρ_s 的值为已知的确定值、Δp_0 为常量时，平衡容器输出的差压 Δp 仅与汽包水位的变化 ΔH 有关，两者为线性关系，且水位升高差压减小。

实际上这种双室平衡容器在使用中会出现大的示值误差。由于向外散热，正、负压室中水温由上至下逐渐降低，使 ρ_1、ρ_2 难以准确确定。若采取保温措施，使正负压室中水的密度 ρ_1、ρ_2 与饱和水密度 ρ_w 都相等，即 $\rho_1=\rho_w$，则可有差压 Δp 与水位 H 的关系为

$$\Delta p=(\rho_w-\rho_s)g(L-H) \tag{5-5}$$

$$H=H_0\pm\Delta H$$

差压式水位计在汽包额定压力下分度，因而即使采取了适当的保温措施也仅当锅炉运行在额定压力时水位计指示值才是正确的，而当汽包压力变化时，饱和水与饱和蒸汽的密度 ρ_w、ρ_s 随之而变，必须带来误差，且在低水位时比高水位时的示值误差更大。在锅炉启停过程中，差压式水位计的指示误差可达 100mm 以上，为此必须对平衡容器进行改进。

2. 改进后的平衡容器

平衡容器的结构如图 5-12 所示。图中宽容器为热套室，它与汽包的汽侧相通，其中装有正压室和漏斗凝结室漏盘。在热套室下端用连接管把它与锅炉下降管相连通，为凝结水提供自然循环回路。热套室上部不保温，使蒸汽不断地凝结成水经漏斗流入正压室，使正压室处在溢流状态，保证正压室的水柱高度一定。由于饱和蒸汽的加热，使正压室段内的水保持饱和状态。负压侧的压力直接从汽包下部引出，其水柱高度随汽包水位而变化。结构改进后，大大减小了环境温度对输出差压的影响；另外，正压室内的饱和水柱高度由 L 减小为 l。若 $l=h_0$（h_0 为汽包的零水位），这样就使正，负压侧输出的压力随汽包压力的变化近似相等，即输出差压随汽包压力的变化很小。也就是说，这种平衡容器具有汽包压力补偿作用，正压室的 l 段称为补偿管。改进后的平衡容器的主要结构尺寸 l 和 L，可通过计算求得。

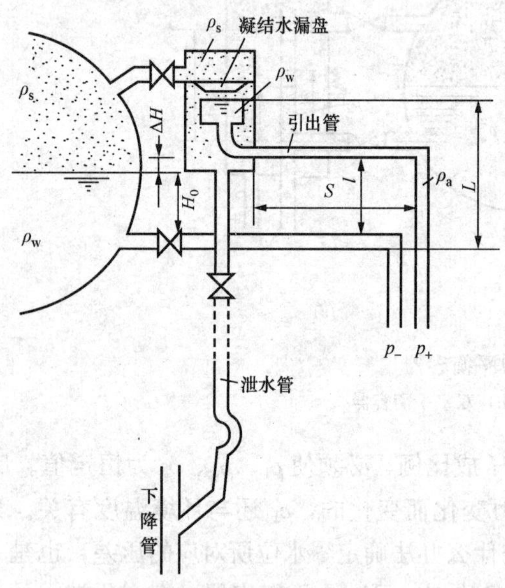

图 5-12 改进后的平衡容器

平衡容器改进后，在锅炉启动和运行过程中，差压水位计的误差不超过±20mm。

二、汽包压力的自动校正

改进后的平衡容器虽能减小汽包压力变化对水位测量的影响，但还不理想，采用压力自动校正装置，可进一步减小汽包压力变化引起的误差。

对单室平衡容器，由式（5-4）得

$$H=\frac{L(\rho_1-\rho_s)g-\Delta p}{(\rho_w-\rho_s)g} \tag{5-6}$$

从式（5-6）可以看出：将密度变化信号 L（$\rho_1-\rho_s$）与差压信号 $-\Delta p$ 相加，再除以重度信号 $(\rho_w-\rho_s)g$ 或乘以 $\frac{1}{(\rho_w-\rho_s)g}$ 所得信号即能正确反映汽包水位。

随汽包压力变化的关系可根据水蒸气状态图得出，如图 5-13 所示。其中 ρ_1 按环境温度

为 50℃时取值。根据压力变化范围大小，可用一段或几段直线模拟两条曲线。一般认为该关系可近似线性函数，即

$$f_1(p) = \rho_1 - \rho_s = K_1 p + a \tag{5-7}$$

$$f_2(p) = \rho_w - \rho_s = K_2 p + b \tag{5-8}$$

式中斜率 K_1、K_2，及截距 a、b 可由图 5-13 数据确定。将两直线方程代入式（5-6）中，即可得到水位与差压 Δp 及汽包压力 p 的函数关系，即

$$H = \frac{L(K_1 p + a)g - \Delta p}{(K_2 p + b)g} \tag{5-9}$$

根据式（5-9）可组成差压式水位计的自动压力校正系统，如图 5-14 所示。差压变送器将平衡容器输出的差压信号如转换为 0～10mA 直流电流送加减器。同时汽包压力经压力变送器转换为 0～10mA 直流电流信号，分别送往函数发生器 $f_1(p)$、$f_2(p)$，根据式（5-9）进行压力补偿运算。该系统可由控制仪表或 DCS 可方便地实现。

上述压力自动校正系统能在汽包压力大范围变化及任何水位情况下，取得较好的补偿效果，但是环境温度变化对 ρ_1 的影响无法消除。实际中，平衡容器中水的密度 ρ_1 在锅炉启动过程中，水温略有升高，压力也同时升高，这两方面的变化对 ρ_1 的影响基本上相抵消，可以近似认为 ρ_1 是恒值。

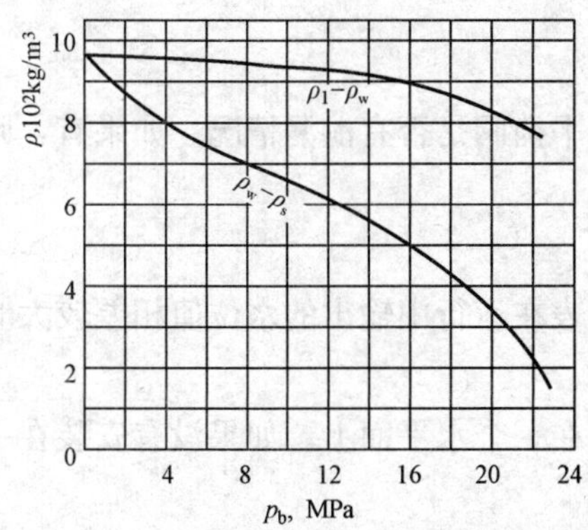

图 5-13 汽包压力与密度差（$\rho_w - \rho_s$）的关系曲线

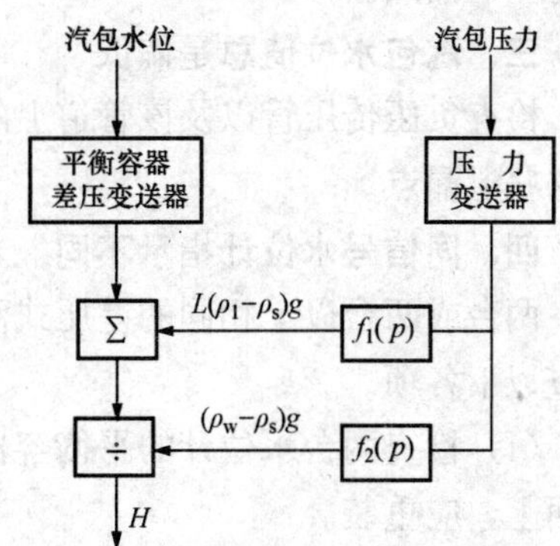

图 5-14 汽包压力自动校正方框图

对双室平衡容器，由式（5-5）改写得到相应的校正公式，即

$$H = L - \frac{\Delta p}{(\rho_w - \rho_s)g} \tag{5-10}$$

密度差（$\rho_w - \rho_s$）与汽包压力关系如图 5-14。这种关系是非线性的，在压力变化范围内可由一段或多段直线拟合，即

$$\rho_w - \rho_s = k_i p_b + a_i \tag{5-11}$$

式中 k_i——直线段的斜率；

a_i——直线段在密度坐标上的截距。

如对测量准确度要求较高，压力校正的范围又大，甚至要求全程范围的压力校正时，一般采用多段直线拟合的方法。则在不同的压力范围内 k_i 与 a_i 值是各不相同的。

由式（5-10）、式（5-11）可得

$$H = L - \frac{\Delta p}{(k_i p_b + a_i)g} \tag{5-12}$$

由式（5-12）组成汽包压力自动校正的水位测量系统方也可采用DCS很方便地实现。

第四节　水位测量常见故障的消除

一、仪表计算结果和手工计算结果相差较大

（1）折线函数各参数的计算和整定不正确或者不够准确。按照折线函数参数计算方法，重新计算和整定折线函数的各个参数。

（2）汽包水位差压变送器的量程不对。应根据不同平衡容器的结构和所用仪表类型，重新计算并整定该变送器量程。

（3）补偿计算用的汽包压力测量值未进行校正。按照本章第三节或者汽包水位测量补偿方法，对汽包压力测量值进行校正，且最好用计算法校正。

（4）有附加误差。单室平衡容器的引出管应有一段不加保温的水平管道，否则会因传压管内的水温过高而产生附加误差。

二、汽包水位值总是偏高

检查正压传压管以及该管道上的阀门和变送器平衡阀是否有泄漏情况。如果有，则应消除这些泄漏点。

三、汽包水位值总是偏低

检查负压传压管以及该管道上的阀门和变送器平衡阀是否有泄漏情况。如果有，则应消除这些泄漏点。

四、同信号水位计指示不同

两台或两台以上相同的差压式汽包水位测量仪表在运行中输出的水位值相差较大时，应检查以下各项。

（1）检查两台水位计的平衡容器安装位置是否在一个水平面上。如果没有安装在一个水平面上，应重装。

（2）检查各信号的传压管伴热、保温是否完好，差压变送器传压管的正、负压管是否并在一起敷设，各传压管是否有堵塞的情况。如果有不正确之处，应把伴热、保温、并管（至差压变送器的传压管）整改好，然后再认真冲洗管道，确保不堵管。

（3）检查仪表各整定值是否正确。如不正确，需要改正。

（4）检查变送器工作是否正常。如不正常，应该按照规程进行校验。

五、差压式水位计的示值比电接点式水位示值低

按照正常情况，两者的测量值比较，应该是差压式水位计的示值稍高于电接点水位计的示值，并且差压式水位计的测量准确度较高。如果差压式水位计的示值低于电接点式水位计，则应查找原因。常见的原因如下。

（1）差压式水位计安装位置偏高，或者电接点式水位计的测量筒安装位置偏低。此时，应重新安装。

（2）汽包水位差压变送器的量程不对。此时，应根据不同平衡容器的结构和所选仪表类型，重新计算并整定该变送器量程。如有必要，还应重新计算水位测量补偿系统的各有关参数。

复 习 思 考 题

5-1 火电厂中，常用的水位测量仪表有哪几种？

5-2 汽包水位有哪些特点？什么是虚假水位？

5-3 云母水位计有哪些特点？其指示误差与哪些因素有关？

5-4 简述差压式水位计原理。其由哪几部分组成？

5-5 电接点水位计的工作原理是什么？该水位计有哪几种显示方式？

5-6 在测量汽包水位时，差压式水位计为什么要进行汽包压力自动校正？如何校正？

5-7 简述水位测量常见故障及处理方法。

5-8 请举例说明本章所述水位计在除汽包水位测量外的应用。

第六章　炉　烟　分　析

第一节　概　　述

锅炉燃烧质量的好坏，直接关系到电厂燃料的消耗率。炉烟成分自动分析就是为了连续监督燃烧质量，以便及时控制燃料和空气的比例，使燃烧维持在良好的状态下。

为了使燃料达到完全燃烧，同时又不过多地增加排烟量和降低燃烧温度，首先控制燃料与空气的比例，使过剩空气系数 α 保持在一定范围内。例如，对燃煤炉 α 约在 1.20～1.30，对燃油炉 α 约在 1.10～1.20。过剩空气系数的大小可通过分析炉烟 CO_2 和 O_2 和含量来判断，它们之间的关系还与燃料品种、燃烧方式和设备结构有关。图 6-1 所示为烟煤燃烧产物中 CO_2 及 O_2 含量φ(%)与过剩空气系数 α 的关系曲线。

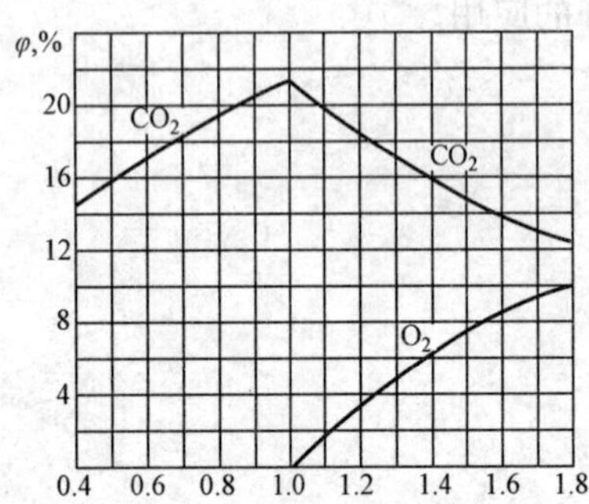

图 6-1　烟煤燃烧产物 CO_2 及 O_2 的含量 φ（%）与 α 的关系曲线

由于氧含量与 α 之间有单值关系，而且此关系受燃料品种的影响较小，另外，由于氧量计的反应比二氧化碳表快，所以目前电厂一般只采用烟气中的含氧量作为燃烧过程中燃料量与空气量比例是否恰当的判断标准，用以控制锅炉的送风量。主要是采用氧化锆氧量测量烟气含氧量。

随着锅炉容量的增大和环境保护要求的提高，全面分析炉烟中各成分的含量越来越得到大家的关注。例如 CO_2 的含量与燃油炉结焦和 SO_2 含量有一定关系，而 SO_2 含量直接影响锅炉尾部的腐蚀情况；另外 SO_2 和 NO 的含量是环境保护所要控制的指标，因此发展快速响应的自动气相色谱仪用于炉烟的全面分析是值得重视的。

炉烟成分正确分析的首要条件是分析的气样要有代表性。因此取样点应设置在燃烧过程已结束，烟气不存在分层、停滞，以及烟气温度为取样装置所能耐受的地方。由于烟道处于负压下，特别要防止空气漏入而影响测量正确性。取样装置一般放在高温省煤器出口烟气侧，也可放在过热器出口烟气侧。实验证明，对于大截面烟道，截面上各处烟气成分是不相同的，有明显分层倾向，而且在各排不同喷燃器投入运行的情况下，分层情况也不同。因此最好设置多个取样点，然后取其平均值，但这样做会增加测量滞后，有时就用试验方法求取一个较好的取样点位置作为经常测量的取样点。

快速响应是对成分分析仪的一个突出的要求，应尽可能缩短取样管路，以减少纯滞后，因此最好装设大口径旁路烟道，分析仪的取样装置则可安装在旁路烟道内。

氧化锆氧量计是近年来发展起来的一种新型分析仪表。它的探头可直接插入烟道内检测，并且有结构简单，精度较高，对氧含量变化反应迅速等特点。电厂、冶金、化工等工业部门广泛用它来测量锅炉及多种加热炉等烟道气体的含氧量，组成氧量自动控制系统，实现最佳燃烧控制，从而达到节省能源、经济运行，减少环境污染等目的。

第二节 氧化锆氧量分析仪

一、氧化锆氧量分析仪的工作原理

氧化锆氧分析仪（也称为氧量计）的基本原理是，氧化锆作为固体电解质，高温下此电解质两侧氧浓度不同时形成浓差电池，浓差电池产生的电势与两侧氧浓度有关，如一侧氧浓度固定，即可通过测量输出电势来测量另一侧的氧含量，氧化锆氧量计的浓差电池就是用一根氧化锆管制成的。

氧化锆管是由氧化锆（ZrO_2）中渗入一定（12%～15%克分子数）的氧化钙（CaO）或氧化钇（Y_2O_3）并经高温焙烧后制成，它的气孔率很小。在管子的内外壁上用高温烧结等方法附上金、银或铂的多孔性电极和引线，如图 6-2 所示。

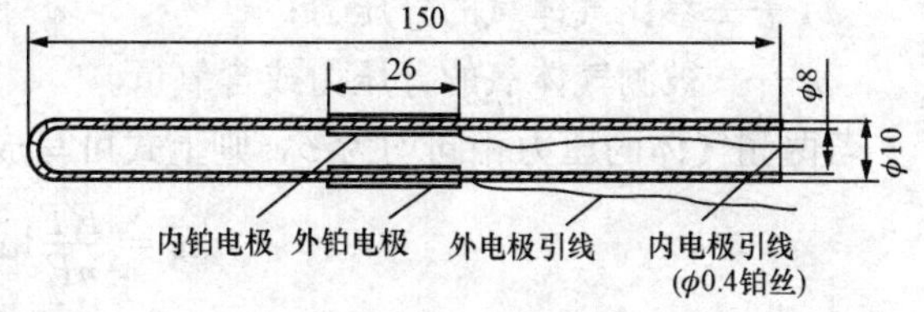

图 6-2 氧化锆管

经上述掺杂和焙烧而成的氧化锆材料，其晶型为稳定的萤石型立方晶格，晶格中部分四阶的锆离子被二阶钙离子或三阶的钇离子所取代而在晶格中形成氧离子空穴。由于氧离子空穴存在，在600～1200℃高温下，这种氧化锆材料成为对氧离子有良好传导性的固体电介质。在氧化锆管两侧的多孔铂电极构成了氧的浓差电池。两侧铂电极分别经引线接至毫伏表，如图 6-3 所示。在氧浓差电池的两侧分别通过不同的气体（例如空气和烟气，它们的含氧量分别为 20.6%和 3%左右），其氧的分压力不同，设空气中氧的分压力为 p_0，烟气中氧的分压力为 p。在 650℃以上的高温下，氧分子要夺取铂电极上的电子成为氧离子（一个氧分子夺取 4 个电子变为两个氧离子）。在两侧氧分压力差的作用下，氧离子由一侧经具有氧离子空穴的氧化锆固体电解质到达另一侧，放出 4 个自由电子还原成氧分子随气体流走。虽然两侧铂极上均有正反应和逆反应产生，但含氧量高的一侧的正反应速率大于逆反应；含氧量低的一侧的正反应速率小于逆反应。所以空气侧的铂电极失去电子而带正电，烟气侧的铂电极得到了电子而带负电，当达到动态平衡时，建立起氧的浓差电势。两电极上氧化还原反应式为

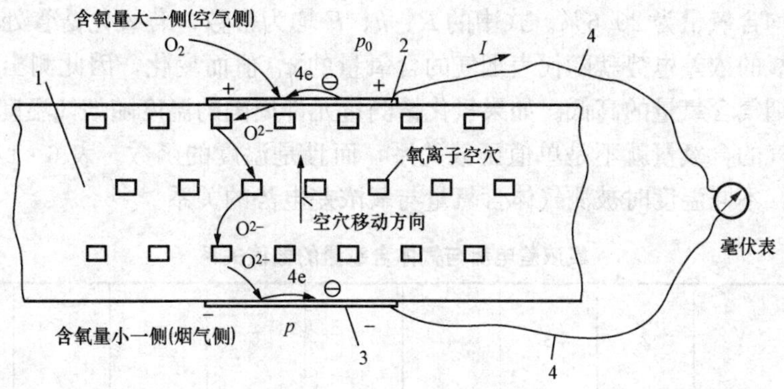

图 6-3 氧浓差电池

1—氧化锆；2、3—铂电极；4—导线

正反应式 $$O_2 + 4e \rightarrow 2O^{2-} \tag{6-1}$$

逆反应式 $$2O^{2-} - 4e \rightarrow O_2 \uparrow \tag{6-2}$$

氧化锆两侧氧的浓度差越大，氧的浓差电势也越大，其关系可用能斯特（Nernst）公式表示，即

$$E = \frac{RT}{nF}\ln\frac{p_A}{p_C} \tag{6-3}$$

式中 E——氧浓差电势；

R——理想气体常数，$R=8.314\text{J/(mol·K)}$；

T——氧化锆管处的热力学温度，K；

F——法拉第常数，$F=96500\text{C/mol}$；

n——一个氧分子传输的电子数，$n=4$；

p_A——参比气体氧的分压力；

p_C——被测气体氧的分压力或含氧量。

若两侧气体的压力相同均为 p，则上式可写成

$$E = \frac{RT}{nF}\ln\frac{\varphi_A}{\varphi_C} \tag{6-4}$$

式中 φ_A——参比气体中氧的容积含量，$\varphi_A = \frac{p_A}{p}$；

φ_C——被测气体中氧的容积含量，$\varphi_C = \frac{p_C}{p}$。

空气的平均含氧量为20.6%。式中的 R、n、F 均为常数，若氧化锆管处的温度也保持恒定不变，则氧的浓差电势就随代表烟气的含氧量的 φ_C 值而变化，因此测出氧的浓差电势大小，就可知烟气含氧量的高低。如果氧化锆测量元件周围的温度随烟气温度而变化，氧的浓差电势与烟气的含氧量就不是单值函数关系，而且是温度的函数。表6-1是以空气作参比气体情况下，不同温度时被测气体含氧量与氧浓差电势的关系。

表6-1　氧浓差电势与气体含氧量的数值关系

温度（℃） \ E (mV) \ O_2 (%)	1	2	3	4	5	6	7	8	9	10
600	57.09	43.93	36.44	31.02	26.83	23.40	20.20	17.99	15.78	13.79
650	60.20	46.40	38.30	32.70	28.20	24.60	21.50	18.90	16.50	14.40
700	63.63	48.96	40.61	34.58	29.90	26.08	22.85	20.05	17.58	15.37
750	66.60	51.30	42.50	36.20	31.20	27.20	23.80	20.90	18.30	15.95
800	70.17	54.00	44.78	38.13	32.97	28.76	25.20	22.11	19.39	16.95
850	73.44	56.51	46.87	39.91	34.51	30.10	26.37	23.14	20.29	17.740

为了提高烟气含氧量测量的精确度，在使用氧化锆管时应注意以下几点。

(1) 保持氧化锆管周围温度恒定或采取补偿措施。由式（6-4）可以看出，只有在 T=常数时，E 与 φ_C 才呈单一函数关系。一般把氧化锆管的工作温度恒定在800℃左右，或采取局部补偿或完全补偿措施。不同厂家的产品有不同的恒定温度值，例如有的产品恒定为780℃±10℃；有的产品恒定为750℃。恒定的温度太低，会降低测量的灵敏度；恒定的温

度太高，烟气中的氧会在铂的催化下，易与可燃物质化合，使含氧量降低，输出电势增大。

(2) 参比气体和被测气体的总压力必须基本相等。这样才能用两种气体氧的分压力比代表氧的含量之比。

(3) 氧化锆管内、外侧气体要不断流动更新，否则两侧气体含氧量会趋于平衡。

(4) 由于氧浓差电势与含氧量的关系为非线性的对数关系，若以输出的氧浓差电势作为燃烧过程自动控制系统的被调量信号，应对输出信号进行线性化处理。

二、氧化锆氧量分析仪的结构

氧化锆氧化析仪主要由氧化锆探头和氧量变送器两部分组成。

1. 氧化锆探头（传感器）

氧化锆探头是氧量分析仪的检测部分，其核心部件就是作为氧浓差电池的氧化锆管。它的作用是将被测气体的含氧量转换成氧浓差电势。

氧化锆管的结构形式一般有一端封闭型和两端开口型两种，如图 6-4 所示。目前我国只采用一端封闭型氧化锆管，其内外壁所敷的多孔铂电极的位置，有在中间部位和在半圆形底部两种布置方式。图 6-5 所示的 ZO 系列氧化锆分析器的铂电极就是敷在半圆形底部的内外壁部分，然后分别用铂丝引出。氧化锆管处于电加热炉 3 内，温度控制在 650℃以上、1150℃以下的某一温度，炉温由热电偶 4 测量。氧浓差电势、热电势信号均送至氧量变送器。

ZO 系列氧量计的氧化锆传感器探头结构如图 6-6 所示。空气以自然对流方式不断流过氧化锆管的外侧；烟气经陶瓷过滤器（图中未标出）流经氧化锆管内侧。热电偶用于控制加热炉的温度。校正用的标准气样经校正气管引入氧化锆管内侧。

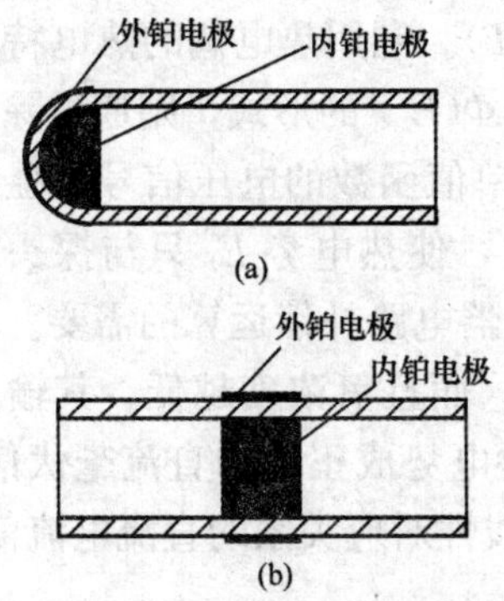

图 6-4 氧化锆管结构

(a) 一端封闭型管；(b) 两端开口型管

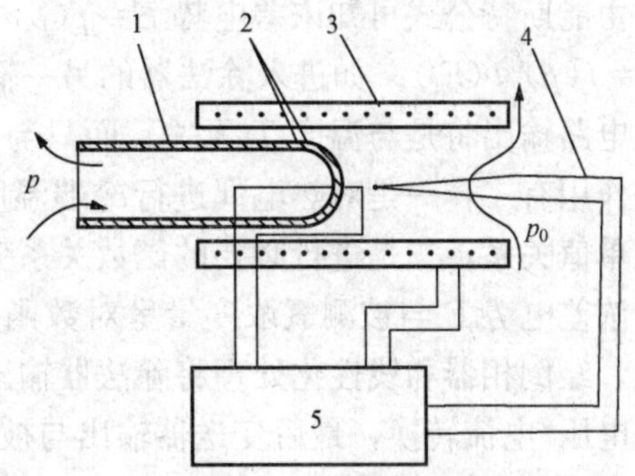

图 6-5 ZO 系列氧化锆氧量分析器结构原理图

1—氧化锆管；2—铂电极；3—加热炉；4—热电偶；5—氧量变送器

2. 氧量变送器

氧量变送器的作用是将浓差电势转换成 0～10mA DC 或 4～20mA DC 输出给显示仪表或调节器或进行数字显示。

氧量变送器的基本组成框图如图 6-7 所示，由阻抗变换级、温度变换级、除法器、倒相器及线性化电路组成。

氧浓差电池本身具有较大的内阻，为使浓差电势信号全部（或接近全部）输送给氧量变送器，必须使流过浓差电池的电流基本为零（或接近为零）。为此，变送器输入回路采用高

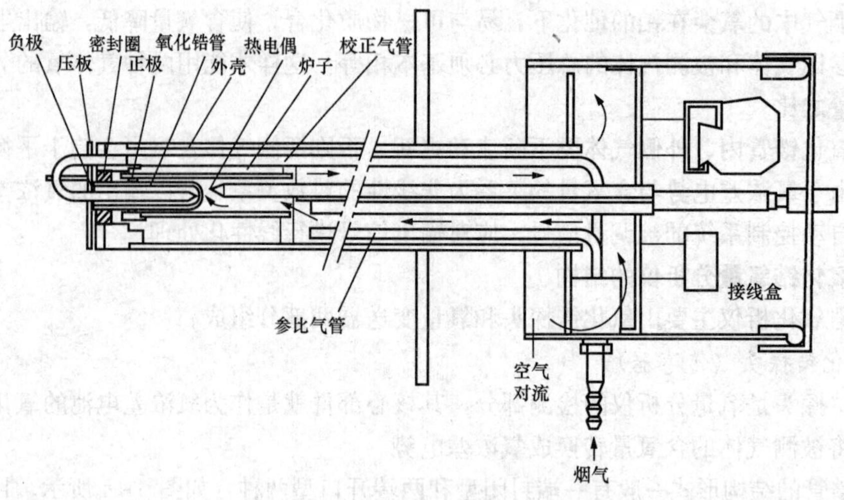

图 6-6 氧化锆传感器探头示意图

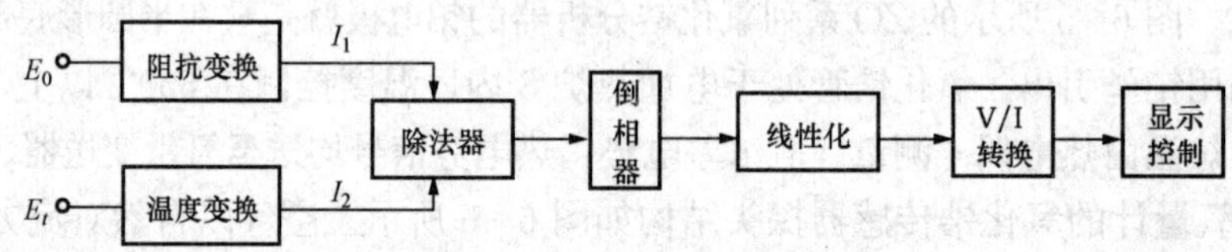

图 6-7 氧量变送器组成框图

输入阻抗的阻抗变换级以保证流经浓差电池的电流近似为 0。

由能斯特公式可知浓差电势 $E=f(p\cdot T)=f_1(p)\cdot\Phi(T)$。利用热电偶的热电特性可表为$E=f(p)\,\Phi(E_t)$。如进入除法器的另一输入信号具有函数 $\Phi(E_t)$ 的形式，则通过除法运算后，电路输出将是与温度 T 无关，而只与待测氧浓度 p 成单值函数的电压信号。温度变换级的作用有二：一是对热电偶进行冷端温度自动补偿到 0℃，使热电势 E_t 只与探头工作温度成单值关系；二是进行必要的函数关系变换，以满足除法器电路补偿运算的需要。

浓差电势 E 与被测氧浓度量呈对数函数的非线性关系，而且氧浓度越低，其输出毫伏越大，经倒相器和线性化处理将除法器输出处理成为与浓差电势成正比的直流毫伏信号后，再经电压/电流转换，最后变送器输出与被测气体氧浓度成线性对应关系的直流电流信号。

3. 测量系统

目前用氧化锆式氧量计来测量炉烟含量的系统形式很多，大致可分为抽出式和直插式两类。抽出式带有抽气和净化系统，能除去杂质和 SO_2 等有害气体，对保护氧化锆管有利。氧化锆管处于 800℃的定温电炉中工作，准确性较高，但系统复杂，并失去了反应快的特点。

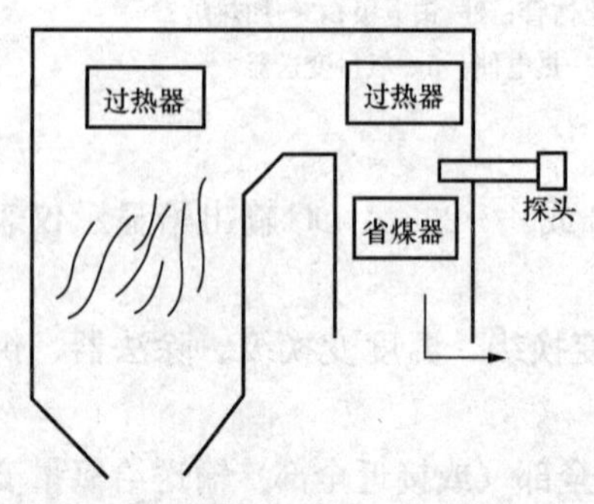

图 6-8 氧化锆探头安装位置

直插式是将氧化锆管直接插入烟道高温部分，如图 6-8 所示。在一端封闭的氧化锆管内外分别通过空气和被测烟气，在管外装有铂铑—铂热电偶，测定氧化锆管的工作温度，并通过控制设备把定温炉的温度控制在 800℃，为了防止炉烟尘粒污染氧化锆，加装了多孔性陶瓷过滤器。用泵抽吸烟气和空气使它们的流速在一定范围内，同时使空气和烟气侧的总压力大致相等，也可不用定温电炉，而在测出工作温度后用除法电路对输出电势进行温度补偿。直插式的特点是反应迅速，响应时间约为 1s 左右，加装过滤器后大约在 3 秒左右。

目前，氧化锆材料存在的问题是，在高温下膨胀而易出现裂纹或使铂电极脱落；另外，在氧化锆管表面有尘粒等污染时、测量误差较大，甚至使铂电极中毒，所以使用过程中要经常清理。

三、ZO-12 型氧化锆氧量分析仪

ZO-12 型氧化锆氧量分析仪是由中国原子能科学研究院按“双参数校准法”开发研制成功的产品。ZO 系列氧化锆氧分析仪包括传感器（氧化锆探头）和带显示的变送器两大部分组成。根据“双参数校准法”在能斯特公式基础上进行了修正，得出

$$E_m = 49.25\lg\frac{20.6}{p} + E_0 \tag{6-5}$$

式中　E_m——氧化锆探头电势；

E_0——本底电势，规定为 $E_0 = 30.3$mV，可用标准气体校验 E_0，对应的氧含量为 5%。

当探头池温度控制在 780±10℃时烟气中氧含量与探头信号 E_m 和本底电势 E_0 之差 $(E_m - E_0)$ 的反对数成正比。

ZO-12 型变送器的原理框图如图 6-9 所示，该变送器由氧量运算电路、温度控制电路和电源电路三部分组成。

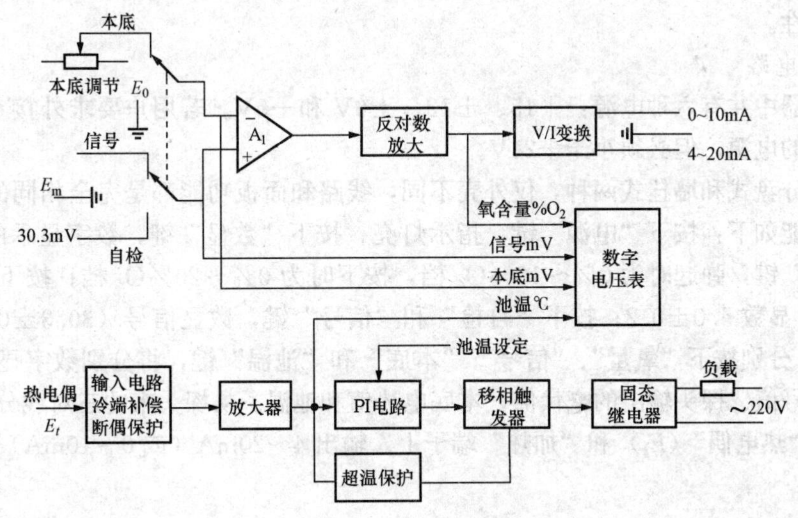

图 6-9　ZO-12 型变送器工作原理框图

1. 氧量运算电路

氧量运算由三级电路组成：差分放大器（A_1）用来放大 $(E_m - E_0)$ 信号，由于 E 与 p 是对数关系，所以采用反对数放大器将 A_1 放大后的 $(E_m - E_0)$ 信号进行反对数变换，使其输出电压与氧含量 O_2（%）呈线性关系，被测氧量可以在数字电压表上显示。V/I 变换将代表氧量的电压信号转换成相应的电流输出，以便实现远距离传送和接自动记录仪表，该变送器具备 0～10mA 和 4～20mA 两种电流，可同时输出供用户选择。

氧量运算电路有两种输出方式。在“自检”位置时（见图 6 - 10），一个 30.3mV（相当5%含氧量产生的电势 E_m）的电压加到 A_1 同相端，其反向端接地（$E_0=0$），以检验变送器自身的工作状况。正常时数显“氧量”应为 5.0±0.1%O_2，数显“信号”为(30.3±0.2)mV。另一种方式，即“自检”键弹出，仪器为测量状态，探头电势 E_m 加到 A_1 同相端，本底电势 E_0 加在反向端，A_1 放大的是 (E_m-E_0) 信号，经反对数放大之后，数显的“氧量”是烟气的氧含量，数显“信号”即探头信号 E_m，数显“本底”即是用标气校准时调定的 E_0。

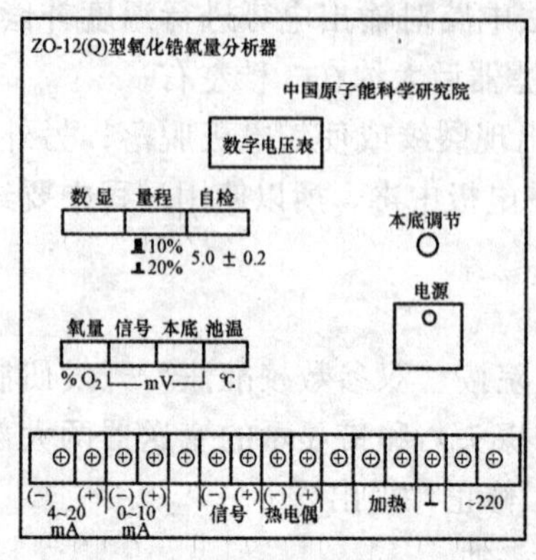

图 6 - 10　ZO - 12 型墙挂式变送器面板和接线端子图

2. 温度控制电路

ZO-12 氧量变送器将氧化锆浓差电池温度（简称池温）控制在（780±10)℃。由装在探头中的 K 分度号热电偶将池温信号 E_t 输送到温控电路。电路中设置了冷端补偿和断偶保护（断偶保护时数显池温约为 900～1000℃）。E_t 加室温信号经放大后加到比例积分电路并与池温设定电势（3.24V）比较，其比较结果送移相触发电路，产生可变周期的脉冲以触发固态断电器。由于脉冲周期不同，可控制固态继电器中晶闸管的导通角，从而改变探头加热炉的加热功率，达到恒温目的。电路中还设置了“超温保护”。如果探头温池超过 790℃，移相触发器停止工作，晶闸管截止，探头加热炉停止加热，故起到超温保护作用。在固态继电器中使用了光—电偶合器件，把高压回路与低压回路隔离，从而提高了温控电路的可靠性。

3. 电源电路

该变送器中共有六种电源：+15、±12、±6V 和+5V。若用户要求外接负载增大时，可外接更高的电源，但必须小于+24V。

变送器分盘式和墙挂式两种，仅外壳不同，线路和面板功能都是完全相同的。图 6 - 10 中各按键功能如下：按下“电源”键，指示灯亮；按下“数显”键，数字显示的数码管亮；按下“量程”键，弹起时为 0%～10%O_2 档，按下时为 0%～20%O_2 档；按下“自检”和“氧量”键，显数 5.0±0.2；按下“自检”和“信号”键，数显信号（30.3±0.4)mV。弹出“自检”、分别按下“氧量”、“信号”、“本底”和“池温”键，将分别数字显示被测气体含氧量、信号值、探头输出的毫伏值，本底电势值和池温。从探头来的三对线分别接在“信号”（E_m）、“热电偶”（E_t）和“加热”端子上。输出 4～20mA（或 0～10mA）送至显示仪表或微机。

复习思考题

6 - 1　简述烟气分析的意义。为什么用烟气中氧的含量来判断锅炉过剩空气系数的大小?

6 - 2　氧化锆氧量计的测量原理是什么？使用时应注意哪些问题?

6 - 3　氧化锆氧量计的测量系统主要有哪几类?

第七章　火电厂计算机监视系统

当前火电厂的测量参数的显示，主要是通过计算机屏幕进行。因此，测量系统的组成也发生了相应的变化，几乎所有参数的检测都纳入了计算机数据采集系统（DAS）。

一、数据采集系统的基本组成

我们通常所称的计算机数据采集系统（Data Acquisition System），从广义上来讲应该称为计算机监视系统，但以下仍称为DAS。随着计算机技术的发展，微型计算机系统完全可以满足电厂监视技术的要求，系统的性能价格比也较高，因此多微机系统组成的DAS系统日益为广大用户所接受。

1. 硬件系统

在图7-1画出了DAS系统的示意性总体结构图。DAS系统主要包括三方面：一为输入输出（I/O）过程通道；二为高速数据通信网络（总线）；三为操作员站、工程师站等人机接口单元。

采用上述各种检测方法采集到的包括温度、压力、流量、水位等各种过程变量，由输入输出（I/O）过程通道处理加工成能真实代表这些参数的计算机能接受的量，也就是输入输出（I/O）过程通道从生产过程中采集到的各种过程变量。这些过程变量一般可分为三大类，即模拟量、开关量和脉冲量。

（1）模拟量。如热电偶TC（S、R、J、K、E、B、EA-2分度），热电阻RTD（Pt100、Cu50），电流（4～20mA DC，0～10mA DC，0～20mA DC等），电压（1～5V DC，0～5V DC，0～10V DC等）。

（2）开关量。周期型开关量，如阀门或风门挡板位置开关信号等；中断型开关量，如各种主辅机（送风机、吸风机、给水泵等）的启停信号等。

（3）脉冲量。如转速、频率信号等。

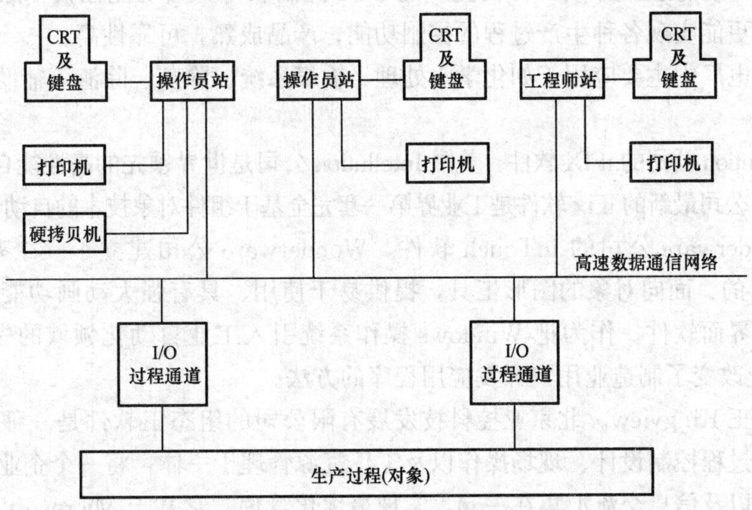

图7-1　DAS系统的总体结构示意图

I/O通道从生产过程中采集各种过程变量、并将采集到的数据先进行初步的数据处理，如滤波、隔离、A/D（模拟量数字量）转换、标度变换等，然后送到高速数据通信网络（总线）。操作员站从高速数据通信网络上获取全部信息，经复杂的数字处理后经人机接口装置——CRT显示屏及键盘（或鼠标、球标、光笔）、打印机、硬拷贝机等实现显示、打印制表、拷贝等功能，并建立实时数据库、历史数据库。工程师站用于系统的组态和修改，亦可作为操作员站的后备。

图7-1所示为DAS系统，随着计算机监视系统的应用发展，DAS系统逐渐与生产管理系统一体化，组成计算机监视与生产管理一体化的网络系统。图7-2为多级网络式结构DAS系统总体示意图。

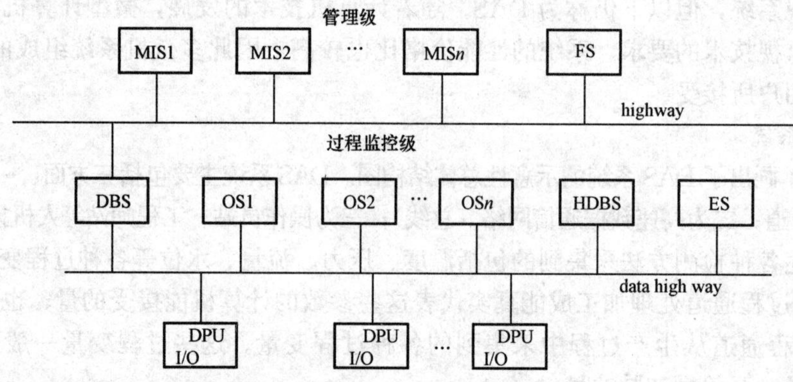

图7-2 多级网络式结构DAS总体示意图

FS—file server（文件服务器）；OS—operator's station（操作员站）；ES—engineer's station（工程师站）；HDBS—historical database station（历史数据站）；MIS—management information station（管理信息站）；DBS—database server（数据存取服务器）；DPU—distribution processing unit（分散处理单元）

2. 软件系统

实现数据采集系统的软件大致分为两大类，一类是电厂中主要应用于机、炉、电的主机系统的各DCS（分散控制系统）厂商提供的DCS控制软件，其功能强大，除了能实现数据采集功能外，更能实现各种生产过程的控制功能，产品成熟，可靠性高。

另一类是电厂中主要应用于如化学水处理、输煤系统、除灰、除渣等辅助系统的各种组态软件。

(1) Intellution公司的iFIX软件。美国Intellution公司是世界领先的高性能自动化软件制造商，Intellution公司最新的iFix软件是工业界第一套完全基于组件对象技术的自动化解决方案。

(2) Wonderware公司的inTouch软件。Wonderware公司建立了一个基于Microsoft Windows平台的、面向对象的图形工具，提供易于使用、具有强大动画功能和卓越性能及可靠性的人机界面软件。作为把Windows操作系统引入工业自动化领域的先驱，Wonderware从根本上改变了制造业用户开发应用程序的方法。

(3) 组态王Kingview。北京亚控科技发展有限公司的组态王软件是一种通用的工业监控软件，它融过程控制设计、现场操作以及工厂资源管理于一体，将一个企业内部的各种生产系统和应用以及信息交流汇集在一起，实现最优化管理。它基于Microsoft Windows XP/NT/2000操作系统，用户可以在企业网络的所有层次的各个位置上及时获得系统的实时信息。

除了上述公司外，还有很多厂商，其软件都能实现生产过程数据的实时采集和监视，更重要的是还能实现较全面的控制功能。

二、数据采集系统的主要功能

（一）数据采集与显示

1. 数据采集

生产过程的各种变量，如温度、压力、流量等称为模拟量；而设备状态，如泵、风机的启/停，阀门、挡板的开/关称为开关量。数据采集系统的数据采集就是通过各种测量元件、变送器、开关接点、继电器等将模拟量和开关量信号引入计算机系统。对于模拟量中的温度信号，通常直接由测温元件引入计算机系统，这些测温元件通常为热电偶或热电阻；压力、流量、差压以及其他非电量的测量，通常要通过变送器，将过程变量转换成标准的电信号，如4～20mA DC、0～10mA DC，0～20mA DC、1～5V DC，0～5V DC等，其中4～20mA DC为变送器输出的国际通用标准信号。

对于一台大型火电机组来说，数据采集系统所要采集的数据面广而量大。一台600MW机组所要采集的模拟量和开关量的数据总和达4000～6000点，甚至更多，这些数据的测点分布在电厂的各个部位，仅在主厂房内距集控室也常常有数百米的距离。数据采集通常有两种方法：一是将就地测量的测温元件、变送器、开关接点等用电缆引到电子设备间DAS系统的机拒内集中处理，I/O卡件可有较好的工作环境，系统的通信、扩展、接地和屏蔽等方面较为有利，为目前大多数大型分散控制系统（包含DAS系统）所采用。其缺点是需耗用大量的电缆。另一种方法是采用智能测量前端，智能测量前端可安装在环境条件恶劣的现场，由它们将现场的模拟量和开关量直接转换为数字信息，采用数字通信与远方的主机进行通信联系以构成DAS系统。目前已有分散控制系统将集中I/O模件和远程智能I/O前端结合起来应用，这种形式的应用既有DAS系统成熟的软件体系，又可根据现场分散设备的具体情况灵活配置远程智能I/O前端，这样将远程智能I/O前端的应用范围扩大到大型火电机组。

2. CRT屏幕显示

CRT屏幕显示的画面种类有以下几种。

（1）模拟图。用不同画面分别表示机组概貌和锅炉、汽轮机、发电机、厂用电等各局部工艺系统的流程，画面内辅以模入、开入等参数，如流量、压力、温度、调节阀门开度等模拟量参数，辅机的启、停状态，阀门挡板的开、关状态等开关量信号。图7-3为某电厂操作员站的监控系统画面。

（2）棒状图。将同类参数用水平或垂直棒图排列在一起，形象地显示数值大小和越限情况。

（3）曲线图。可显示趋势曲线、历史曲线和机组启、停曲线等。

（4）相关图。以任一主要参数为中心，与若干与其相关的参数组成一幅画面，以便于对主要参数的综合监视和分析。

（5）成组显示。可从所有模拟量中任选若干个参数组成一幅画面，显示内容包括点号、名称、参数值、越限情况或成组开关量信息。

（6）检索类画面。包括标号检索、目录检索、模拟量报警及切除一览、开关量跳变等。

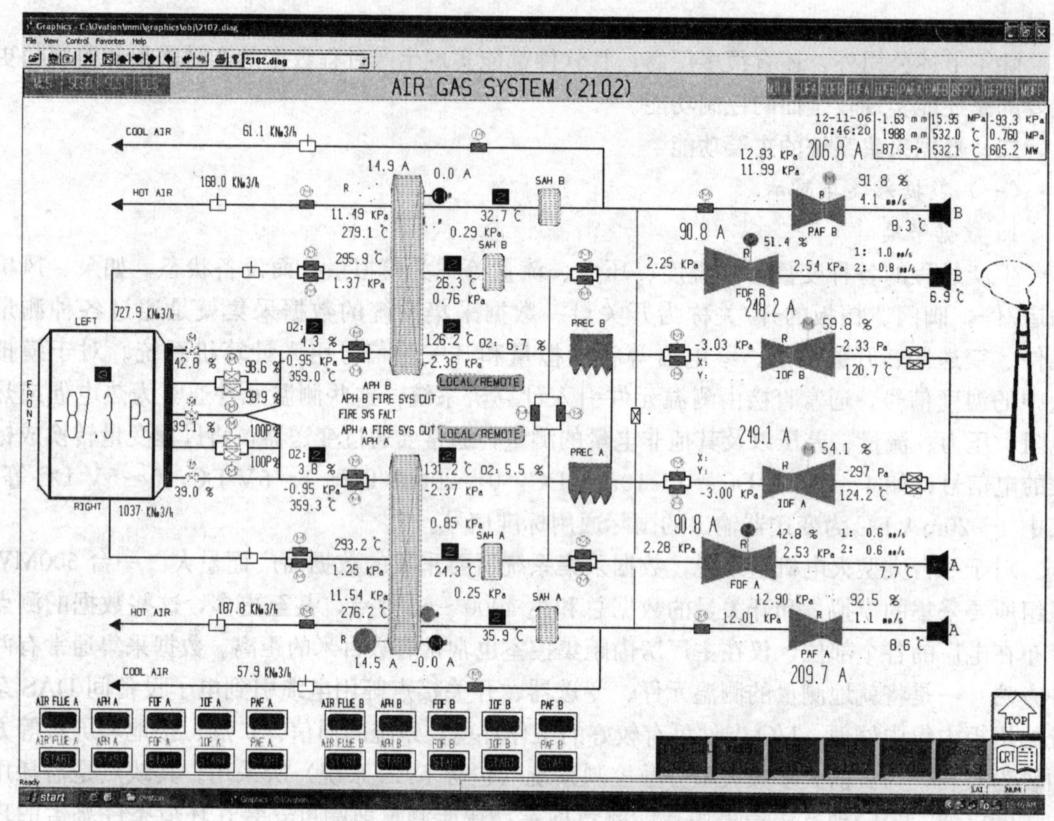

图 7-3 火电厂操作员站监控画面之一

(7) 报警类画面。当有报警产生时，相应的报警组在CRT画面上闪光，并有声音报警，报警确认后，闪光变为平光。

(8) 模拟量控制画面。一幅画面显示一个或数个控制回路的变量、定值、输出以及控制回路的手动/自动状态切换和增/减操作。

(9) 开关量控制画面。一幅画面显示一个或一组设备的启/停或开/关允许条件、启/停或开/开的操作及其状态。

(10) 诊断显示。诊断显示包含了系统和子系统一级的信息，这些信息使操作者了解到可测故障的情况、可监视系统状态和一些性能指标等。从系统状态（system status）显示图上可方便地得到各子系统的工作状态。进入子系统状态（subsystem status）显示后，可进一步观察子系统的状态显示和诊断结果。故障以代码和简单说明的形式出现。如进入此显示中的I/O状态显示，还可得到各通道信息的标签（tag）。诊断信息（diagnostic messages）画面反映了子系统的类型和状态、故障（事件）发生时间、单位时间内故障的次数、事件描述、类型等。系统性能（system performance）显示画面反映了CPU负荷率（包括现行值、平均值和最大值）、存储器利用率等，画面用数字或棒形图显示。

3. CRT 显示画面的调用

一台大型火电机组，要有几百幅画面，例如一台600MW机组一般有300多幅。为了能在如此多的画面中尽快调用出所需的画面，通常设计了横向及纵向调用图，形成了一种倒“树”状结构。对于一般的画面要求按键次数不超过3次，重要画面的调用要求按键次数在

1～2 次。

（二）在线性能计算

在线性能计算主要是定时进行经济指标计算，如锅炉效率、汽轮机效率、热耗、煤耗、厂用电率、补给水率等的计算，此外也包括二次参数计算；对来自 I/O 过程通道的信息进行二次计算，包括补偿计算，变化率、累计、平均、差值、平方根、最大值、最小值等的计算。在线性能计算的关键是要给出正确、合理的计算公式和可靠的现场测量数据。例如，600MW 机组的性能计算主要有六项。

（1）汽轮机效率。对高压缸、中压缸、低压缸分别计算热效率。

（2）锅炉效率。用热损失法和输入输出法两种方法计算。

（3）凝汽器性能。计算理想传热系数、实际传热系数以及两者的比值。

（4）给水加热器效率。主要计算三台高压加热器的端差、冷端温差、温升。

（5）预热器效率。计算总效率，以实际效率与理想效率之比表示。

（6）机组质量与能量平衡。计算汽耗、热耗、流量、机组热效率等。

（三）制表打印

制表打印一般分为定时制表打印和随机召唤打印两种，打印格式与方式可按用户要求编制。

1. 定时打印

分值（班）报表、日报表等，分别在每值、每日的终了时，对预定的参数按小时测量值及平均值、累计值一次性打印。根据运行人员的需要，也可随时人工召唤上述制表的全天追补打印和即时制表打印。制表数据可以保留数天，像月报表和年报表这类长时间的报表，参数的采集、平均、累计等数量十分巨大，一般计算机内存容量不能满足，需有大容量的外存设备，如硬盘、光盘等。

2. 随机打印

（1）报警打印。参数越限及复位时，自动打印记录其点名、名称、参数实际值和相应的限值，以及越限和复位时间。报警打印也可由人工召唤打印。

（2）开关量变态打印。周期型开入状态变化时，能自动（或人工召唤）打印其点名、名称及操作性质和时间。

3. 事件顺序记录

当中断型开入动作时，按动作时间先后次序自动打印其点号、名称、动作性质和时间，时间分辨率达 1～3ms。大机组通常有 128 点或 256 点，如果 DAS 系统计算机的时间分辨率达不到 1～3ms 的指标，需另配置事件顺序记录仪（SOE）。

4. 事故追忆打印

对引起机组跳闸的事故，将事故发生前若干分钟（通常为5～15min）及事故后若干分钟（通常为 5～15min），按一定的时间间隔（通常 10～20s）对指定的若干个参数变化值进行打印。

5. CRT 屏幕显示拷贝

CRT 上显示的画面，包括模拟图、曲线及各种表格、参数等均可通过运行人员照原样拷贝（打印）下来。

（四）报警

参数越限或运行辅机跳闸需报警引起运行人员的注意，及时调整，保证机组的安全运行。将实际测量得到的数值与设定的上、下报警限值比较，如超过，则报警，在CRT上的现时报警显示，并发出声响、点标号闪光。当运行人员确认后，闪光停止。参数返回到正常值时，报警显示上原报警消失。鉴于报警的紧急程度和后果的严重程度不同，需对报警进行分类管理。

（1）调用报警汇总表。

（2）调用报警级别组。

（3）操作员动作请求。操作员动作请求报警，确切地讲应为提醒。该项为提醒运行人员进行数据的存储，当硬盘某区储入数据已满时，则自动发出请求报警，请求操作人员将数据从硬盘存至软盘，然后空出该区继续存入数据。

复习思考题

7-1 什么是DAS？它由哪几部分组成？

7-2 数据采集系统的输入输出（I/O）过程通道有哪几种类型？

7-3 数据采集系统的主要功能有哪些？

附录1 热电偶、热电阻分度表

附表1 **铂铑10—铂热电偶分度表**

分度号：S（冷端温度为0℃）

温度（℃）	0	1	2	3	4	5	6	7	8	9
	热电势（mV）									
−50	−0.236									
−40	−0.194	−0.199	−0.203	−0.207	−0.211	−0.215	−0.220	−0.224	−0.228	−0.232
−30	−0.150	−0.155	−0.159	−0.164	−0.168	−0.173	−0.177	−0.181	−0.186	−0.190
−20	−0.103	−0.108	−0.112	−0.117	−0.122	−0.127	−0.132	−0.136	−0.141	−0.145
−10	−0.053	−0.058	−0.063	−0.068	−0.073	−0.078	−0.083	−0.088	−0.093	−0.098
0	−0.000	−0.005	−0.011	−0.016	−0.021	−0.027	−0.032	−0.037	−0.042	−0.048
0	0.000	0.005	0.011	0.016	0.022	0.027	0.033	0.038	0.044	0.050
10	0.055	0.061	0.067	0.072	0.078	0.084	0.090	0.095	0.101	0.107
20	0.113	0.119	0.125	0.151	0.137	0.142	0.148	0.154	0.161	0.167
30	0.173	0.179	0.185	0.191	0.197	0.203	0.210	0.216	0.222	0.228
40	0.235	0.241	0.247	0.254	0.260	0.266	0.273	0.279	0.286	0.292
50	0.299	0.305	0.312	0.318	0.325	0.331	0.338	0.345	0.351	0.358
60	0.365	0.371	0.378	0.385	0.391	0.398	0.405	0.412	0.419	0.425
70	0.432	0.439	0.446	0.453	0.460	0.467	0.474	0.481	0.488	0.495
80	0.502	0.509	0.516	0.523	0.530	0.537	0.544	0.551	0.558	0.566
90	0.573	0.580	0.587	0.594	0.602	0.609	0.616	0.623	0.631	0.638
100	0.645	0.653	0.660	0.667	0.675	0.682	0.690	0.697	0.704	0.712
110	0.719	0.727	0.734	0.742	0.749	0.757	0.764	0.772	0.780	0.787
120	0.795	0.802	0.810	0.818	0.825	0.833	0.841	0.848	0.856	0.864
130	0.872	0.879	0.387	0.895	0.903	0.910	0.918	0.926	0.934	0.942
140	0.950	0.957	0.965	0.973	0.981	0.989	0.997	1.005	1.013	1.021
150	1.029	1.037	1.045	1.053	1.061	1.069	1.077	1.085	1.093	1.101
160	1.109	1.117	1.125	1.133	1.141	1.149	1.158	1.166	1.174	1.182
170	1.190	1.198	1.207	1.215	1.223	1.231	1.240	1.248	1.256	1.264
180	1.273	1.281	1.289	1.297	1.306	1.314	1.322	1.331	1.339	1.347
190	1.356	1.364	1.373	1.381	1.389	1.398	1.406	1.415	1.423	1.482
200	1.440	1.448	1.457	1.465	1.474	1.482	1.491	1.499	1.508	1.516
210	1.525	1.534	1.542	1.551	1.559	1.568	1.576	1.585	1.594	1.602
220	1.611	1.620	1.628	1.637	1.645	1.654	1.663	1.671	1.680	1.689
230	1.698	1.706	1.715	1.724	1.732	1.741	1.750	1.759	1.767	1.776
240	1.785	1.794	1.802	1.811	1.820	1.829	1.838	1.846	1.855	1.864
250	1.873	1.882	1.891	1.899	1.908	1.917	1.926	1.935	1.944	1.953
260	1.962	1.971	1.979	1.988	1.997	2.006	2.015	2.024	2.033	2.042
270	2.051	2.060	2.069	2.078	2.087	2.096	2.105	2.114	2.123	2.132
280	2.141	2.150	2.159	2.168	2.177	2.186	2.195	2.204	2.213	2.222
290	2.232	2.241	2.250	2.259	2.268	2.277	2.286	2.295	2.304	2.314
300	2.323	2.332	2.341	2.350	2.359	2.368	2.378	2.387	2.396	2.405
310	2.414	2.424	2.433	2.442	2.451	2.460	2.470	2.479	2.488	2.497
320	2.506	2.516	2.525	2.534	2.543	2.553	2.562	2.571	2.581	2.590
330	2.599	2.608	2.618	2.627	2.636	2.646	2.655	2.664	2.674	2.683
340	2.692	2.702	2.711	2.720	2.780	2.739	2.748	2.758	2.767	2.776

续表

温度(℃)	0	1	2	3	4	5	6	7	8	9
	热电势(mV)									
350	2.786	2.795	2.805	2.814	2.823	2.833	2.842	2.852	2.861	2.870
360	2.880	2.889	2.899	2.908	2.917	2.927	2.936	2.946	2.955	2.965
370	2.974	2.984	2.993	3.003	3.012	3.022	3.031	3.041	3.050	3.059
380	3.069	3.078	3.088	3.097	3.107	3.117	3.126	3.136	3.145	3.155
390	3.164	3.174	3.183	3.193	3.202	3.212	3.221	3.231	3.241	3.250
400	3.260	3.269	3.279	3.288	3.298	3.308	3.317	3.327	3.336	3.346
410	3.356	3.365	3.375	3.384	3.394	3.404	3.413	3.423	3.433	3.442
420	3.452	3.462	3.471	3.481	3.491	3.500	3.510	3.520	3.529	3.539
430	3.549	3.558	3.568	3.578	3.587	3.597	3.607	3.616	3.626	3.636
440	3.645	3.655	3.665	3.675	3.684	3.694	3.704	3.714	3.723	3.733
450	3.743	3.752	3.762	3.772	3.782	3.791	3.801	3.811	3.821	3.831
460	3.840	3.850	3.860	3.870	3.879	3.889	3.899	3.909	3.919	3.928
470	3.938	3.948	3.958	3.968	3.977	3.987	3.997	4.007	4.017	4.027
480	4.036	4.046	4.056	4.066	4.076	4.086	4.095	4.105	4.115	4.125
490	4.135	4.145	4.155	4.164	4.174	4.184	4.194	4.204	4.214	4.224
500	4.234	4.243	4.253	4.263	4.273	4.283	4.993	4.303	4.313	4.323
510	4.333	4.343	4.352	4.362	4.372	4.382	4.392	4.402	4.412	4.422
520	4.432	4.442	4.452	4.462	4.472	4.482	4.492	4.502	4.512	4.522
530	4.532	4.542	4.552	4.562	4.572	4.582	4.592	4.602	4.612	4.622
540	4.632	4.642	4.652	4.662	4.672	4.682	4.692	4.702	4.712	4.722
550	4.732	4.742	4.752	4.762	4.772	4.782	4.792	4.802	4.812	4.822
560	4.832	4.842	4.852	4.862	4.873	4.883	4.893	4.903	4.913	4.923
570	4.933	4.943	4.953	4.963	4.973	4.984	4.994	5.004	5.014	5.024
580	5.034	5.044	5.054	5.065	5.075	5.085	5.095	5.105	5.115	5.125
590	5.136	5.146	5.156	5.166	5.176	5.186	5.197	5.207	5.217	5.227
600	5.237	5.247	5.258	5.268	5.278	5.288	5.298	5.309	5.319	5.329
610	5.339	5.350	5.360	5.370	5.380	5.391	5.401	5.411	5.421	5.431
620	5.442	5.452	5.462	5.473	5.483	5.498	5.503	5.514	5.524	5.584
630	5.544	5.555	5.565	5.575	5.586	5.596	5.606	5.617	5.627	5.637
640	5.648	5.658	5.668	5.679	5.689	5.700	5.710	5.720	5.731	5.741
650	5.756	5.762	5.772	5.782	5.793	5.803	5.814	5.824	5.834	5.845
660	5.855	5.866	5.876	5.887	5.897	5.907	5.918	5.928	5.939	5.949
670	5.960	5.970	5.980	5.991	6.001	6.012	6.022	6.033	6.043	6.054
680	6.064	6.075	6.085	6.096	6.106	6.117	6.127	6.138	6.148	6.159
690	6.169	6.180	6.190	6.201	6.211	6.222	6.232	6.243	6.253	6.264
700	6.274	6.285	6.295	6.306	6.316	6.397	6.338	6.348	6.359	6.369
710	6.380	6.390	6.401	6.412	6.422	6.433	6.443	6.454	6.465	6.475
720	6.486	6.496	6.507	6.518	6.528	6.539	6.549	6.560	6.571	6.581
730	6.592	6.603	6.613	6.624	6.635	6.645	6.656	6.667	6.677	6.688
740	6.699	6.709	6.720	6.731	6.741	6.752	6.763	6.773	6.784	6.795

续表

温度（℃）	0	1	2	3	4	5	6	7	8	9
	热电势（mV）									
750	6.805	6.816	6.827	6.838	6.848	6.859	6.870	6.880	6.891	6.902
760	6.913	6.923	6.934	6.945	6.956	6.966	6.977	6.988	6.999	7.009
770	7.020	7.031	7.042	7.053	7.063	7.074	7.085	7.096	7.107	7.117
780	7.128	7.139	7.150	7.161	7.171	7.182	7.193	7.204	7.215	7.225
790	7.236	7.247	7.258	7.269	7.280	7.291	7.301	7.312	7.323	7.384
800	7.345	7.356	7.367	7.377	7.388	7.399	7.410	7.421	7.432	7.443
810	7.454	7.465	7.476	7.486	7.497	7.508	7.519	7.530	7.541	7.552
820	7.563	7.574	7.585	7.596	7.607	7.618	7.629	7.640	7.651	7.661
830	7.672	7.683	7.694	7.705	7.716	7.727	7.738	7.749	7.760	7.771
840	7.782	7.793	7.804	7.815	7.826	7.837	7.848	7.859	7.870	7.881
850	7.892	7.904	7.915	7.926	7.937	7.948	7.959	7.970	7.981	7.992
860	8.003	8.014	8.025	8.036	8.047	8.058	8.069	8.081	8.092	8.103
870	8.114	8.125	8.136	8.147	8.158	8.169	8.180	8.192	8.203	8.214
880	8.225	8.236	8.247	8.258	8.270	8.281	8.292	8.303	8.314	8.325
890	8.336	8.348	8.359	8.370	8.381	8.392	8.401	8.415	8.426	8.437
900	8.448	8.460	8.471	8.482	8.493	8.504	8.516	8.527	8.538	8.549
910	8.560	8.572	8.583	8.594	8.605	8.617	8.628	8.639	8.650	8.662
920	8.673	8.684	8.695	8.707	8.718	8.729	8.741	8.752	8.763	8.774
930	8.786	8.797	8.808	8.820	8.831	8.842	8.854	8.865	8.873	8.888
940	8.899	8.910	8.922	8.933	8.944	8.955	8.967	8.978	8.990	9.001
950	9.012	9.024	9.085	9.047	9.058	9.069	9.081	9.092	9.103	9.115
960	9.126	9.138	9.149	9.160	9.172	9.183	9.195	9.206	9.217	9.229
970	9.240	9.252	9.263	9.275	9.282	9.298	9.309	9.320	9.332	9.343
980	9.355	9.366	9.378	9.389	9.401	9.412	9.424	9.435	9.447	9.459
990	9.470	9.481	9.493	9.504	9.516	9.527	9.539	9.550	9.562	9.573
1000	9.585	9.596	9.608	9.619	9.631	9.642	9.654	9.665	9.677	9.689
1010	9.700	9.712	9.723	9.735	9.746	9.758	9.770	9.781	9.793	9.804
1020	9.816	9.828	9.839	9.851	9.862	9.874	9.886	9.897	9.909	9.920
1030	9.932	9.944	9.955	9.967	9.979	9.990	10.002	10.013	10.025	10.037
1040	10.048	10.060	10.072	10.083	10.095	10.107	10.118	10.130	10.142	10.154
1050	10.165	10.177	10.189	10.200	10.212	10.224	10.235	10.247	10.259	10.271
1060	10.282	10.294	10.306	10.318	10.329	10.341	10.353	10.364	10.376	10.388
1070	10.400	10.411	10.423	10.455	10.447	10.459	10.470	10.482	10.494	10.506
1080	10.517	10.529	10.541	10.553	10.565	10.576	10.588	10.600	10.612	10.624
1090	10.635	10.647	10.659	10.671	10.683	10.694	10.706	10.718	10.730	10.742
1100	10.754	10.765	10.777	10.789	10.801	10.813	10.825	10.835	10.848	10.860
1110	10.872	10.884	10.896	10.908	10.919	10.931	10.943	10.955	10.967	10.979
1120	10.991	11.003	11.014	11.026	11.038	11.050	11.062	11.074	11.086	11.098
1130	11.110	11.121	11.133	11.145	11.157	11.169	11.181	11.193	11.205	11.217
1140	11.229	11.241	11.252	11.264	11.276	11.288	11.300	11.312	11.324	11.336
1150	11.348	11.360	11.372	11.374	11.396	11.408	11.420	11.402	11.443	11.455
1160	11.467	11.479	11.491	11.503	11.515	11.527	11.539	11.551	11.563	11.575
1170	11.587	11.599	11.611	11.623	11.635	11.647	11.659	11.671	11.683	11.695
1180	11.707	11.719	11.731	11.743	11.755	11.767	11.779	11.791	11.803	11.815
1190	11.827	11.839	11.851	11.863	11.875	11.887	11.899	11.911	11.923	11.935

续表

温度(℃)	0	1	2	3	4	5	6	7	8	9
	热电势（mV）									
1200	11.947	11.959	11.971	11.983	11.995	12.007	12.019	12.031	12.043	12.055
1210	12.067	12.079	12.091	12.103	12.116	12.128	12.140	12.152	12.164	12.176
1220	12.188	12.200	12.212	12.224	12.236	12.248	12.260	12.279	12.284	12.296
1230	12.308	12.320	12.332	12.345	12.357	12.369	12.381	12.393	12.405	12.417
1240	12.429	12.441	12.453	12.465	12.477	12.489	12.501	12.514	12.526	12.553
1250	12.550	12.562	12.574	12.586	12.598	12.610	12.622	12.634	12.647	12.659
1260	12.671	12.683	12.695	12.707	12.719	12.731	12.743	12.755	12.767	12.786
1270	12.792	12.804	12.816	12.828	12.840	12.852	12.864	12.876	12.888	12.901
1280	12.913	12.925	12.937	12.949	12.961	12.973	12.985	12.997	13.010	13.022
1290	13.034	13.046	13.058	13.070	13.082	13.094	13.107	13.119	13.131	13.143
1300	13.155	13.167	13.179	13.191	13.203	13.216	13.228	13.240	13.252	13.264
1310	13.276	13.238	13.300	13.313	13.325	13.337	13.349	13.361	13.373	13.385
1320	13.397	13.410	13.422	12.434	13.446	13.458	13.470	13.482	13.495	13.507
1330	13.519	13.531	13.543	13.555	13.567	13.579	13.592	13.604	13.616	12.628
1340	13.640	13.652	13.664	13.677	13.689	13.701	13.713	13.725	13.737	13.749
1350	13.761	13.774	13.786	13.798	13.810	13.822	13.834	13.846	13.859	13.871
1360	13.883	13.895	13.907	13.919	13.931	13.942	13.956	13.968	13.980	13.992
1370	14.004	14.016	14.028	14.040	14.053	14.065	14.077	14.089	14.101	14.113
1380	14.125	14.138	14.150	14.162	14.174	14.186	14.198	14.210	14.222	14.235
1390	14.247	14.259	14.271	14.283	14.295	14.307	14.319	14.332	14.344	14.356
1400	14.368	14.380	14.392	14.404	14.416	14.129	14.441	14.453	14.465	14.477
1410	14.489	14.501	14.513	14.526	14.538	14.550	14.562	14.574	14.586	14.598
1420	14.610	14.622	14.635	14.647	14.659	14.671	14.683	14.695	14.707	14.719
1430	14.731	14.744	14.756	14.763	14.780	14.792	14.804	14.816	14.828	14.840
1440	14.852	14.865	14.877	14.889	14.901	14.913	14.925	14.937	14.949	14.961
1450	14.973	14.985	14.998	15.010	15.022	15.034	15.046	15.058	15.070	15.082
1460	15.094	15.106	15.118	15.130	15.143	15.155	15.167	15.179	15.191	15.203
1470	15.215	13.227	15.239	15.251	15.263	15.275	15.287	15.299	15.311	15.324
1480	15.336	15.348	15.360	15.372	15.384	15.396	15.408	15.420	15.432	15.444
1490	15.456	15.468	15.480	15.492	15.504	15.516	15.528	15.540	15.552	15.564
1500	15.576	15.589	15.601	15.613	15.025	15.637	15.649	15.661	15.673	15.685
1510	15.697	15.709	15.721	15.733	15.745	15.757	15.769	15.781	15.793	15.805
1520	15.817	15.829	15.841	15.853	15.865	15.877	15.889	15.901	15.913	15.925
1530	15.937	15.940	15.960	15.973	15.985	15.997	16.009	16.021	16.033	16.045
1540	16.057	16.069	16.080	16.092	16.104	16.116	16.128	16.140	16.152	16.164
1550	16.176	16.188	16.200	16.212	16.224	16.236	16.248	16.260	16.272	16.284
1560	16.296	16.308	16.319	16.331	16.343	16.355	16.367	16.379	16.391	16.403
1570	16.415	16.427	16.439	16.451	16.462	16.474	16.486	16.498	16.510	16.522
1580	16.534	16.546	16.558	16.569	16.581	16.593	16.605	16.617	16.629	16.641
1590	16.653	16.664	16.676	16.688	16.700	16.712	16.724	16.736	16.747	16.759
1600	16.771									

附表2 **镍铬—镍硅（镍铬—镍铝）热电偶分度表**

分度号：K（冷端温度为0℃）

温度（℃）	0	1	2	3	4	5	6	7	8	9
	热电势（mV）									
-50	-1.889	-1.925	-1.961	-1.996	-2.032	-2.067	-2.102	-2.137	-2.173	-2.208
-40	-1.527	-1.563	-1.600	-1.636	-1.673	-1.709	-1.745	-1.781	-1.817	-1.853
-30	-1.156	-1.193	-1.231	-1.268	-1.305	-1.342	-1.379	-1.416	-1.453	-1.490
-20	-0.777	-0.816	-0.854	-0.892	-0.930	-0.968	-1.005	-1.043	-1.081	-1.118
-10	-0.392	-0.431	-0.469	-0.508	-0.547	-0.585	-0.624	-0.662	-0.701	-0.739
0	-0.000	-0.039	-0.079	-0.118	-0.157	-0.197	-0.236	-0.275	-0.314	-0.353
0	0.000	0.039	0.079	0.119	0.158	0.198	0.238	0.277	0.317	0.357
10	0.397	0.437	0.477	0.517	0.557	0.597	0.637	0.677	0.718	0.758
20	0.798	0.838	0.879	0.919	0.960	1.000	1.041	1.081	1.122	1.162
30	1.203	1.244	1.285	1.325	1.366	1.407	1.448	1.489	1.529	1.570
40	1.611	1.652	1.693	1.734	1.776	1.817	1.858	1.899	1.949	1.981
50	2.022	2.064	2.105	2.146	2.188	2.229	2.270	2.312	2.353	2.394
60	2.436	2.477	2.519	2.560	2.601	2.643	2.684	2.726	2.767	2.809
70	2.850	2.892	2.933	2.975	3.016	3.058	3.100	3.141	3.183	3.224
80	3.266	3.307	3.349	3.390	2.432	3.173	3.515	2.556	3.598	3.639
90	3.681	3.722	2.764	2.805	3.847	3.888	3.930	3.971	4.012	4.054
100	4.095	4.137	4.178	4.219	4.261	4.302	4.343	4.384	4.426	4.467
110	4.508	4.549	4.590	4.632	4.673	4.714	4.755	4.796	4.837	4.878
120	4.919	4.960	5.001	5.042	5.083	5.124	5.164	5.205	5.246	5.287
130	5.327	5.368	5.409	5.450	5.490	5.531	5.571	5.612	5.652	5.693
140	5.733	5.771	5.814	5.855	5.895	5.936	5.976	6.016	6.057	6.097
150	6.137	6.177	6.218	6.258	6.298	6.338	6.378	6.419	6.459	6.499
160	6.539	6.579	6.619	6.659	6.699	6.739	6.779	6.819	6.859	6.899
170	6.939	6.979	7.019	7.059	7.039	7.139	7.179	7.219	5.259	7.299
180	7.338	7.378	7.418	7.458	7.498	7.538	7.578	7.618	7.653	7.697
190	7.737	7.777	7.817	7.857	7.897	7.937	7.977	8.017	8.057	8.097
200	8.137	8.177	8.216	8.256	8.296	8.336	8.376	8.416	8.456	8.497
210	8.537	8.577	8.617	8.657	8.697	8.737	8.777	8.817	8.857	8.898
220	8.938	8.978	9.018	9.058	9.099	9.139	9.179	9.220	9.260	9.300
230	9.341	9.381	9.421	9.462	9.502	9.543	9.583	9.624	9.664	9.705
240	9.745	9.786	9.826	9.867	9.907	9.948	9.989	10.029	10.070	10.111
250	10.151	10.192	10.233	10.274	10.315	10.355	10.396	10.437	10.478	10.519
260	10.560	10.600	10.641	10.682	10.723	10.764	10.805	10.846	10.887	10.928
270	10.969	11.010	11.051	11.093	11.134	11.175	11.216	11.257	11.298	11.339
280	11.381	11.422	11.463	11.504	11.546	11.587	11.628	11.669	11.711	11.752
290	11.793	11.835	11.876	11.918	11.959	12.000	12.042	12.083	12.125	12.166
300	12.207	12.249	12.290	12.332	12.373	12.415	12.456	12.498	12.539	12.581
310	12.623	12.664	12.706	12.747	12.789	12.831	12.872	12.914	12.955	12.997
320	13.039	13.080	13.122	13.164	13.205	13.247	12.289	13.331	13.372	13.414
330	13.456	13.497	13.539	13.581	13.623	13.665	13.706	13.748	13.790	13.832
340	13.874	13.915	13.957	13.999	14.041	14.083	14.125	14.167	14.208	14.250
350	14.292	14.334	14.376	14.418	14.460	14.502	14.544	14.586	14.628	14.670
360	14.712	14.754	14.796	14.838	14.880	14.922	14.964	15.006	15.048	15.090
370	15.132	15.174	15.216	15.258	15.300	15.342	15.384	15.426	15.468	15.510
380	15.552	15.594	15.636	15.679	15.721	15.763	15.805	15.847	15.889	15.931
390	15.974	16.016	16.058	16.100	16.142	16.184	16.227	16.269	16.311	16.353

续表

温度(℃)	0	1	2	3	4	5	6	7	8	9
	热电势（mV）									
400	16.395	16.438	16.480	16.522	16.564	16.607	16.649	16.691	16.733	16.776
410	16.818	16.860	16.902	16.945	16.987	17.029	17.072	17.114	17.156	17.199
420	17.241	17.283	17.326	17.368	17.410	17.453	17.495	17.537	17.580	17.622
430	17.664	17.707	17.749	17.792	17.834	17.876	17.919	17.961	18.004	18.046
440	18.088	18.131	18.173	18.216	18.258	18.301	18.343	18.385	18.428	18.470
450	18.513	18.555	18.598	18.640	18.683	18.725	18.768	18.810	18.853	18.895
460	18.938	18.980	19.023	19.065	19.108	19.150	19.193	19.235	19.278	19.320
470	19.363	19.405	19.448	19.490	19.533	19.576	19.618	19.661	19.703	19.746
480	19.788	19.831	19.873	19.916	19.959	20.001	20.044	20.086	20.129	20.172
490	20.214	20.257	20.299	20.342	20.385	20.427	20.470	20.512	20.555	20.598
500	20.640	20.683	20.725	20.768	20.811	20.853	20.896	20.938	20.981	21.024
510	21.066	21.109	21.152	21.194	21.237	21.280	21.322	21.365	21.407	21.450
520	21.493	21.535	21.578	21.621	21.663	21.706	21.749	21.791	21.834	21.876
530	21.919	21.962	22.004	22.047	22.090	22.132	22.175	22.218	22.260	22.303
540	22.346	22.388	22.431	22.473	22.516	22.659	22.601	22.644	22.687	22.729
550	22.772	22.815	23.857	22.900	22.942	22.985	23.028	23.070	23.113	23.158
560	23.198	23.241	23.284	23.326	23.369	23.411	23.454	23.497	23.539	23.582
570	23.624	23.667	23.710	23.752	23.795	23.837	23.880	23.923	23.966	24.008
580	24.050	14.093	24.136	24.178	24.221	24.263	24.306	24.348	24.391	24.434
590	24.476	24.519	24.561	24.604	24.646	24.689	24.731	24.774	24.817	24.859
600	24.902	24.944	24.987	25.029	25.072	25.114	25.157	25.199	25.242	25.284
610	25.327	25.369	25.412	25.454	25.497	25.539	25.582	25.624	25.666	25.709
620	25.751	25.794	25.836	25.879	25.921	25.964	26.006	26.048	26.091	26.133
630	26.176	26.218	26.260	26.303	26.345	26.387	26.430	26.472	26.515	26.557
640	26.599	26.642	26.684	26.726	26.769	26.811	26.853	26.896	26.938	26.980
650	27.022	27.065	27.107	27.149	27.192	27.234	27.276	27.318	27.361	27.403
660	27.445	27.487	27.529	27.572	27.614	27.656	27.698	27.740	27.783	27.825
670	27.867	27.909	27.951	27.993	28.035	28.078	28.120	28.162	28.204	28.246
680	28.288	28.330	28.372	28.414	28.456	28.498	28.540	28.583	28.625	28.667
690	28.709	23.751	28.793	28.835	28.877	26.919	23.961	29.002	29.044	29.086
700	29.128	29.170	29.212	29.254	29.296	29.338	29.380	29.422	29.464	29.505
710	29.547	29.580	29.631	29.673	29.715	29.756	29.798	29.840	29.882	29.924
720	29.965	30.007	30.049	30.091	30.132	30.174	30.216	30.257	30.299	30.341
730	30.383	30.121	30.466	30.508	30.549	30.591	30.632	30.674	30.716	30.757
740	30.799	30.840	30.882	30.924	30.965	31.007	31.048	31.090	31.131	31.173
750	31.214	31.256	31.297	31.339	31.380	31.422	31.463	31.504	31.546	31.587
760	31.629	31.670	31.712	31.753	31.794	31.886	31.877	31.918	31.960	32.001
770	31.042	32.084	32.125	32.166	32.207	32.249	32.290	32.331	32.372	32.414
780	32.455	32.496	32.537	32.578	32.619	32.661	32.702	32.743	32.784	32.825
790	32.866	32.907	32.918	32.990	33.031	33.072	33.113	33.154	33.195	33.236
800	33.277	33.318	33.359	33.400	33.441	33.482	33.523	33.564	33.604	33.645
810	33.686	33.727	33.768	33.809	33.850	33.891	33.931	33.972	34.013	34.054
820	34.095	34.136	34.176	34.217	34.258	34.299	34.339	34.380	34.421	34.461
830	34.502	34.543	34.588	34.624	34.665	34.705	34.746	34.787	34.827	34.868
840	34.909	34.949	34.990	35.030	35.071	35.111	35.152	35.192	35.233	35.273
850	35.314	35.354	35.395	35.435	35.476	35.516	35.557	35.597	35.637	35.678
860	35.718	35.758	35.799	35.839	35.880	35.920	35.960	36.000	36.041	36.081
870	36.121	36.162	36.202	36.242	36.282	36.323	36.363	36.403	36.443	36.483
880	36.524	36.564	36.604	36.644	36.684	36.724	36.764	36.804	36.844	36.885
890	36.925	36.965	37.005	37.045	37.085	37.125	36.165	37.205	37.245	37.285

续表

温度（℃）	0	1	2	3	4	5	6	7	8	9
	热电势（mV）									
900	37.325	37.363	37.405	37.445	37.484	37.524	37.564	37.604	37.644	37.684
910	37.724	37.764	37.803	37.843	37.883	37.923	37.963	38.002	38.042	38.082
920	38.122	38.162	38.204	38.241	38.281	38.320	38.360	38.400	38.439	38.479
930	38.519	38.558	38.598	38.638	38.677	38.717	38.756	38.796	38.836	38.875
940	38.915	38.954	38.994	39.033	39.073	39.112	39.152	39.191	39.231	39.270
950	39.310	39.349	39.388	39.428	39.467	39.507	39.546	39.585	39.625	39.664
960	39.703	39.743	39.782	39.821	29.861	39.900	39.939	39.970	40.018	40.057
970	40.096	40.136	40.175	40.214	40.253	40.292	40.332	40.371	40.410	40.449
980	40.488	40.527	40.566	40.605	40.645	40.684	40.723	40.762	40.801	40.840
990	40.897	40.918	40.957	40.996	41.035	41.074	41.113	41.152	41.191	41.230
1000	41.269	41.308	41.347	41.385	41.424	41.463	41.502	41.541	41.580	41.619
1010	41.657	41.696	41.735	41.774	41.813	41.851	41.890	41.929	41.968	42.006
1020	42.045	42.084	42.123	42.101	42.200	42.239	42.277	42.316	42.355	42.393
1030	42.432	42.470	42.509	42.548	42.586	42.625	42.663	42.702	42.740	42.779
1040	42.817	42.856	42.894	42.933	42.971	43.010	43.048	43.087	43.125	42.164
1050	43.202	43.240	43.279	43.317	42.356	43.394	43.432	43.471	43.509	43.547
1060	43.585	43.624	43.662	43.700	43.739	42.777	43.815	43.853	43.891	43.930
1070	43.968	44.006	44.044	44.082	44.121	44.159	44.197	44.235	44.273	44.311
1080	44.349	44.387	44.425	44.463	44.501	44.539	44.577	44.615	44.653	44.691
1090	44.729	44.767	44.805	44.843	44.881	44.919	44.957	44.995	45.033	45.070
1100	45.108	45.146	45.184	45.222	45.260	45.297	45.335	45.373	45.411	45.448
1110	45.486	45.524	45.561	45.599	45.637	45.675	45.712	45.750	45.787	45.825
1120	45.863	45.900	45.938	45.973	46.013	46.051	46.088	46.126	46.163	46.201
1130	46.238	46.275	46.313	46.350	46.388	46.425	46.463	46.500	46.537	46.575
1140	46.612	46.649	46.687	46.724	46.761	46.799	46.836	46.873	46.910	46.948
1150	46.985	47.022	47.059	47.096	47.134	47.171	47.208	47.245	47.282	47.319
1160	47.356	47.393	47.430	47.463	47.505	47.542	47.579	47.616	47.653	47.689
1170	47.726	47.763	47.800	47.837	47.874	47.911	47.948	47.935	48.021	48.058
1180	48.095	48.132	48.169	48.205	48.242	48.279	48.316	48.352	48.389	48.426
1190	48.462	48.499	48.536	48.572	48.609	48.645	48.682	48.718	48.755	48.792
1200	48.828	48.865	48.901	48.937	48.974	49.010	49.047	49.083	49.120	49.156
1210	49.192	49.229	49.265	49.301	49.338	49.374	49.410	49.446	49.483	49.519
1220	49.555	49.591	49.027	49.663	49.700	49.736	49.772	49.808	49.844	49.880
1230	49.916	49.952	49.988	50.024	50.060	50.096	50.132	50.168	50.204	50.240
1240	50.276	50.311	50.347	50.383	50.419	50.455	50.491	50.526	50.562	50.598
1250	50.633	50.669	50.705	50.741	50.776	50.812	50.847	50.883	50.919	50.954
1260	50.990	51.025	51.061	51.096	51.132	51.167	51.203	51.238	51.274	51.309
1270	51.344	51.380	51.415	51.450	51.486	51.521	51.556	51.592	51.627	51.662
1280	51.697	51.733	51.768	51.803	51.838	51.373	51.908	51.943	51.979	52.014
1290	52.049	52.084	52.119	52.154	52.189	52.224	52.259	52.294	52.329	52.364
1300	52.398	52.433	52.468	52.503	52.538	52.573	52.608	52.642	52.677	52.712
1310	52.747	52.781	52.816	52.851	52.886	52.920	52.955	52.989	53.024	53.059
1320	53.093	53.128	53.162	53.197	52.232	53.266	53.301	53.335	53.370	53.404
1330	53.439	53.473	53.507	53.542	53.576	53.611	53.645	53.679	53.714	53.748
1340	53.782	53.817	53.851	53.885	53.920	53.954	54.988	54.022	54.057	54.091
1350	54.125	51.159	54.193	54.228	54.262	54.296	54.330	54.364	54.398	54.432
1360	54.466	54.501	54.535	54.569	54.603	54.637	54.671	54.705	54.739	54.773
1370	54.807	54.841	54.875							

附表 3 **铜—康铜热电偶分度表**

分度号：T（冷端温度为 0℃）

温度 (℃)	0	1	2	3	4	5	6	7	8	9
	热电势（mV）									
−90	−3.089	−3.118	−3.147	−3.177	−3.206	−3.235	−3.264	−3.293	−3.321	−3.350
−80	−2.788	−2.818	−2.849	−2.879	−2.909	−2.939	−2.970	−2.999	−3.029	−3.059
−70	−2.475	−2.507	−2.530	−2.570	−2.602	−2.633	−2.664	−2.695	−2.726	−2.757
−60	−2.152	−2.185	−2.218	−2.250	−2.283	−2.315	−2.348	−2.380	−2.412	−2.444
−50	−1.819	−1.853	−1.886	−1.920	−1.953	−1.987	−2.020	−2.053	−2.087	−2.120
−40	−1.475	−1.510	−1.544	−1.579	−1.614	−1.648	−1.682	−1.717	−1.751	−1.785
−30	−1.121	−1.157	−1.192	−1.228	−1.263	−1.299	−1.334	−1.370	−1.405	−1.440
−20	−0.757	−0.794	−0.830	−0.867	−0.903	−0.940	−0.976	−1.013	−1.049	−1.085
−10	−0.383	−0.421	−0.458	−0.496	−0.534	−0.571	−0.608	−0.646	−0.683	−0.720
−0	−0.000	−0.039	−0.077	−0.116	−0.154	−0.193	−0.231	−0.269	−0.307	−0.345
0	0.000	0.039	0.078	0.117	0.156	0.195	0.234	0.273	0.312	0.351
10	0.391	0.430	0.470	0.510	0.549	0.589	0.629	0.669	0.709	0.749
20	0.789	0.830	0.870	0.911	0.951	0.992	1.032	1.073	1.114	1.155
30	1.196	1.237	1.279	1.320	1.361	1.403	1.444	1.486	1.528	1.669
40	1.611	1.653	1.695	1.738	1.780	1.822	1.865	1.907	1.950	1.992
50	2.035	2.078	2.121	2.164	2.207	2.250	2.294	2.337	2.380	2.424
60	2.467	2.511	2.555	2.599	2.643	2.687	2.731	2.775	2.819	2.864
70	2.908	2.953	2.997	3.042	3.087	3.131	3.176	3.221	3.266	3.312
80	3.357	3.402	3.447	3.493	3.538	3.584	3.630	3.676	3.721	3.767
90	3.813	3.859	3.906	3.952	3.998	4.044	4.091	4.137	4.184	4.231
100	4.277	4.324	4.371	4.418	4.465	4.512	4.559	4.607	4.654	4.701
110	4.749	4.796	4.844	4.891	4.939	4.987	5.035	5.083	5.131	5.179
120	5.227	5.275	5.324	5.372	5.420	5.469	5.517	5.566	5.615	5.663
130	5.712	5.761	5.810	5.859	5.908	5.957	6.007	6.056	6.105	6.155
140	6.204	6.254	6.303	6.353	6.403	6.452	6.502	6.552	6.602	6.652
150	6.702	6.753	6.803	6.853	6.903	6.954	7.004	7.055	7.106	7.156
160	7.201	7.258	7.309	7.360	7.411	7.462	7.513	7.564	7.615	7.666
170	7.718	7.789	7.821	7.872	7.924	7.975	8.027	8.079	8.131	8.183
180	8.235	8.287	8.339	8.391	8.443	8.495	8.548	8.600	8.652	8.705
190	8.757	8.810	8.863	8.915	8.968	9.021	9.074	9.127	9.180	9.233
200	9.286	9.339	9.392	9.446	9.499	9.553	9.606	9.659	9.713	9.767
210	9.820	9.874	9.928	9.982	10.036	10.090	10.144	10.198	10.252	10.306
220	10.360	10.414	10.469	10.523	10.578	10.632	10.687	10.741	10.796	10.851
230	10.905	10.960	11.015	11.070	11.125	11.180	11.235	11.290	11.345	11.401
240	11.456	11.511	11.566	11.622	11.677	11.733	11.788	11.844	11.900	11.956
250	12.011	12.061	12.123	12.179	12.235	12.291	12.347	12.403	12.459	12.515
260	12.572	12.628	12.684	12.741	12.797	12.854	12.910	12.967	13.024	13.080
270	13.137	13.194	13.251	13.307	13.364	13.421	13.478	13.585	13.592	13.650
288	13.707	13.764	13.821	13.879	13.936	13.993	14.051	14.108	14.166	14.223
290	14.281	14.339	14.396	14.454	14.512	14.570	14.628	14.686	14.744	14.802
300	14.860	14.918	14.976	15.034	15.092	15.151	15.209	15.267	15.326	15.384
310	15.443	15.501	15.560	15.619	15.677	15.736	15.795	15.853	15.912	15.971
320	16.030	16.089	16.148	16.207	16.266	16.325	16.384	16.444	16.503	16.562
330	16.621	16.681	16.740	16.800	16.859	16.919	16.978	17.038	17.097	17.157
340	17.217	17.271	17.336	17.396	17.456	17.516	17.576	17.636	17.696	17.756
350	17.816	17.877	17.987	17.997	18.057	18.118	18.178	18.238	18.299	18.359
360	18.420	18.480	18.541	18.602	18.662	18.723	18.784	18.845	18.905	18.966
370	19.027	19.088	19.149	19.210	19.271	19.332	19.393	19.455	10.516	19.577
380	19.638	19.699	19.701	19.822	19.883	19.945	20.006	20.068	20.129	20.191
390	20.252	20.314	20.376	20.437	20.499	20.560	20.622	20.684	20.746	20.807
400	20.869									

附表 4 **镍铬—康铜热电偶分度表**

分度号：E（冷端温度为0℃）

温度（℃）	0	1	2	3	4	5	6	7	8	9
	热电势（mV）									
−50	−2.787	−2.839	−2.892	−2.944	−2.996	−3.048	−3.100	−3.152	−3.203	−3.254
−40	−2.254	−2.308	−2.362	−2.416	−2.469	−2.522	−2.575	−2.628	−2.681	−2.134
−30	−1.709	−1.764	−1.819	−1.874	−1.929	−1.983	−2.038	−2.092	−2.146	−2.200
−20	−1.151	−1.208	−1.264	−1.320	−1.376	−1.432	−1.487	−1.543	−1.599	−1.654
−10	−0.581	−0.639	−0.696	−0.154	−0.811	−0.868	−0.925	−0.982	−1.038	−1.095
0	0.000	−0.059	−0.117	−0.170	−0.234	−0.292	−0.350	−0.408	−0.406	−0.524
0	0.000	0.059	0.118	0.176	0.235	0.295	0.354	0.413	0.472	0.532
10	0.591	0.651	0.711	0.770	0.830	0.890	0.950	1.011	1.071	1.151
20	1.192	1.252	1.313	1.373	1.434	1.495	1.556	1.617	1.678	1.739
30	1.801	1.862	1.924	1.985	2.047	2.109	2.171	2.253	2.295	2.357
40	2.419	2.482	2.544	2.607	2.669	2.732	2.795	2.858	2.921	2.954
50	3.047	3.110	3.173	3.237	3.300	3.364	3.428	3.491	3.555	3.619
60	3.683	3.748	3.812	3.876	3.941	4.005	4.070	4.134	4.199	4.264
70	4.329	4.394	4.459	4.524	4.590	4.655	4.720	4.786	4.852	4.917
80	4.983	5.049	5.115	5.181	5.247	5.314	5.380	5.446	5.513	5.579
90	5.646	5.713	5.780	5.846	5.913	5.981	6.048	6.115	6.182	6.250
100	6.317	6.385	6.452	6.520	6.588	6.656	6.724	6.792	6.860	6.928
110	6.996	7.064	7.133	7.01	7.270	7.339	7.401	7.476	7.545	7.614
120	7.683	7.752	7.821	7.890	7.960	8.029	8.099	8.168	8.238	8.307
130	8.377	8.447	8.517	8.587	8.657	8.727	8.797	8.861	8.958	9.008
140	9.078	9.149	9.220	9.290	9.861	9.432	9.503	9.573	9.614	9.715
150	9.787	9.858	9.929	10.000	10.072	10.143	10.215	10.286	10.358	10.429
160	10.501	10.573	10.645	10.717	10.789	10.861	10.933	11.005	11.077	11.150
170	11.222	11.294	11.367	11.439	11.512	11.585	11.657	11.730	11.803	11.876
180	11.949	12.022	12.095	12.168	12.241	12.314	12.387	12.461	12.534	12.608
190	12.681	12.755	12.828	12.902	12.975	13.049	13.123	13.197	13.271	13.345
200	13.419	13.493	13.567	13.641	13.715	13.789	13.864	13.938	14.012	14.087
210	14.161	14.236	14.310	14.385	14.460	14.534	14.609	14.684	14.759	14.834
220	14.909	14.984	15.059	15.134	15.209	15.284	15.359	15.485	15.510	15.585
230	15.601	15.736	15.812	15.887	15.963	16.038	16.114	16.190	16.266	16.341
240	16.417	16.493	16.569	16.645	16.721	16.797	16.873	16.949	17.025	17.101
250	17.178	17.254	17.380	17.406	17.483	17.559	17.636	17.712	17.789	17.865
260	17.942	18.018	18.095	18.172	18.248	18.325	18.402	18.470	18.556	18.633
270	18.710	18.781	18.864	18.941	19.018	19.095	19.172	19.249	19.326	19.404
280	19.481	19.558	19.636	19.713	19.790	19.868	19.945	20.023	20.100	20.178
290	20.256	20.333	20.411	20.488	20.566	20.644	20.722	20.800	20.877	20.955
300	21.033	21.111	21.189	21.267	21.345	21.423	21.501	21.579	21.657	21.735
310	21.814	21.892	21.970	22.048	22.127	22.205	22.283	22.362	22.440	22.518
320	22.597	22.675	22.754	22.832	22.911	22.989	23.068	23.147	23.225	23.304
330	23.883	23.461	28.540	23.619	23.698	23.777	23.855	23.934	24.013	24.092
340	24.171	24.250	24.829	24.408	24.487	24.566	24.645	24.724	24.803	24.882
350	24.961	25.041	25.120	25.199	25.278	25.357	25.437	25.516	25.595	25.675
360	25.754	25.833	25.913	25.992	26.072	26.151	26.230	26.310	26.389	26.469
370	66.549	26.628	26.708	26.787	26.867	26.947	27.026	27.106	27.186	27.265
380	27.345	27.425	27.504	27.584	27.664	27.744	27.824	27.903	27.983	28.063
390	28.143	28.223	28.303	28.383	28.463	28.543	28.623	28.703	28.783	28.863

续表

温度 (℃)	0	1	2	3	4	5	6	7	8	9
	热电势（mV）									
400	28.943	29.023	29.103	29.183	29.263	29.343	29.423	29.503	29.584	29.664
410	29.744	29.824	29.904	29.984	30.065	30.145	30.225	30.305	30.386	30.466
420	30.546	30.627	39.707	30.787	30.868	30.948	31.028	31.109	31.189	31.270
430	31.350	31.430	31.511	31.591	31.672	31.752	31.833	31.913	31.994	32.074
440	32.155	32.235	32.316	32.396	32.477	32.557	32.638	32.719	32.799	32.880
450	32.960	33.041	33.122	33.202	33.283	33.364	33.444	33.525	33.605	33.686
460	33.767	33.848	33.928	34.009	34.090	34.170	34.251	34.332	34.413	34.493
470	34.574	34.655	34.736	34.816	34.897	34.978	35.059	35.140	35.220	35.301
480	35.382	35.463	35.544	35.624	35.705	35.786	35.867	35.948	36.029	26.109
490	36.190	36.271	36.352	36.433	36.514	36.595	36.675	36.756	36.837	36.918
500	36.999	37.080	37.161	37.242	37.323	37.403	37.484	37.565	37.646	37.727
510	37.808	37.889	37.970	38.051	38.132	38.213	38.293	38.374	38.455	38.536
520	38.617	38.698	38.779	38.860	38.941	39.022	39.103	39.184	39.264	39.345
530	39.426	39.507	39.588	39.669	39.750	39.831	39.912	39.993	40.074	40.155
540	40.236	40.316	40.397	40.478	40.559	40.640	40.721	40.802	40.883	40.964
550	41.045	41.125	41.206	41.287	41.368	41.449	41.530	41.611	41.692	41.773
560	41.853	41.934	42.015	42.096	42.177	42.258	42.339	42.419	42.500	42.581
570	42.662	42.743	42.824	42.904	42.985	43.066	43.147	43.228	43.308	43.389
580	43.470	43.551	43.632	43.712	43.793	43.874	43.955	44.035	44.116	44.197
590	44.278	44.358	44.439	44.520	44.601	44.681	44.762	44.843	44.923	45.004
600	45.085	45.165	45.246	45.327	45.407	45.488	45.569	45.649	45.730	45.811
610	45.891	45.972	46.052	46.133	46.213	46.294	46.375	46.455	46.536	46.616
620	46.697	46.777	46.858	46.938	47.019	47.099	47.180	47.260	47.341	47.421
630	47.502	47.582	47.663	47.743	47.824	47.904	47.984	48.065	48.145	48.226
640	48.306	48.386	48.467	48.547	48.627	48.708	48.788	48.866	48.949	49.029
650	49.109	49.189	49.270	49.350	49.430	49.510	49.591	49.671	49.751	49.831
660	49.911	49.992	50.072	50.152	50.232	50.312	50.392	50.472	50.553	50.633
670	50.713	50.793	50.873	50.953	51.033	51.113	51.193	51.273	51.353	51.433
680	51.513	51.593	51.673	51.753	51.833	51.913	51.993	52.073	52.152	52.232
690	52.312	52.392	52.472	52.552	52.632	52.711	52.791	52.871	52.951	53.031
700	53.110	53.190	53.270	53.350	53.429	53.509	53.589	53.668	53.748	53.828
710	53.907	53.987	54.066	54.146	54.226	54.305	54.385	54.464	54.544	54.623
720	54.703	54.782	54.862	54.941	55.021	55.100	55.180	55.259	55.339	55.418
730	55.498	55.577	55.656	65.736	55.815	55.894	55.974	56.053	56.132	56.212
740	56.291	56.370	56.449	56.629	66.608	56.687	56.766	56.845	66.924	57.004
750	57.083	57.162	57.241	57.320	57.399	67.478	57.557	57.836	57.751	57.794
760	57.873	57.952	58.031	58.110	58.189	58.268	58.347	58.426	58.505	58.584
770	58.663	58.742	58.820	58.899	58.978	59.057	59.136	59.214	59.293	59.372
780	59.451	59.529	59.608	59.687	59.765	59.844	59.923	60.001	60.080	60.159
790	60.237	60.316	60.394	60.473	60.551	60.630	60.708	60.787	60.865	60.944
800	61.022	61.101	61.179	61.258	61.336	61.414	61.493	61.571	61.649	61.728
810	61.806	61.884	61.962	62.041	62.119	62.197	62.275	62.353	62.432	62.510
820	62.588	62.666	62.744	62.822	62.900	62.978	63.056	63.134	63.212	63.290
830	63.368	63.446	63.524	63.602	68.680	63.758	63.836	63.914	63.992	64.069
840	64.147	64.225	64.303	64.380	64.458	64.539	64.614	64.691	64.799	64.347

附表5　　　　铂热电阻（Pt50）分度表

R_0=50.00Ω　　分度号：Pt50

A=3.96847×10^{-3} 1/℃；B=−5.847×10^{-7} 1/℃^{2}；C=−4.22×10^{-12} 1/℃^{4}

温度（℃）	0	1	2	3	4	5	6	7	8	9
	热电阻值（Ω）									
−100	29.82	29.61	29.41	29.20	29.00	28.79	28.58	28.38	28.17	27.96
−90	31.87	31.67	31.46	31.26	31.06	30.85	30.64	30.44	30.23	30.03
−80	33.92	33.72	33.51	33.31	33.10	32.90	32.69	32.49	32.28	32.08
−70	35.95	35.75	35.55	35.34	35.14	34.94	34.73	34.53	34.33	34.12
−60	37.98	37.78	37.58	37.37	37.17	36.97	36.77	36.56	36.36	36.16
−50	40.00	39.80	39.60	39.40	39.19	38.99	38.79	38.59	38.39	38.18
−40	42.01	41.81	41.61	41.41	41.21	41.01	40.81	40.60	40.40	40.20
−30	44.02	43.82	43.62	43.42	43.22	43.02	42.82	42.61	42.41	42.21
−20	46.02	45.82	45.62	45.42	45.22	45.02	44.82	44.62	44.42	44.22
−10	48.01	47.81	47.62	47.42	47.22	47.02	46.82	46.62	46.42	46.22
−0	50.00	49.80	49.60	49.40	49.21	49.01	48.81	48.61	48.41	48.21
0	50.00	50.20	50.40	50.59	50.79	50.99	51.19	51.39	51.58	51.78
10	51.98	52.18	52.38	52.57	52.77	52.97	53.17	53.36	53.56	53.76
20	53.96	54.15	54.35	54.55	54.75	54.94	55.14	55.34	55.53	55.73
30	55.93	56.12	56.32	56.52	56.71	56.91	57.11	57.30	57.50	57.70
40	57.89	58.09	58.28	58.48	58.67	58.87	59.06	59.26	59.45	59.65
50	60.85	60.04	60.24	60.43	60.63	60.82	61.02	61.21	61.41	61.60
60	61.80	62.00	62.19	62.39	62.58	62.78	62.97	63.17	63.36	63.55
70	63.75	63.94	64.14	64.33	64.53	64.72	64.91	65.10	65.30	65.49
80	65.69	65.88	66.08	66.27	66.46	66.65	66.85	67.04	67.23	67.43
90	67.62	67.81	68.01	68.20	68.39	68.58	68.78	68.97	69.17	69.36
100	69.55	69.74	69.93	70.13	70.32	70.51	70.70	70.89	71.09	71.28
110	71.48	71.67	71.86	72.05	72.24	72.43	72.62	72.81	73.00	73.29
120	73.30	73.58	73.77	73.96	74.15	74.43	74.53	74.73	74.92	75.11
130	75.30	75.49	75.68	75.87	76.06	76.25	76.44	76.63	76.82	77.01
140	77.20	77.39	77.58	77.77	77.96	78.15	78.34	78.53	78.72	78.91
150	79.10	79.29	79.48	79.67	79.86	80.05	80.24	80.43	80.62	80.81
160	81.00	81.19	81.38	81.57	81.76	81.95	82.14	82.32	82.51	82.70
170	82.89	83.08	83.27	83.46	83.64	83.83	84.01	84.20	84.39	84.58
180	84.77	84.95	85.14	85.33	85.52	85.71	85.89	86.08	86.27	86.46
190	86.64	86.83	87.02	87.20	87.39	87.58	87.77	87.95	88.14	88.33
200	88.51	88.70	88.89	89.07	89.26	89.45	89.63	89.82	90.01	90.19
210	90.38	90.56	90.75	90.94	91.12	91.31	91.49	91.68	91.87	92.05
220	92.24	92.42	92.61	92.79	92.98	93.16	93.35	93.53	93.72	93.90
230	94.09	94.27	94.46	94.64	94.83	95.01	95.20	95.38	95.57	95.75
240	95.94	96.12	96.30	96.49	96.67	96.86	97.04	97.22	97.41	97.59

续表

温度 (℃)	0	1	2	3	4	5	6	7	8	9
	热电阻值 (Ω)									
250	97.78	97.96	98.14	98.33	98.51	98.69	98.88	99.06	99.25	99.43
260	99.61	99.79	99.98	100.16	100.34	100.53	100.71	100.89	101.08	101.26
270	101.44	101.62	101.81	101.99	102.18	102.36	102.54	102.72	102.90	103.08
280	103.26	103.45	103.63	103.81	103.99	104.17	104.26	104.54	104.72	104.90
290	105.08	105.26	105.44	105.63	105.81	105.99	106.17	106.35	106.53	106.71
300	106.89	107.07	107.25	107.44	107.62	107.80	107.98	108.16	108.34	108.52
310	108.70	108.88	109.06	109.24	109.42	109.60	109.78	109.96	110.14	110.32
320	110.50	110.68	110.86	111.04	111.22	111.40	111.58	111.76	111.04	112.11
330	112.29	112.47	112.65	112.83	113.01	113.19	113.37	113.55	113.72	113.90
340	114.08	114.26	114.44	114.62	114.80	114.97	115.15	115.33	115.51	115.69
350	115.86	116.04	116.22	116.40	116.58	116.76	116.93	117.11	117.29	117.46
360	117.64	117.82	118.00	118.17	118.25	118.53	118.70	118.88	119.06	119.24
370	119.41	119.59	119.77	119.94	120.12	120.30	120.47	120.65	120.82	121.00
380	121.18	121.35	121.63	121.71	121.83	122.06	122.23	122.41	122.58	122.76
390	122.94	123.11	123.29	123.46	123.64	123.81	123.99	124.16	124.34	124.51
400	124.69	124.86	125.04	125.21	125.39	125.56	125.74	125.91	126.09	126.20
410	126.44	126.61	126.79	126.96	127.13	127.31	127.43	127.66	127.83	128.00
420	128.18	128.35	128.53	128.70	128.87	129.05	129.22	129.39	129.57	129.74
430	129.91	130.09	130.26	130.43	130.61	130.78	130.95	131.13	131.30	131.47
440	131.64	131.82	131.99	132.16	132.32	132.51	132.68	132.85	133.03	133.20
450	133.37	133.54	133.71	133.88	134.06	134.23	134.40	134.57	134.74	134.91
460	135.09	135.26	135.43	135.60	135.77	135.94	136.11	136.29	136.46	136.63
470	136.80	136.97	137.14	137.21	137.48	137.65	137.82	137.99	138.16	138.33
480	138.50	138.68	138.85	139.02	139.19	139.36	139.53	139.70	139.87	140.04
490	140.20	140.37	140.54	140.71	140.83	141.05	141.22	141.39	141.56	141.73
500	141.90	142.07	142.24	142.41	142.58	142.75	142.91	143.08	143.25	143.42
510	143.59	143.76	143.93	144.10	144.26	144.43	144.60	144.77	144.94	145.10
520	145.27	145.44	145.61	145.78	145.94	146.11	146.28	146.45	146.61	146.78
530	146.95	147.12	147.28	147.45	147.62	147.79	147.95	148.12	148.29	148.45
540	148.62	148.79	148.96	149.12	149.29	149.45	149.62	149.79	149.95	150.12
550	150.29	150.45	150.62	150.79	150.95	151.12	151.28	151.45	151.61	151.78
560	151.95	152.11	152.28	152.44	152.61	152.77	152.94	153.11	153.27	153.44
570	153.60	153.77	153.93	154.10	154.26	154.43	154.59	154.75	154.92	155.08
580	155.25	155.41	155.53	155.74	155.91	156.07	156.23	156.40	156.56	156.73
590	156.89	157.05	157.22	157.38	157.55	157.71	157.87	158.04	158.20	158.36
600	158.53	158.69	158.85	159.02	159.18	159.34	159.50	159.67	159.83	159.99
610	160.16	160.32	160.48	160.65	160.81	160.97	161.13	161.30	161.46	161.62
620	161.78	161.94	162.11	162.27	162.43	162.59	162.75	162.92	163.08	163.24
630	163.40	163.56	163.72	163.89	164.05	164.21	164.37	164.53	164.69	164.85
640	165.01	165.17	165.34	165.50	165.66	165.82	165.98	166.14	166.30	166.46
650	166.62	—	—	—	—	—	—	—	—	—

附表6　**铂热电阻（Pt100）分度表**

R_0＝100.00Ω　分度号：Pt100

A＝3.96847×10^{-3}1/℃；B＝－5.847×10^{-7}1/$℃^2$；C＝－4.22×10^{-12}1/$℃^4$

温度（℃）	0	1	2	3	4	5	6	7	8	9
	热电阻值（Ω）									
－100	59.65	59.23	58.82	58.41	58.00	57.59	57.17	56.76	56.35	55.92
－90	63.75	63.34	62.93	62.52	62.11	61.70	61.29	60.88	60.47	60.06
－80	67.84	67.43	67.02	66.61	66.21	65.80	65.39	64.98	64.57	64.16
－70	71.91	71.50	71.10	70.69	70.28	69.88	69.47	69.06	68.65	68.25
－60	75.96	75.56	75.15	74.75	74.34	73.94	73.53	73.13	72.72	72.32
－50	80.00	79.60	79.20	78.79	78.39	77.99	77.58	77.18	76.77	76.37
－40	84.03	83.63	83.22	82.82	82.42	82.02	81.62	81.21	80.81	80.41
－30	88.04	87.64	87.24	86.84	86.44	86.04	85.63	85.23	84.83	84.43
－20	92.04	91.64	91.24	90.84	90.44	90.04	89.64	89.24	88.84	88.44
－10	96.03	95.63	95.23	94.83	94.43	94.03	93.63	93.24	92.84	92.44
－0	100.00	99.60	99.21	98.81	98.41	98.01	97.62	97.22	96.82	96.42
0	100.00	100.40	100.79	101.19	101.59	101.98	102.38	102.78	103.17	103.57
10	103.96	104.36	104.75	105.15	105.54	105.94	106.33	106.73	107.12	107.52
20	107.91	108.31	108.70	109.10	109.49	109.88	110.28	110.67	111.07	111.46
30	111.85	112.25	112.64	113.03	113.43	113.82	114.21	114.60	115.00	115.39
40	115.78	116.17	116.57	116.96	117.35	117.74	118.13	118.52	118.91	119.31
50	119.70	120.09	120.48	120.97	121.26	121.65	122.04	122.43	122.82	123.21
60	123.60	123.99	124.38	124.77	125.16	125.55	125.94	126.33	126.72	127.10
70	127.49	127.88	128.27	128.66	129.05	129.44	129.82	130.21	130.60	130.99
80	131.37	131.78	132.15	132.54	132.92	133.31	133.70	134.08	134.47	134.86
90	135.24	135.63	136.02	136.40	136.79	137.17	137.56	137.94	138.33	138.72
100	139.10	139.49	139.87	140.26	140.64	141.02	141.41	141.79	142.18	142.56
110	142.95	143.33	143.71	144.10	144.48	144.86	145.25	145.63	146.01	146.40
120	146.78	147.16	147.55	147.93	148.31	148.69	149.07	149.46	149.84	150.22
130	150.60	150.98	151.37	151.75	152.13	152.51	152.89	153.27	153.65	154.03
140	154.41	154.79	155.17	155.55	155.93	156.31	156.69	157.07	157.45	167.83
150	158.21	158.59	158.97	159.35	159.73	160.11	160.49	160.86	161.24	161.62
160	162.00	162.38	162.76	163.13	163.51	163.89	164.27	164.64	165.02	165.40
170	165.78	166.15	166.53	166.91	167.28	167.66	168.03	168.41	168.79	189.16
180	169.54	169.91	170.29	170.67	171.04	171.42	171.79	172.17	172.54	172.92
190	173.29	173.67	174.04	174.41	174.79	175.16	175.54	175.91	176.28	176.68
200	177.03	177.40	177.78	178.15	178.52	178.90	179.27	179.64	180.02	180.39
210	180.76	181.13	181.51	181.88	182.25	182.62	182.99	183.36	183.74	184.11
220	184.48	184.85	185.22	185.59	185.96	186.33	186.70	187.07	187.44	187.81
230	188.18	188.55	188.92	189.29	189.66	190.03	190.40	190.77	191.14	191.51
240	191.88	192.24	192.61	192.98	193.35	193.72	194.09	194.45	194.82	195.19

续表

温度(℃)	0	1	2	3	4	5	6	7	8	9
	热电阻值(Ω)									
250	195.58	195.92	196.29	196.66	197.03	197.39	197.76	198.13	198.50	198.86
260	199.23	199.59	199.96	200.33	200.69	201.06	201.42	201.79	202.16	202.52
270	202.89	203.25	203.62	203.98	204.35	204.71	205.08	205.44	205.80	206.17
280	206.53	206.90	207.26	207.63	207.99	208.35	208.72	209.08	209.44	209.81
290	210.17	210.53	210.89	211.26	211.62	211.98	212.34	212.71	213.07	213.43
300	213.79	214.15	214.51	214.88	215.24	215.60	215.96	216.32	216.68	217.04
310	217.40	217.76	218.12	218.49	218.85	219.21	219.57	219.93	220.29	220.64
320	221.00	221.36	221.72	222.08	222.44	222.80	223.16	223.52	223.88	224.23
330	224.59	224.95	225.31	225.67	226.02	226.38	226.74	227.10	227.45	227.81
340	228.17	228.53	228.88	229.24	229.60	229.95	230.31	230.67	231.02	231.88
350	231.73	232.09	232.45	232.80	233.16	233.51	233.87	234.22	234.58	234.93
360	235.29	235.64	236.00	236.35	236.71	237.06	237.41	237.77	238.12	238.48
370	238.83	239.18	239.54	239.89	240.24	240.60	240.95	241.30	241.65	242.01
380	242.36	242.71	243.06	243.42	243.77	244.12	244.47	244.82	245.17	245.53
390	245.88	246.23	246.58	246.93	247.28	247.63	247.98	248.33	248.68	249.03
400	249.38	249.73	250.08	250.43	250.78	251.13	251.48	251.83	252.18	252.53
410	252.88	253.23	253.58	253.92	254.27	254.62	254.97	255.32	255.67	256.01
420	256.36	256.71	257.06	257.40	257.75	258.10	258.45	258.79	259.14	259.49
430	259.88	260.18	260.53	260.87	261.22	261.57	261.91	262.26	262.60	262.95
440	263.29	263.64	263.98	264.33	264.67	265.02	265.36	265.71	266.05	266.40
450	266.74	267.09	267.43	267.77	268.12	268.46	268.80	269.15	289.49	269.83
460	278.18	270.52	270.86	271.21	271.55	271.89	272.23	272.53	272.92	273.26
470	273.60	273.94	274.29	274.63	274.07	275.31	275.65	275.99	276.33	276.67
480	277.01	277.36	277.70	278.04	278.38	278.72	279.06	279.40	279.74	280.08
490	280.41	280.75	281.08	281.42	281.76	282.10	282.44	282.78	283.12	283.46
500	283.80	284.14	284.48	284.82	285.16	285.50	285.83	286.17	286.51	286.85
510	287.18	287.52	287.86	288.20	288.53	288.87	289.20	289.54	289.88	290.21
520	290.55	290.39	291.22	291.56	291.89	292.23	292.56	292.90	293.23	293.57
530	293.91	294.24	294.57	294.91	295.24	295.58	295.91	296.25	296.58	296.91
540	297.25	297.58	297.92	298.25	298.58	298.91	299.25	299.58	299.91	300.25
550	300.58	300.91	301.24	301.58	301.91	302.24	302.57	302.90	303.23	303.57
580	303.90	304.23	304.56	304.89	305.22	305.55	305.88	306.22	306.55	306.88
570	307.21	307.54	307.87	308.20	308.53	308.86	309.18	309.51	309.84	310.17
580	310.50	310.83	311.16	311.49	311.37	312.15	312.47	312.80	313.13	313.46
590	313.79	234.11	314.44	314.77	315.10	315.42	315.75	316.08	316.41	816.73
600	311.06	317.39	317.71	318.04	310.37	318.69	819.01	319.34	319.67	319.99
610	320.32	320.65	320.97	321.30	321.62	321.95	322.27	322.60	322.92	323.25
620	323.57	322.89	324.22	324.54	324.37	325.19	325.51	325.84	326.16	326.48
630	326.80	327.13	327.45	327.78	328.10	328.42	328.74	329.06	329.39	329.71
640	330.03	330.35	330.68	331.00	331.32	331.64	331.96	332.28	332.60	332.93
650	333.25	—	—	—	—	—	—	—	—	—

附表 7 **铜热电阻（Cu100）分度表**

R_0＝100.00Ω 分度号：Cu100

温度	0	1	2	3	4	5	6	7	8	9
(℃)	热电阻值（Ω）									
−50	78.49	—	—	—	—	—	—	—	—	—
−40	82.80	82.36	81.94	81.50	81.08	80.64	80.20	79.78	79.34	78.92
−30	87.10	86.68	86.24	85.82	85.38	84.96	84.54	84.10	83.66	83.22
−20	91.40	90.98	90.54	90.12	89.68	89.26	88.82	88.40	87.96	87.54
−10	95.70	95.28	94.34	94.42	93.98	93.56	93.12	92.70	92.26	91.84
−0	100.00	99.56	99.14	98.70	98.28	97.64	97.42	97.00	96.56	98.14
0	100.00	100.42	100.86	101.28	101.72	102.14	102.56	103.00	103.42	103.86
10	104.28	104.72	105.14	105.56	106.00	106.42	106.86	107.28	107.72	108.14
20	108.56	109.00	109.42	109.84	110.28	110.70	111.14	111.56	112.00	112.42
30	112.84	113.28	113.70	114.14	114.56	114.98	115.42	115.84	116.28	116.70
40	117.12	117.56	117.98	118.40	118.84	119.26	119.70	120.12	120.54	120.98
50	121.40	121.84	122.26	122.68	123.12	123.54	123.98	124.40	124.82	125.26
60	125.68	126.10	126.54	126.96	127.40	127.82	128.24	128.68	129.10	129.52
70	129.96	130.38	130.82	131.24	131.66	132.10	132.52	132.96	133.38	133.80
80	134.24	134.66	135.08	135.52	135.94	136.38	136.80	137.24	137.66	138.08
90	138.52	138.94	139.30	139.80	140.22	140.66	141.08	141.52	141.94	142.36
100	142.80	143.22	143.66	144.08	144.50	144.94	145.36	145.80	146.22	146.66
110	147.08	147.50	147.94	148.36	148.80	149.22	149.66	150.08	150.52	150.94
120	151.36	151.80	152.22	152.66	153.08	153.52	153.94	154.38	154.80	155.24
130	155.66	156.10	156.52	156.96	157.38	157.92	158.24	158.68	159.10	159.54
140	159.96	160.40	160.82	161.26	161.68	162.19	162.54	162.98	163.40	163.84
150	164.27	—	—	—	—	—	—	—	—	—

附表 8 **铜热电阻（Cu50）分度表**

R_0＝50.00Ω 分度号：Cu50

温度	0	1	2	3	4	5	6	7	8	9
(℃)	热电阻值（Ω）									
−50	39.24	—	—	—	—	—	—	—	—	—
−40	41.40	41.18	40.97	40.75	40.54	40.32	40.10	39.89	39.67	39.45
−30	43.55	43.34	43.12	42.91	42.69	42.48	42.27	42.05	41.83	41.61
−20	45.70	45.49	45.27	45.06	44.84	44.63	44.41	44.29	43.98	43.77
−10	47.85	47.64	47.42	47.21	46.99	46.78	46.56	46.35	46.13	45.92
−0	50.00	49.78	49.57	49.35	49.14	48.92	48.71	48.50	48.28	48.07
0	50.00	50.21	50.43	50.64	50.86	51.07	51.28	51.50	51.71	51.93

续表

温度（℃）	0	1	2	3	4	5	6	7	8	9
	热电阻值（Ω）									
10	52.14	52.36	52.57	52.78	53.00	53.21	53.43	53.64	53.86	54.07
20	54.28	54.50	54.71	54.92	55.14	55.35	55.57	55.78	56.00	56.21
30	56.42	56.64	56.85	57.07	57.28	57.49	57.71	57.92	58.14	58.35
40	58.56	58.78	58.99	59.20	59.42	59.63	59.85	60.06	60.27	60.49
50	60.70	60.92	61.13	61.34	61.56	61.77	61.98	62.20	62.41	62.63
60	62.84	63.05	63.27	63.48	63.70	63.91	64.12	64.34	64.55	64.76
70	64.98	65.19	65.41	65.62	65.83	66.05	66.26	66.48	66.69	66.90
80	67.12	67.33	67.54	67.76	67.97	68.19	68.40	68.62	68.83	69.04
90	69.26	69.47	69.68	69.90	70.11	70.33	70.54	70.76	70.97	71.18
100	71.40	71.61	71.83	72.04	72.25	72.47	72.68	72.90	73.11	73.33
110	73.54	73.75	73.97	74.18	74.40	74.61	74.83	75.04	75.26	75.47
120	75.68	75.90	76.11	76.33	76.54	76.76	76.97	77.19	77.40	77.62
130	77.83	78.05	78.26	78.48	78.69	78.91	79.12	79.34	79.55	79.77
140	79.98	80.20	80.41	80.63	80.84	81.06	81.27	81.49	81.70	81.92
150	82.13	—	—	—	—	—	—	—	—	—

附录2 热控专业 KKS 编码

一、国内外电厂标识系统概况

电厂有成千上万的各种设备，为了确保电厂安全、经济和可靠的运行，必须加强设备管理工作，设备管理过程中必然涉及大量的技术数据、图纸等资料，必然借助于计算机，显然，这些技术数据及资料的录入需要有一种公用语言，其应具有易于计算机处理、能提供足够的信息且不含有特定语种文法翻译因素。同时，由于不同电厂的工艺差别，设备命名规范不同，这使得电力系统及其电厂之间在管理和联络上产生一系列的问题，尤其是随着电厂规模不断发展，设备自动化程度不断提高，管理工作日趋复杂化和现代化，这就要求有一套统一的电厂设备编码系统，来满足管理的要求。

近几十年来，欧美的工业化国家一直致力于电厂标识系统（即对设备和系统的标注）的工作，并创造了 CCC、EDF、EIIS、ERDS、KKS 等电厂标识系统。

1. CCC 公共核心代码编码标准

由英国 GEC 公司定义的核心编码（Common Core Code，CCC）是各类电站建设项目、生产与经营管理的编码核心结构。其核心编码用 5 位阿拉伯数字涵盖所有系统的基本框架，每位编码的含义由实施者自行定义。

电厂所有管理对象都可以根据 CCC 编码的编码法则来编制相应的编号，如设备材料编号、图纸资料编号、电缆编号、项目管理网络计划作业编号等。CCC 编码使得各个系统有机地联系在一起，构成一个完整的电厂管理编码系统。

2. 法国 EDF 编码标准

法国电力公司 EDF 是在核电站和火电站设计中采用的系统和设备编码方式，仅应用在法国承包商的势力范围内，由机组标识、厂房标识、房间标识，系统标识和设备标识 5 部分组成。广泛用于电站设计、采购供货、安装、调试、运行、维护的管理过程，在我国的大亚湾、岭澳等核电站中已成功应用。

3. 美国国家标准 EIIS 标识系统

1979 年 4 月，美国发电委员会电站设计分委会成立了电厂及相关设备的唯一性标识工作组，开始编制电厂及相关设备的唯一性标识的系列化推荐标准 EIIS（energy industrial identification system）。虽然此编码系统是以美国国家标准的形式发布，但是其应用和国际影响力并不显著。

4. 欧共体核电站编码系统

前欧共体在建立核电站可靠性数据库时设计了一套 ERDS（European Reliability Data System）编码，它将轻水堆（包括压水堆和沸水堆）电厂的全部设备按其在电厂安全和运行中的功能划分为大约 200 个系统，又将系统按其共同属性归并为 13 个系统组，于是形成整个核电厂由系统组（system groups）、系统（systems）和部件（components）构成的一种严密而规整的层次化结构体系。

5. 国内系统设备标识系统

国内电厂编码应用主要有两类情况：①直接采用随设备进口来的国外的标识系统，有的，如外高桥电厂、田湾核电站等采用 KKS；岳阳电厂采用 CCC 编码，大亚湾及岭澳核电站采用 EDF 等；②参考国外的分类方法，自己设计编码的字段及码位组合，如：按照系统、子系统和设备的层次结构，以数字为标识或按照系统、子系统和设备的层次结构，结合字母和数字作为标识。但存在着标识不唯一，不易于计算机处理，包含信息少，对外沟通困难等问题。

6. KKS 标识系统

KKS（Kraftwerk-Kennzeichen System）编码起源于德国，其含义是电厂标识系统。1970 年，来自欧洲的电厂计划、经营、运行、维护、决策等部门的有关专家组成了 VGB（大型电站协会）技术委员会，在借鉴了上述电厂标识系统的特点，共同创建了 KKS 编码系统。1978 年 6 月，VGB 以手册的形式发布了第一版，当时就得到了电力工业的广泛采用。1983 年发布了改正修订后的第二版，1988 年发布了第三版，1995 年发布了第四版，此时它在欧洲的电力工业几乎无处不在，以至控制系统的程序编码都直接引用了该编码，基本上形成了一套完整的发电厂标识系统，其应用范围包括电站工程规划、设计、施工、验收、运行、维护、预算和成本控制等。

KKS 编码是根据标识对象的功能、工艺和安装位置等特征，来明确标识电厂中的系统和设备及其组件的一种代码。KKS 编码用字母和数字，按照一定的规则，通过科学合理的排列、组合，来描述（标识）电厂各系统、设备、元件、建（构）筑物的特征，从而构成了描述电厂状况的基础数据集，以便于对电厂进行管理（如，分类、检索、查询、统计）。

我国最早于 20 世纪 90 年代开始引进和使用 KKS，目前，大部分新建的电厂从建设数字化电厂的角度出发，要求必须采用 KKS 编码系统，统一编码并标识图纸及现场的设备挂牌标识，国内电力设计院、发电集团、电力企业等相继组织编制了 KKS 企业标准，并在企业内部推广应用。国家有前部门已发布了相关标准 DL/T 950—2005《电厂标识系统设计准则》，并在积极联系发布更详细的细则；在 DL/T 924—2005《火力发电厂厂级监控信息系统技术条件》中第 4.5 条款明确规定采用 DL/T 950—2005 标准；在实际中，KKS 编码体现在设计图纸的标注和现场的设备挂牌上，成为信息系统（MIS、EAM、SIS、DCS 等，包括状态检修系统）各功能模块联系的纽带，从而被广泛应用。

KKS 编码被广泛用于电厂的规划设计、工程建设和经营管理过程之中；它拥有足够的容量且可扩充，能够标识不同类型电厂所有的设备；KKS 编码的逻辑结构和组成体系层次分明，代码简单明了，能够不依赖于计算机程序语言而独立存在。这些特点使它适合作为基础数据供计算机处理，为电厂信息系统（如 MIS、ERP、EAM、SIS）的建立提供强有力的支撑，为企业进行成本核算、计划统计和预决算等管理提供良好的基础数据平台。另外，KKS 编码可以与其它编码混合使用，比如文档编码、备品备件编码等，这对于电厂管理功能的集成具有重要价值。也为工程建设中各单位之间以及国内和国际之间的多元化交流提供了方便。

二、热控专业 KKS 编码简述

1. 概述

本专业 KKS 标识适用于热工测量控制系统，其范围包括：工艺和仪表流程图（P&ID，Process & Instrument Diagram）中的一次元件（如就地测量元件、就地仪表、变送器和开关等）、二次仪表、盘、台、箱、柜的标识。

系统图上热控一次元件、二次仪表的标识字符只标识到就地测量元件、就地指示表、变送器、开关和盘上指示表等。

工艺相关标识的格式：

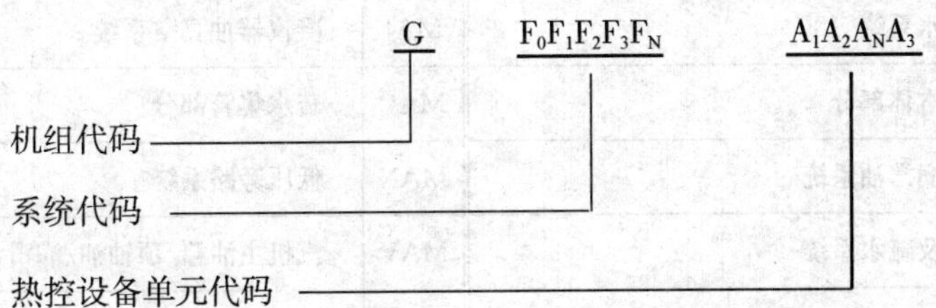

其中，机组代码和系统代码 G $F_0F_1F_2F_3F_N$ 由机务专业编制，热控专业的设备单元代码 $A_1A_2A_NA_3$ 由热控专业编制。如果代码是唯一的，则 A_3 的字母或数字可省略。

2. 锅炉和汽轮机系统部分 KKS 编码

锅炉和汽轮机系统部分 KKS 编码如表 1 所示。

表 1　　锅炉和汽轮机系统部分 KKS 编码（部分）

锅炉部分			
编码	系统	编码	系统
HAG	锅炉汽包系统	HLD	空预器风系统和烟道系统
HBG	锅炉部分辅助蒸汽系统	HLY	引风机油系统
HFA	煤粉仓及给粉机系统	HLS	火检冷却风机系统
HFC	给煤机、磨煤机系统	HNC	引风机本体系统
HFC	输粉机	HNY	空预器油系统
HFF	排粉机系统	LAB	汽水系统
HFY	磨煤机高压、低压润滑油系统	LAE	过热器减温系统
HHA	煤粉火焰检测系统	LAF	再热器微调喷水减温系统
HHG	锅炉燃起仪表系统	LBA	过热器蒸汽系统
HHL	锅炉左右侧墙风箱系统	LBB	再热器系统
HFE	磨煤机、排粉机风系统	LCQ	锅炉疏水系统
HLB	送风机系统	PCC	锅炉房工业水系统
汽轮机部分			
编码	系统名称	编码	系统名称
LAA	四段抽汽系统（二）/除氧水箱	MAA	高压缸排汽及疏水系统/汽机本体金属壁温仪表控制系统
LAB	除氧器部分/汽动给水泵水系统/高加给水系统	MAB	中、低压缸进汽及疏水系统/汽机本体金属壁温仪表控制系统
LAC	汽动给水泵本体部分	MAC	中、低压缸进汽及疏水系统
LAD	高压加热器液位	MAG	凝汽器部分

续表

汽轮机部分			
编码	系统名称	编码	系统名称
LAH	电动给水泵水系统	MAJ	凝汽器抽真空系统
LAJ	电动给水泵本体部分	MAL	疏水集管部分
LAY	电动给水泵润滑油系统	MAN	低压旁路系统
LBA	高压缸进汽及疏水系统	MAV	汽机主油箱/顶轴油/润滑油系统
LBB	中、低压缸进汽及疏水系统/中压缸启动系统	MAX	汽机抗燃油系统
LBC	高压缸排汽及疏水系统	MAZ	给水泵汽机润滑油、抗燃油系统
LBF	高压旁路系统	MKA	发电机本体及轴承部分
LBG	辅助蒸汽系统	MKF	发电机水冷系统
LBQ	一、二、三段抽汽系统	MKG	发电机氢气系统
LBR	给水泵汽机高压缸进汽及疏水系统	MKW	发电机密封油系统
LBS	四（一）、五、六、七、八段抽汽系统	MTSI	给水泵汽机安全监视系统
LBW	轴封供汽、溢流系统/低压轴封减温/轴封回汽及门杆漏汽系统	PAB	凝汽器循环水系统
LCA	凝结水泵部分/喷水及减温/轴封加热器/五～八号低压加热器	PAH	凝汽器胶球清洗/循环水坑水位
LCC	低压加热器液位	PCB	汽机房冷却水系统
LCH	高压加热器疏水系统	PCC	工业水系统
LCJ	低压加热器疏水系统	TSI	汽机安全监视系统
LCP	凝结水补水系统		

3. 热控设备单元代码的编制

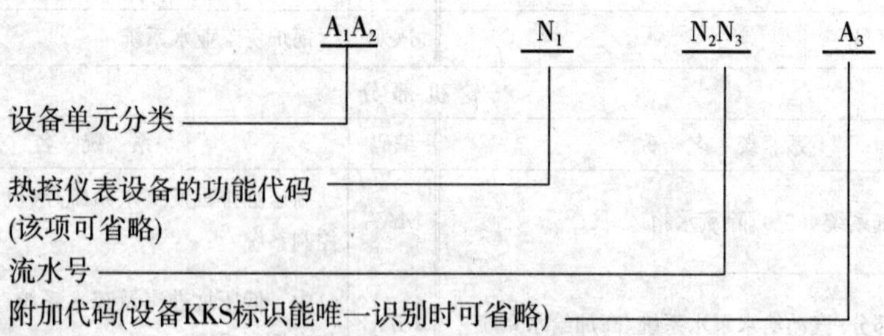

例：1号机组用于主蒸汽压力测量的变送器可表示为：10LBAPT001；1号机组用于主蒸汽压差测量的变送器可表示为：10LBAPDT001（其中D作为P的修饰词，PD被看作一个字母代码。）

设备代码索引表见表2。

表2 **热控设备代码索引表**

KKS代码	说明	备注
AX	电厂维修试验和检测设备	
B	火焰监视	
D	密度	
E	电气参数	
F	流量	
FQ	流量积算	Q为修饰词，FQ被视为一个字母代码
ZS	位置（状态）行程开关	阀门行程开关编码见3.3
L	物位	
M	湿度	
P	压力	
PD	压差	D为修饰词，PD被视为一个字母代码
A	分析仪表	
S	转速、速度、频率	
T	温度	
U	复合参数	
W	重量和质量	
Y	机械监视参数	
G	电气设备	
GH	就地仪表箱	
GJ	计算机存储设备	
GK	计算机外围设备	
H	手操设备（电磁阀、电动阀）	
HC	非二位式手操设备	
HS	二位式手操设备	
H	手操设备（电动机）	
NC	非二位式手操设备	
CS	控制按钮	
HK	手动操作站	
II	电流指示表	
VI	电压指示表	
WI	功率指示表	
HZI	频率指示表	

附录3 P&ID图例（仅供参考）

符号说明	符号说明	符号说明
就地安装仪表	截止阀(常开)	气开式气动截止阀(常开)
控制台盘面安装仪表	截止阀(常闭)	气开式气动截止阀(常闭)
就地盘箱安装仪表	止回阀(流由左向右)	气关式气动截止阀(常开)
电动执行机械,电动机	蝶阀	气关式气动截止阀(常闭)
电动执行机构	球阀	电动角阀(常开)
液动执行机构	调节阀(常开)	电动角阀(常闭)
单线圈电磁阀执行机构	调节阀(常闭)	气动角阀(常开)
双线圈电磁阀执行机构	电动截止阀(常开)	气动角阀(常闭)
气动薄执行机构	电动截止阀(常闭)	流量孔板
带阀门定位器的气动薄膜执行机构	电磁截止阀(常开)	流量喷嘴
三通电磁阀	电磁截止阀(常闭)	

符号	说明	符号	说明	符号	说明
Ⓐ	闪光报警器	PDS(FS)	差压开关	DCS	分散控制系统
*	随本体供设备	PS(LS,TS)	压力(液位,温度)开关	DAS	数据采集系统
ZS	位置开关	TI(PI,FI,LI)	温度(压力、流量、液位)计	SCS	顺序控制系统
ZT	位置变送器	PT	压力变送器	MCS	闭环控制系统
FO	故障时开	LT	液位变送器	FSSS	炉膛安全监控系统
FC	故障时关	DPT(FT)	差压变送器	DEH	汽机数字电液控制系统
AT	分析仪表	TIS(PIS,LIS)	温度(压力、液位)指示开关	ETS	汽机安全保护系统
SI	转速表	TSI	汽轮机安全监视系统	BFP	锅炉给水泵
SE	转速传感器	BPC	旁路控制	BFBP	锅炉给水泵前置泵
TC(PC,LC)	温度(压力,液位)基地调节器			RAP	回转式空气预热器
CCCW	闭式循环冷却水	OCCW	开式循环冷却水	◇A	光字牌报警

参 考 文 献

[1] 吴永生，方可人. 热工测量及仪表. 北京：中国电力出版社，1998.
[2] 何适生. 热工参数测量及仪表. 北京：中国电力出版社，1989.
[3] 华东六省一市电机（电力）学会. 热工自动化. 第2版. 北京：中国电力出版社，2006.
[4] 郭绍霞. 热工测量技术. 北京：中国电力出版社，1997.
[5] 中国动力工程学会. 火力发电设备技术手册. 北京：机械工业出版社，2000.
[6] 乐嘉谦. 仪表工手册. 北京：化学工业出版社，2004.
[7] 朱祖涛. 热工测量和仪表. 北京：水力电力出版社，1991.
[8] 潘汪杰. 热工测量及仪表. 北京：中国电力出版社，2006.